科学元典丛书

The Series of the Great Classics in Science

主　　编　　任定成

执行主编　　周雁翎

策　　划　　周雁翎

丛书主持　　陈　静

科学元典是科学史和人类文明史上划时代的丰碑，是人类文化的优秀遗产，是历经时间考验的不朽之作。它们不仅是伟大的科学创造的结晶，而且是科学精神、科学思想和科学方法的载体，具有永恒的意义和价值。

科学元典丛书 / 彩图珍藏版

关于两门新科学的对话

Dialogues Concerning Two New Sciences

[意大利] 伽利略◎著

武际可◎译

北京大学出版社
PEKING UNIVERSITY PRESS

图书在版编目（CIP）数据

关于两门新科学的对话：彩图珍藏版/（意）伽利略著；武际可译.—北京：北京大学出版社，2020.5

（科学元典丛书）

ISBN 978-7-301-31321-3

Ⅰ.①关…　Ⅱ.①伽…②武…　Ⅲ.①材料强度—研究②动力学—研究
Ⅳ.① TB301 ② O313

中国版本图书馆 CIP 数据核字（2020）第 056208 号

Galileo Galilei

（ Translated from the Italian and Latin into English by Henry Crew and Alfonso de Salvio ）

DIALOGUES CONCERNING TWO NEW SCIENCES

New York: Macmillan, 1914

书　　　名	关于两门新科学的对话（彩图珍藏版）
	GUANYU LIANGMEN XINKEXUE DE DUIHUA（CAITU ZHENCANGBAN）
著作责任者	〔意〕伽利略 著　武际可 译
丛书策划	周雁翎
丛书主持	陈　静
责任编辑	李淑方
标准书号	ISBN 978-7-301-31321-3
出版发行	北京大学出版社
地　　　址	北京市海淀区成府路205号　100871
网　　　址	http://www.pup.cn　　新浪微博:@ 北京大学出版社
微信公众号	科学与艺术之声（微信号：sartspku）
电子信箱	zyl@ pup.pku.edu.cn
电　　　话	邮购部 010-62752015　发行部 010-62750672　编辑部 010-62767857
印　刷　者	天津图文方嘉印刷有限公司
经　销　者	新华书店
	889毫米×1092毫米　16开本　15印张　300千字
	2020年5月第1版　2020年11月第2次印刷
定　　　价	128.00元

弁　言

· *Preface to the Series of the Great Classics in Science* ·

任定成

这套丛书中收入的著作，是自古希腊以来，主要是自文艺复兴时期现代科学诞生以来，经过足够长的历史检验的科学经典。为了区别于时下被广泛使用的"经典"一词，我们称之为"科学元典"。

我们这里所说的"经典"，不同于歌迷们所说的"经典"，也不同于表演艺术家们朗诵的"科学经典名篇"。受歌迷欢迎的流行歌曲属于"当代经典"，实际上是时尚的东西，其含义与我们所说的代表传统的经典恰恰相反。表演艺术家们朗诵的"科学经典名篇"多是表现科学家们的情感和生活态度的散文，甚至反映科学家生活的话剧台词，它们可能脍炙人口，是否属于人文领域里的经典姑且不论，但基本上没有科学内容。并非著名科学大师的一切言论或者是广为流传的作品都是科学经典。

这里所谓的科学元典，是指科学经典中最基本、最重要的著作，是在人类智识史和人类文明史上划时代的丰碑，是理性精神的载体，具有永恒的价值。

一

科学元典或者是一场深刻的科学革命的丰碑，或者是一个严密的科学体系的构架，或者是一个生机勃勃的科学领域的基石，或者是一座传播科学文明的灯塔。它们既是昔日科学成就的创造性总结，又是未来科学探索的理性依托。

哥白尼的《天体运行论》是人类历史上最具革命性的震撼心灵的著作，它向统治西方思想千余年的地心说发出了挑战，动摇了"正统宗教"学说的天文学基础。伽利略《关于托勒密与哥白尼两大世界体系的对话》以确凿的证据进一步论证了哥白尼学说，更直接地动摇了教会所庇护的托勒密学说。哈维的《心血运动论》以对人类躯体和心灵的双重关怀，满怀真挚的宗教情感，阐述了血液循环理论，推翻了同样统治西方思想千余年、被"正统宗教"所庇护的盖伦学说。笛卡儿的《几何》不仅创立了为后来诞生的微积分提供了工具的解析几何，而且折射出影响万世的思想方法论。牛顿的《自然哲学之数学原理》标志着17世纪科学革命的顶点，为后来的工业革命奠定了科学基础。分别以惠更斯的《光论》与牛顿的《光学》为代表的波动说与微粒说之间展开了长达200余年的论战。拉瓦锡在《化学基础论》中详尽论述了氧化理论，推翻了统治化学百余年之久的燃素理论，这一智识壮举被公认为历史上最自觉的科学革命。道尔顿的《化学哲学新体系》奠定了物质结构理论的基础，开创了科学中的新时代，使19世纪的化学家们有计划地向未知领域前进。傅立叶的《热的解析理论》以其对热传导问题的精湛处理，突破了牛顿的《自然哲学之数学原理》所规定的理论力学范围，开创了数学物理学的崭新领域。达尔文《物种起源》中的进化论思想不仅在生物学发展到分子水平的今天仍然是科学家们阐释的对象，而且100多年来几乎在科学、社会和人文的所有领域都在施展它有形和无形的影响。《基因论》揭示了孟德尔式遗传性状传递机理的物质基础，把生命科学推进到基因水平。爱因斯坦的《狭义与广义相对论浅说》和薛定谔的《关于波动力学的四次演讲》分别阐述了物质世界在高速和微观领域的运动规律，完全改变了自牛顿以来的世界观。魏格纳的《海陆的起源》提出了大陆漂移的猜想，为当代地球科学提供了新的发展基点。维纳的《控制论》揭示了控制系统的反馈过程，普里戈金的《从存在到演化》发现了系统可能从原来无序向新的有序态转化的机制，二者的思想在今天的影响已经远远超越了自然科学领域，影响到经济学、社会学、政治学等领域。

科学元典的永恒魅力令后人特别是后来的思想家为之倾倒。欧几里得的《几何原本》以手抄本形式流传了1800余年，又以印刷本用各种文字出了1000版以上。阿基米德写了大量的科学著作，达·芬奇把他当作偶像崇拜，热切搜求他的手稿。伽利略以他的继承人自居。莱布尼兹则说，了解他的人对后代杰出人物的成就就不会那么赞赏了。为捍卫《天体运行论》中的学说，布鲁诺被教会处以火刑。伽利略因为其《关于托勒密与哥白尼两大世界体系的对话》一书，遭教会的终身监禁，备受折磨。伽利略说吉尔伯特的《论磁》一书伟大得令人嫉妒。拉普拉斯说，牛顿的《自然哲学之数学原理》揭示了宇宙的最伟大定律，它将永远成为深邃智慧的纪念碑。拉瓦锡在他的《化学基础论》出版后5年被法国革命法庭处死，传说拉格朗日悲愤地说，砍掉这颗头颅只要一瞬间，再长出这样的头颅一百年也不够。《化学哲学新体系》的作者道尔顿应邀访法，当他走进法国科学院会议厅时，院长和全体院士起立致敬，得到拿破仑未曾享有的殊荣。傅立叶在《热的解析理论》中阐述的强有力的数学工具深深影响了整个现代物理学，推动数学分析的发展达一个多世纪，麦克斯韦称赞该书是"一首美妙的诗"。当人们咒骂《物种起源》是"魔鬼的经典""禽兽的哲学"的时候，赫胥黎甘做"达尔文的斗犬"，挺身捍卫进化论，撰写了《进化论与伦理学》和《人类在自然界的位置》，阐发达尔文的学说。经过严复的译述，赫胥黎的著作成为维新领袖、辛亥精英、五四斗士改造中国的思想武器。爱因斯坦说法拉第在《电学实验研究》中论证的磁场和电场的思想是自牛顿以来物理学基础所经历的最深刻变化。

在科学元典里，有讲述不完的传奇故事，有颠覆思想的心智波涛，有激动人心的理性思考，有万世不竭的精神甘泉。

二

按照科学计量学先驱普赖斯等人的研究，现代科学文献在多数时间里呈指数增长趋势。现代科学界，相当多的科学文献发表之后，并没有任何人引用。就是一时被引用过的科学文献，很多没过多久就被新的文献所淹没了。科学注重的是创造出新的实在知识。从这个意义上说，科学是向前看的。但是，我们也可以看到，这么多文献被淹没，也表明划时代的科学文献数量是很少的。大多数科学元典不被现代科学文献所引用，那是因为其中的知识早已成为科学中无须证明的常识了。即使这样，科学经典也会因为其中思想的恒久意义，而像人文领域里的经典一样，具有永恒的阅读价值。于是，科学经典就被一编再编、一印再印。

早期诺贝尔奖得主奥斯特瓦尔德编的物理学和化学经典丛书《精密自然科学经典》从1889年开始出版，后来以《奥斯特瓦尔德经典著作》为名一直在编辑出版，有资料说目前已经出版了250余卷。祖德霍夫编辑的《医学经典》丛书从1910年就开始陆续出版了。也是这一年，蒸馏器俱乐部编辑出版了20卷《蒸馏器俱乐部再版本》丛书，丛书中全是化学经典，这个版本甚至被化学家在20世纪的科学刊物上发表的论文所引用。一般把 1789 年拉瓦锡的化学革命当作现代化学诞生的标志，把 1914 年爆发的第一次世界大战称为化学家之战。奈特把反映这个时期化学的重大进展的文章编成一卷，把这个时期的其他 9 部总结性化学著作各编为一卷，辑为 10 卷《1789—1914 年的化学发展》丛书，于 1998 年出版。像这样的某一科学领域的经典丛书还有很多很多。

科学领域里的经典，与人文领域里的经典一样，是经得起反复咀嚼的。两个领域里的经典一起，就可以勾勒出人类智识的发展轨迹。正因为如此，在发达国家出版的很多经典丛书中，就包含了这两个领域的重要著作。1924 年起，沃尔科特开始主编一套包括人文与科学两个领域的原始文献丛书。这个计划先后得到了美国哲学协会、美国科学促进会、科学史学会、美国人类学协会、美国数学协会、美国数学学会以及美国天文学学会的支持。1925 年，这套丛书中的《天文学原始文献》和《数学原始文献》出版，这两本书出版后的 25 年内市场情况一直很好。1950 年，沃尔科特把这套丛书中的科学经典部分发展成为"科学史原始文献丛书"出版。其中有《希腊科学原始文献》《中世纪科学原始文献》和《20 世纪（1900—1950 年）科学原始文献》，文艺复兴至 19 世纪则按科学学科（天文学、数学、物理学、地质学、动物生物学以及化学诸卷）编辑出版。约翰逊、米利肯和威瑟斯庞三人主编的"大师杰作丛书"中，包括了小尼德勒编的 3 卷《科学大师杰作》，后者于 1947 年初版，后来多次重印。

在综合性的经典丛书中，影响最为广泛的当推哈钦斯和艾德勒 1943 年开始主持编译的"西方世界伟大著作丛书"。这套书耗资 200 万美元，于 1952 年完成。丛书根据独创性、文献价值、历史地位和现存意义等标准，选择出 74 位西方历史文化巨人的 443 部作品，加上丛书导言和综合索引，辑为 54 卷，篇幅 2500 万单词，共 32000 页。丛书中收入不少科学著作。购买丛书的不仅有"大款"和学者，而且还有屠夫、面包师和烛台匠。迄 1965 年，丛书已重印 30 次左右，此后还多次重印，任何国家稍微像样的大学图书馆都将其列入必藏图书之列。这套丛书是 20 世纪上半叶在美国大学兴起而后扩展到全社会的经典著作研读运动的产物。这个时期，美国一些大学的寓所、校园和酒吧里都能听到学生讨论古典佳作的声音。有的大学要求学生必须深研 100 多部名著，甚至在教学中不得使用最新的实验设备而是借助历史上的科学大师所使用的方法和仪器复制品去再现划时代的著名实验。至 20 世纪 40 年代末，美国举办古典名著学习班的城市达 300 个，学员 50000 余众。

相比之下，国人眼中的经典，往往多指人文而少有科学。一部公元前 300 年左右古希腊人写就的《几何原本》，从 1592 年到 1605 年的 13 年间先后 3 次汉译而未果，经 17 世纪初和 19 世纪 50 年代的两次努力才分别译刊出全书来。近几百年来移译的西学典籍中，成系统者甚多，但皆系人文领域。汉译科学著作，多为应景之需，所见典籍寥若晨星。借 20 世纪 70 年代末举国欢庆"科学春天"到来之良机，有好尚者发出组译出版"自然科学世界名著丛书"的呼声，但最终结果却是好尚者抱憾而终。20世纪70年代初出版的"科学名著文库"，虽使科学元典的汉译初见系统，但以10卷之小的容量投放于偌大的中国读书界，与具有悠久文化传统的泱泱大国实不相称。

我们不得不问：一个民族只重视人文经典而忽视科学经典，何以自立于当代世界民族之林呢？

三

科学元典是科学进一步发展的灯塔和坐标。它们标识的重大突破，往往导致的是常规科学的快速发展。在常规科学时期，人们发现的多数现象和提出的多数理论，都要用科学元典中的思想来解释。而在常规科学中发现的旧范型中看似不能得到解释的现象，其重要性往往也要通过与科学元典中的思想的比较显示出来。

在常规科学时期，不仅有专注于狭窄领域常规研究的科学家，也有一些从事着常规研究但又关注着科学基础、科学思想以及科学划时代变化的科学家。随着科学发展中发现的新现象，这些科学家的头脑里自然而然地就会浮现历史上相应的划时代成就。他们会对科学元典中的相应思想，重新加以诠释，以期从中得出对新现象的说明，并有可能产生新的理念。百余年来，达尔文在《物种起源》中提出的思想，被不同的人解读出不同的信息。古脊椎动物学、古人类学、进化生物学、遗传学、动物行为学、社会生物学等领域的几乎所有重大发现，都要拿出来与《物种起源》中的思想进行比较和说明。玻尔在揭示氢光谱的结构时，提出的原子结构就类似于哥白尼等人的太阳系模型。现代量子力学揭示的微观物质的波粒二象性，就是对光的波粒二象性的拓展，而爱因斯坦揭示的光的波粒二象性就是在光的波动说和粒子说的基础上，针对光电效应，提出的全新理论。而正是与光的波动说和粒子说二者的困难的比较，我们才可以看出光的波粒二象性说的意义。可以说，科学元典是时读时新的。

除了具体的科学思想之外，科学元典还以其方法学上的创造性而彪炳史册。这些方法学思想，永远值得后人学习和研究。当代诸多研究人的创造性的前沿领域，如认知心理学、科学哲学、人工智能、认知科学等，都涉及对科学大师的研究方法的研究。一些科学史学家以科学元典为基点，把触角延伸到科学家的信件、实验室记录、所属机构的档案等原始材料中去，揭示出许多新的历史现象。近二十多年兴起的机器发现，首先就是对科学史学家提供的材料，编制程序，在机器中重新做出历史上的伟大发现。借助于人工智能手段，人们已经在机器上重新发现了波义耳定律、开普勒行星运动第三定律，提出了燃素理论。萨伽德甚至用机器研究科学理论的竞争与接受，系统研究了拉瓦锡氧化理论、达尔文进化学说、魏格纳大陆漂移说、哥白尼日心说、牛顿力学、爱因斯坦相对论、量子论以及心理学中的行为主义和认知主义形成的革命过程和接受过程。

除了这些对于科学元典标识的重大科学成就中的创造力的研究之外，人们还曾经大规模地把这些成就的创造过程运用于基础教育之中。美国几十年前兴起的发现法教学，就是在这方面的尝试。近二十多年来，兴起了基础教育改革的全球浪潮，其目标就是提高学生的科学素养，改变片面灌输科学知识的状况。其中的一项重要举措，就是在教学中加强科学探究过程的理解和训练。因为，单就科学本身而言，它不仅外化为工艺、流程、技术及其产物等器物形态，直接表现为概念、定律和理论等知识形态，更深蕴于其特有的思想、观念和方法等精神形态之中。没有人怀疑，我们通过阅读今天的教科书就可以方便地学到科学元典著作中的科学知识，而且由于科学的进步，我们从现代教科书上所学的知识甚至比经典著作中的更完善。但是，教科书所提供的只是结晶状态的凝固知识，而科学本是历史的、创造的、流动的，在这历史、创造和流动过程之中，一些东西蒸发了，另一些东西积淀了，只有科学思想、科学观念和科学方法保持着永恒的活力。

然而，遗憾的是，我们的基础教育课本和不少科普读物中讲的许多科学史故事都存在误讹相传的东西。比如，把血液循环的发现归于哈维，指责道尔顿提出二元化合物的元素原子数最简比是当时的错误，讲伽利略在比萨斜塔上做过落体实验，宣称牛顿提出了牛顿定律的诸数学表达式，等等。好像科学史就像网络上传播的八卦那样简单和耸人听闻。为避免这样的误讹，我们不妨读一读科学元典，看看历史上的伟人当时到底是如何思考的。

现在，我们的大学正处于席卷全球的通识教育浪潮之中。就我的理解，通识教育固然要对理工农医专业的学生开设一些人文社会科学的导论性课程，要对人文社会科学专业的学生开设一些理工农医的导论性课程，但是，我们也可以考虑适当跳出专与博、文与理的关系的思考路数，对所有专业的学生开设一些真正通而识之的综合性课程，或者倡导这样的阅读活动、讨论活动、交流活动甚至跨学科的研究活动，发掘文化遗产、分享古典智慧、继承高雅传统，把经典与前沿、传统与现代、创造与继承、现实与永恒等事关全民素质、民族命运和世界使命的问题联合起来进行思索。

我们面对不朽的理性群碑，也就是面对永恒的科学灵魂。在这些灵魂面前，我们不是要顶礼膜拜，而是要认真研习解读，读出历史的价值，读出时代的精神，把握科学的灵魂。我们要不断吸取深蕴其中的科学精神、科学思想和科学方法，并使之成为推动我们前进的伟大精神力量。

目 录 | Contents

导　　读

· Introduction to Chinese Version ·

武际可

（北京大学工学院　教授）

　　伽利略从比萨大学毕业以后，大致经历了三个时期：在比萨大学任教三年
（1589—1591），在帕多瓦大学任教 18 年（1592—1610），之后他回到佛罗伦萨
任托斯卡纳大公爵的首席哲学家和数学家（1610—1642）。这三个城市都保留有
伽利略的印迹。

　　伽利略一生以对话体写了两本不朽的著作，即：《关于托勒密和哥白尼两大
世界体系的对话》和《关于两门新科学的对话》。

伽利略（Galileo Galilei, 1564—1642）
意大利物理学家、天文学家，经典力学和实验物理学的先驱。

伽利略（Galileo Galilei，1564—1642）是最伟大的科学家之一。他出生于意大利的比萨，父亲是一位音乐家。1581年，17岁的伽利略来到比萨大学学医。在学校里，他以数学和物理学见长，而且因为善于辩论而闻名全校。

伽利略从比萨大学毕业后，大致经历了三个时期：在比萨大学任教三年（1589—1591），在帕多瓦大学任教18年（1592—1610），之后他回到佛罗伦萨任托斯卡纳大公爵的首席哲学家和数学家（1610—1642）。

伽利略一生以对话体写了两本不朽的著作，即：《关于托勒密和哥白尼两大世界体系的对话》和《关于两门新科学的对话》。这两本书，都是以三个人：萨耳维亚蒂（简称萨耳）、萨格利多（简称萨格）和辛普里修（简称辛普）进行四天对话的形式写成。前两人分别代表伽利略的化身和他的朋友，第三人则代表受旧学说影响较深而又有探求兴趣的发问者。

比萨城内伽利略出生时的房子。1564年，伽利略出生在比萨一个不太富裕的家庭。父亲是位杰出的音乐家，同时经营纺织品贸易。

今日比萨大学的植物园。1581年，17岁的伽利略遵父命考入比萨大学学习医学，但他的兴趣还是在物理学和数学方面。他特别崇拜古希腊科学家阿基米德。阿基米德的物理实验和数学推理相结合的方法使他深受感染。他曾深情地说："阿基米德是我的老师。"

帕多瓦大学总部，右侧是钟楼。1592年，伽利略离开比萨，受聘为帕多瓦大学数学教授。在帕多瓦大学的18年，是伽利略一生中最富有成果的时期，他在此结识了很多重要的朋友。17世纪初，帕多瓦是意大利人民精神生活的中心。帕多瓦大学是欧洲一座非常古老的学府，在这里，人们经常自由讨论。在那个只要有人发表"偏激"（当时称为异端）言论，就会遭到宗教法庭无情搜捕的时代，像帕多瓦这样一个自由的地方，是难得一见的。

一、这是一本什么样的书

为了说明伽利略《关于两门新科学的对话》出版的艰巨，我们需要简略介绍一下他的《关于托勒密和哥白尼两大世界体系的对话》。

1624—1630 年，伽利略花了很大的精力写出了巨著《关于托勒密和哥白尼两大世界体系的对话》，并于 1632 年出版。这本书全面而系统地讨论了哥白尼日心体系和托勒密地心体系的各种分歧，并以作者的许多新研究成果和新阐释的惯性原理揭示了哥白尼体系的正确和托勒密体系的谬误。

该书的出版激怒了教会，1633 年 2 月宗教法庭把伽利略传到罗马，并于 1633 年 3 月 12 日审判。宗教法庭强迫年近古稀的伽利略认错，责令他居住在佛罗伦萨郊区，不得离开，并且不许传播《关于托勒密和哥白尼两大世界体系的对话》。在这样的条件下，伽利略要出版任何新的著作所遇到的困难是可想而知的。

宗教法庭对伽利略的审判与迫害，是整个人类历史上黑暗势力迫害科学发展的典型。随着科学的发展，这种迫害显得越来越荒唐。在判决伽利略 359 年后，梵蒂冈终于认识到 1633 年判决的错误，于是一个调查委员会在 1979 年组成了。1983 年，罗马教廷才宣布"给伽利略定罪的法官犯了错误"。经过这个委员会 13 年的调查研究，罗马教皇终于在 1992 年做出了对伽利略正式平反的决定。

帕多瓦的伽利略天文台。

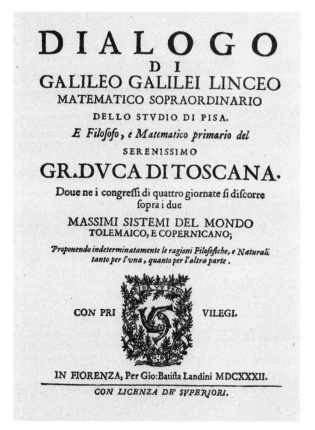

1632 年版《关于托勒密和哥白尼两大世界体系的对话》扉页。

意大利画家尼可罗·巴拉宾（Niccollo Barabion，1832—1891）作品——《伽利略的审判》描绘了伽利略备受折磨之后的疲惫和苍老。审判结束后，伽利略转向出口，等在那里的士兵会押送他去执行终身监禁。

《关于两门新科学的对话》出版于 1638 年，是伽利略积数十年研究工作的总结，它是伽利略最重要的著作之一。

在经过因《关于托勒密和哥白尼两大世界体系的对话》而受的审判后，伽利略对于这后一本《关于两门新科学的对话》表现得更为重视、谨慎，也更为机警。

从伽利略遗留的信件中，有早在 1602 年 11 月 29 日写给莫恩泰（Guidobaldo del Monte）的涉及重体沿圆弧与所对的弦下落的信，有 1604 年 10 月 16 日给萨尔皮（Fra Paolo Sarpi）的关于重体自由下落的信，还有在 1609 年 2 月 11 日写给安托利奥·德·美第奇（Antonio

de'Medici）的信，信中说他已经"完成了关于具有不同长度、厚度和形状的梁的受力和强度的所有的定理和实证"。这说明，从伽利略着手研究《关于两门新科学的对话》的内容直到这本书的出版，是经过了近 40 年的历程。

对于因《关于托勒密和哥白尼两大世界体系的对话》遭受审判的打击的伽利略来说，如何使《关于两门新科学的对话》能够顺利出版，的确需要有相当的智慧。

伽利略最初试图在罗马或威尼斯出版，结果都没有可能。最后他不得不托好友把书稿带到宗教势力所达不到的境外出版。该书正文前面的一则伽利略给诺阿耶（Noailles）伯爵的简

佛罗伦萨博物馆。三层楼中的整整一层辟为伽利略纪念馆，主陈列室墙上有几幅描摹伽利略当年科学活动的壁画以及一些图文说明，室内陈列着几件伽利略的珍贵文物：一架伽利略曾经使用过的望远镜，一个伽利略亲手磨制的透镜，一台单摆计时仪的复制件以及伽利略斜面实验装置原件。

短的献词充分表现出他的睿智。字面上他假装对印刷这本书什么也没有做，声称将永不出版他的任何著作，最多是把他的手稿分发到这儿或那儿。他甚至对他的《关于两门新科学的对话》落入埃尔泽菲尔（Louis Elzevir）①的手中而且很快就出版表示大为惊诧，由此被要求写一个献词。

　　伽利略《关于两门新科学的对话》以对话体讨论了他对两门新科学——材料力学与动力学——的研究结果。全书分四天谈话，第一、

1638 年于荷兰出版的《关于两门新科学的对话》扉页。

————————————
　　① 16 世纪到 17 世纪欧洲著名出版家。——中译者注

第二天是关于材料强度和物体受力的问题，第三、第四天是关于动力学问题。

伽利略是一位伟大的科学家和思想家。人们说他是现代科学之父是很有道理的。他是古希腊之后，经过一千多年欧洲黑暗时期，公开向宗教的权威、向亚里士多德关于动力学的错误、向旧知识及其方法体系宣战的第一人。

人们说伽利略是实验科学之父。在这本书中，他系统描述了如何通过大量实验为新科学（材料力学和动力学）奠定基础。人们说伽利略是最早把物理与严格的数学结合的第一人，在这本书中，他正是系统地利用他那个时代的数学去解决物理问题和论证新的物理定律，从而打开通向现代精密科学的大门。人们说伽利略是开创动力学的第一人，这本书的大部分内容正是他关于落体、抛体和动力学基本规律方面研究的总结。

伽利略悬臂梁实验示意图。

伽利略在《关于两门新科学的对话》中提出了固体的强度问题，介绍了他最早进行的梁的强度实验，提出了等强度梁的概念，讨论了在重力下物体尺寸对强度的影响，提出了落体最速下落曲线问题，给出了重力场下能量守恒的早期叙述，给出了简单情形下的虚功原理，讨论了大气压力问题，叙述了摆的等时性现象，第一次将音乐的声调与物体的振动联系起来，提出了光传播速度的概念并且给出了一种测量光速的设想，等等。书中提出的新概念和新思想，无不对后来的科学发展产生深刻的影响。

二、伽利略是如何批驳亚里士多德的

牛顿的《自然哲学之数学原理》在不多的几个定义之后，接着就是著名的"三大定律"，似乎这些原理是牛顿悟出来的，也无须什么解释。

其实，在探求运动规律的

1726 年第三版《自然哲学之数学原理》扉页。牛顿力学三大定律是牛顿总结的，但是在他之前，伽利略、笛卡儿等人已经得出或多或少的相关内容。牛顿与他们的差别在什么地方？牛顿仅仅只是把别人的东西拿来总结陈述了一番吗？

问题上，人类走过了漫长的路。而关键的一步，是伽利略的研究。正如伽利略在书中所说，"在自然界，没有比运动更古老的了，关于它哲学家们写了不少的书；不过我借助于实验发现了它的某些性质，这些性质是值得知道的，并且是迄今为止还没有被观察和论证的"。

　　动力学的发展，所面对的最大困难就是亚里士多德统治了一千多年的错误结论。这些错误结论归结起来无非是两条：一是物体下落速度与其重量成比例，二是物体在介质中所受的阻力与介质的密度成比例。

　　关于第一个问题，根据亚里士多德的学说，物体在同一介质中运动，由它们的重量决定了它们具有不同的本性速度。我们来看伽利略批驳这个结论的对话：

在物体的运动方面，古希腊学者亚里士多德（前384—前322）认为：如果要使一个物体持续运动，就必须对它施加力的作用。如果力被撤销，物体就会停止运动。图为亚里士多德雕塑。

比萨斜塔和比萨大教堂（周雁翎／摄）。据说，1591 年，身为比萨大学教授的伽利略曾在此塔上做过著名的落体实验。不过，科学史家否认了这种说法。

萨耳：那么，如果取两个本性上速度不同的物体，显然当把二者绑在一起时，较慢的物体将使较快的物体有些减速，而较快的物体将使较慢的物体有些加速，难道你们不同意我的这一意见吗？

辛普：你无疑是对的。

萨耳：但是如果这是真实的，并且如果一块大石头具有速度 8，而一块较小的石头具有速度 4，那么当它们绑在一起时，系统将以比 8 更低的速度运动；而当把它们绑在一起时就变成一块比原来以速度 8 运动的石头还要大的石头。所以较重的物体比较轻的物体以较低速度运动；结果是与你的推测相矛盾的。由此你可以看到，我如何从你假设较重的物体比较轻的物体运动得更快中推出较重的物体运动较慢。

辛普：我像坠入大海一样，因为在我看来，较小的石头被加在较大石头上时增加了它的重量，但我看不出为什么增加重量不提高它的速度，或者至少不降低速度。

萨耳：辛普里修，这里你又犯了一个错误，因为说较小的石头给较大的石头加了重量是不对的。

辛普：这的确是在我理解能力之外。

萨耳：一旦告诉你使你苦恼的错误，这就不在你理解能力之外了。注意，必须区分运动中的重物与静止中的同一物体，一块处于平衡状态的大石头不仅具有另一块置于

在佛罗伦萨博物馆的这幅壁画中，伽利略正在讲解他的斜面实验，从画的背景中可以看到比萨斜塔。

其上的石头附加的重量，而且还要附加一束亚麻，其重量依亚麻的量增加了6～10盎司。但是如果你把亚麻绑在石头上并且让它们从某一高度自由下落，你相信亚麻将向下压石头使其运动加速呢，还是认为运动将被部分向上的压力减缓？当一个人阻止他身上的一个重担运动时总是感到在他肩膀上的压力；但是如果他以恰如重担下落的速度下降，重担是向下对他加重还是向上拉他呢？正如当你打算用一根长矛刺一个人，而他正在以一个等于甚至大于你追他的速度远离你，难道你没有注意到与刚才的情形是相同的吗？由此你必然得出结论，在自由地和自然地下落过程中，小石头不会对大石头施压，结果不会像静止时那样增加后者的重量。

辛普：但是如果我们把较大的石头放在较小石头之上将会怎样呢？

萨耳：如果较大的石头运动更快，其重量会增加；但是我们已经得出结论说，当小石头运动较慢时，它就在一定程度上阻止速度更快的物体，以至于两者合并成一块比两块石头中的较大石头还重的石头，它将以较慢的速度运动，这个结论是与你的假设相反的。于是我们推论，倘若它们受同一比重，大的和小的物体是以相同的速度运动的。

关于亚里士多德的第二个错误，《关于两门新科学的对话》在引进许多实验进行反驳后，借萨耳维亚蒂的口作结论说：

1991 年中国发行了纪念伽利略发现"惯性质量和引力质量等价" 400 周年（1591—1991）的邮资明信片。

萨耳：……我们已经看到不同比重的物体速度之差在那些阻力最大的介质中是十分显著的：例如，在水银介质中，黄金不仅比起铅来沉底更快，而且它根本是仅有的下沉的物质；所有其他的金属和岩石都漂浮在表面。另一方面，在空气中黄金、铅、铜和岩石以及其他重材料做成的球之间速度的差别是如此的微小，以至于从 100 库比特（一种长度单位）的高度下落的黄金球肯定不会超前于黄铜球四指宽。观察到这一点，我得出的结论是：在完全没有阻力的介质中所有的物体以相同的速度下落。

1995 年，意大利发行第 14 届国际相对论大会在佛罗伦萨召开的纪念邮票，上面有伽利略和爱因斯坦的头像。

伽利略《关于两门新科学的对话》的精彩内容，表现在所涉及两门新科学的许多课题上。要深入领略这些人类思想的闪光点，我们必须通读原书。

三、我们为什么要阅读《关于两门新科学的对话》

伽利略《关于两门新科学的对话》出版到现在虽然已经经过了三百多年的历史，但是现在读起来，仍然收获很多。

在科学技术高速发展的今天，人们所从事研究的分工越来越细，所掌握的知识领域越来越狭窄。在这种条件下，当我们重新研读古代大师们的著作时，大师们的思想常常会启发我们今天的研究，使我们跳出分工的狭小圈子，从更广的角度思考问题，推动我们的研究。

为了追寻力学的早期发展，对力学史有兴趣的读者，伽利略的这本书是不可不读的。它可以使我们理解伽利略对科学的贡献以及伽利略时代人们对力学问题的理解。

近代精密科学是从力学开始的，而经典力学的动力学又是从伽利略的这本书开始的。所以凡是有兴趣寻找现代科学发展轨迹的人，这本书也是不可不读的。

从现代科学发展水平来看，伽利略所处时代的那些研究工作，凡是具有高中文化水平的读者都是能够看懂并且从阅读中获益的。伽利略这本书体现的科学方法也是近代科学方法的精髓。作为现代社会的人，不可不熟悉现代科学，不可不了解现代科学的方法。而阅读伽利略这本书，可以了解现代科学方法的源头。所以把它作为一本物理学、力学和现代科学方法论的启蒙读物，也是非常合适的。

从近代科学的发展水平来看，不可否认，伽利略这本著作中还存在许多错误。例如在梁的截面内的应力分布问题上他没有考虑梁的纤维的变形，例如在最速下降的曲线问题上他误以为最速下降的曲线是圆弧，再例如他误以为

绳索在自重下其形状是一条抛物线，还例如对光速测量上，他的设想又过于粗糙，等等。不过，和历史上的许多伟大的发现一样，在一开始总是在正确的认识中夹杂着许多错误的认识的，这大概是科学发展的一个一般规律。例如发现热力学机械效率的卡诺（Nicolas Léonard Sadi Carnot），在热学问题上曾经是燃素说的积极支持者，发现行星运动规律三大定律的开普勒，曾经是一位占星术士。伽利略在这本书中所表现的错误，是他所处时代的局限性所带来的。关于梁的变形问题上，在他那个时候，弹性力学的胡克定律也还没有定型，何况处理这类问题需要和变量打交道，而处理变量的锐利武器——微积分还没有诞生。按伽利略所处的时代，我们可以说，在科学上他是一位在荒野中开辟道路的勇士，在探求前人没有开辟的新路上，走一些弯路，犯一些错误完全是不足为怪的和难以避免的，它一点也不会损害伽利略在科学史上的伟大形象。

我是抱着学习的态度翻译伽利略的《关于两门新科学的对话》的，伽利略的原书是用意大利文写作的，我不懂意大利文，此中译本是从1914年美国学者亨利·克鲁（Henry Crew）和阿方索·德·萨尔维奥（Alfonso de Salvio）的英译本译出的。希望读者在阅读之余，对译稿提出宝贵意见。

英译者前言

· English Translator's Preface ·

　　动力学是以各种不同形式表现的一个主题，例如弹道学、声学、天文学，伽利略坚定地、持久地为之贡献了毕生精力。他最后岁月所做的工作，实际上，对工程师和物理学家都有价值的全部内容似乎都集中于有关动力学的这本翻译的书中了。历史学家、哲学家、天文学家将在其他卷中找到感兴趣的东西。

1632年版《关于托勒密和哥白尼两大世界体系的对话》卷首插画，画中左边是亚里士多德，中间是手持地心说浑天仪的托勒密，右边是拿着日心说宇宙模型、穿着教士长袍的哥白尼。

　　一个多世纪以来，讲英语的大学生们处于一种反常的境地，他们常常听说近代物理科学的奠基人伽利略，却无缘以自己的语言阅读伽利略本人的著作。阿基米德的著作由希思（Heath）译成英文，从而使讲英语的学生可以阅读，惠更斯的《光论》是由汤普森（Thompson）翻译成英文的，莫泰（Motte）把牛顿的《原理》[①]译回其构思的语言（即由拉丁文译回英文）。为使英国和美国的大学生可以理解伽利略的物理，是我翻译本书的目的。

阿基米德（前287—前212），伟大的古希腊哲学家、科学家，静态力学和流体静力学的奠基人，享有"力学之父"的美称。他有句名言："给我一个支点，我就能撬起整个地球。"

　　尽管他故乡的一群同胞并不赞赏他，这位文艺复兴时代伟大的最后的开创者并没有被尊为他那个时代的预言者，甚至在他生前，他的《力学》（Le Mechaniche）已经被当时领潮世界的物理学家梅森（Mersenne）翻译为法文了。

　　在伽利略去世后不到25年，他的《天文学对话》和《两门新科学的对话》[②]即由萨卢斯贝里（Thomas Salusbury）翻译成英文，并被精心地印装为华美的四开本两大卷。《关于两门新科学的对话》实际上包含了伽利略对物理学的全部论述，其英文版于1665年出版。

　　遗憾的是，该英文版本的《关于两门新科学的对话》大部分被毁于其后的伦敦大火。我们不知道在美国是不是还有，即使是在伦敦的不列颠博物馆[③]中保存的也只是一个残本。

　　1730年，《关于两门新科学的对话》由韦斯顿（Thomas Weston）再次翻译为英文，但是这本书出版至今已经近两个世纪，不仅稀缺和昂贵，而且这个译本中有关的字义对现代读者来说含混而又难理解。除了上述两个版本外，再

宗教裁判所焚烧禁书时的情景。

---

　　① 指牛顿所著的于1687年以拉丁文出版的《自然哲学之数学原理》一书。——中译者注

　　② 指的是伽利略所著的两本书：《关于托勒密和哥白尼两大世界体系的对话》和《关于两门新科学的对话》。——中译者注

　　③ 即大英博物馆。——中译者注

没有其他英文版本。

最近一位著名的意大利学者完成了国家版伽利略全集，这项工作耗费了他生命中最好的三十年。在这20卷的豪华本全集中，帕多瓦的法沃罗（Antonio Favoro）教授曾对这位现代物理科学开创者的劳动给予了肯定的介绍。

在此译本中，既没有包括伽利略的著作《力学》，也没有包括他的文章《加速度运动》，因为前者内容很少而且已包含在伽利略之前就广为流传的"静力学"（Statics）中，而后者主要包含在本书的"第三天"的对话中。动力学是以各种不同形式表现的一个主题，例如弹道学、声学、天文学，伽利略坚定地、持久地为之贡献了毕生精力。他最后岁月所做的工作，实际上，对工程师和物理学家都有价值的全部内容似乎都集中于有关动力学的这本翻译的书中了。历史学家、哲学家、天文学家将在其他卷中找到感兴趣的东西。

我们严格遵照国家版——主要是1638年埃尔泽菲尔的版本，而不必再添加新的内容。为节约读者的时间，所有注解都删去，代之以脚注。为了尽可能保持原著的状态，对于这些脚注都标明"英译者注"。

任何历史文献的价值正是在于它所寄寓的语言，在人们试图探索像近代物理概念的产生和发展时表现得尤其是如此。因此本书的翻译我们要在文字上做到清晰性和现代性的统一。一旦有任何对这个原则的显著偏离，或者在虽没有偏离但有许多技术术语的情形下，我们在方括号内会给出原来的意大利文或拉丁文短语。这样做的意图是要说明各种各样的术语曾被早期的物理学家用以刻画同一个简单的确定的观念；相反地，像现在一样，一个简单的字，可以被用来阐述各种不同的意思。用正体放在方括号中的少量解释性的英文字由译者对其负责。国家版的页码放在方括号中沿着每页的中线插入。①

如果没有以下三位同事的帮助，与他们相关的那些译文中的缺点肯定会很多。柯蒂斯（D. R. Curtiss）教授好心地帮助翻译了关于无限的性质；巴斯奎恩（O. H. Basquin）教授在翻译有关材料强度的章节上给了宝贵的帮助；朗（O. F. Long）教授使得许多拉丁短语的意义更清晰。

对于帕多瓦大学的法沃罗教授的序言，译者与每一位读者一起对他表示真诚感激之情。

亨利·克鲁（Henry Crew）
阿方索·德·萨尔维奥（Alfonso de Salvio）
1914年2月15日于
伊利诺伊州埃文斯顿（Evanston）

---

① 英译本的这两项在中译本中皆略去。—— 中译者注

序　言

· *Introduction* ·

　　伽利略在给他忠实的朋友迪奥达蒂（Elia Diodati）写信时说,《关于两门新科学的对话》在他心目中一直是他以往的出版物中的"上乘之作"；在另一处他又说："在我看来，它包含了我所有研究中的最重要的结果。"他表示的有关他的著作的这些看法已经被后人证实了：《关于两门新科学的对话》确实是伽利略的不朽之作。

比萨大教堂内的"伽利略吊灯"。1583 年的某个周日，伽利略在比萨大教堂参加一个弥撒时，对头顶上方一只正在风中摇摆的吊灯产生了兴趣；伽利略受到启发，后来，发现了摆的周期定律。

伽利略在给他忠实的朋友迪奥达蒂（Elia Diodati）写信时说，《关于两门新科学的对话》在他心目中一直是他以往的出版物中的"上乘之作"；在另一处他又说："在我看来，它包含了我所有研究中的最重要的结果。"他表示的有关他的著作的这些看法已经被后人证实了：《关于两门新科学的对话》确实是伽利略的不朽之作。当他做出以上评注的时候，伽利略已经为它耗费了30多年的劳动。

如果追踪这一不同寻常的工作历史，我们将会发现这位大哲人是在威尼斯的帕多瓦度过他一生中最好的18载年华，正是在此期间他为其工作奠定了基础。如同我们从他的最后一位学生维维亚尼（Vincenzio Viviani，1622—1703）那里所知，伽利略正是在这座城市取得大量的研究成果而引起他的朋友们的热烈赞赏，这些朋友曾经目睹伽利略为研究物理中的有趣问题而常做的一些实验。萨尔皮叹服地说："上帝和大自然联手创造了伽利略的才智，从而给了我们运动的科学。"当《关于两门新科学的对话》刚出版，他以前教过的一位学生阿普罗伊诺（Paolo Aproino）写道，书中包含了许多他在帕多瓦当学生时"曾经从伽利略口中亲自听到的"内容。

左图的桌上放着伽利略的用书和仪器，有望远镜、摆锤、计时沙漏等。右图是帕多瓦大学的木制讲台；可以想象，伽利略可能为了授课而登过此台；当时，既没有粉笔也没有黑板，教授不必多挪动身体。

1610 年，伽利略写给文塔的信，这封信现藏于佛罗伦萨国家图书馆的中央图书馆。

现在把我们的注意力仅限于一些更为重要的文献，用它们可以证实我们的陈述。我们只要提及以下几封信件就足够了：1602 年 11 月 29 日写给莫恩泰的涉及重体沿圆弧及所对的弦下落的信；1604 年 10 月 16 日写给萨尔皮的关于重体自由下落的信；1609 年 2 月 11 日写给安托利奥·德·美第奇的信，说他已经"完成了关于具有不同长度、厚度和形状的梁的受力与强度的所有定理与实证，证明了它们在中部比起近端部要弱，当载荷沿梁的长度分布时比起载荷集中于一点时可以承受更大的载荷，还论证了当梁具有怎样的形状时它在每一点都具有相同的抗弯曲强度"，信中还说他正从事"关于抛体运动问题"的研究；最后在 1610 年 5 月 7 日给文塔（Belisario Vinta）的信中他提到从帕多瓦返回佛罗伦萨的事，列举了各种各样还需完成的工作，明确提到他的三本书，这三本书是关于运动理论这门崭新的科学。

尽管在他返回故乡后的各个时期他都专注于上述工作，甚至在那个时期，这些工作仍出现在他的脑海里，就像他一生不同时期的某些时间里一样，它们首先发表在国家版本中；尽管这些研究总是在他的思想中占主要地位，但直至他的《关于托勒密和哥白尼两大世界体系的对话》发表并且在被称为正义的

壁画《伽利略的审判》描绘在豪华的大教堂里，一个巨大的十字架立在画面中间，伽利略端坐于前。（佚名，17世纪意大利学院派画家）

"世纪耻辱的审判"①结束前，他一直是严肃地对待它而没有出版。事实上，迟至 1630 年 10 月，他才略微向阿吉翁蒂（Aggiunti）提到他在运动理论方面的发现，并且仅仅两年之后，在给马尔西利（Marsili）的一封关于抛体运动的信中，他暗示在即将提交出版的一本著作中将探讨这一论题。仅在一年后，他在写给阿里格黑蒂（Arrighetti）的信中说他手边有一本关于固体强度的教材。

当伽利略被强令居住在锡耶纳（Siena）时，他的成果有了明确的形式：在他与大主教平静地度过的 5 个月期间，他自己写道，他已经完

成了"一篇充满趣味和有用思想的关于一个力学新分支的论文"；几个月后他写信给弥迦恩泽（Micanzio）说："工作已经完成。"他的朋友们得知此事后，立即催促他赶快出版。

可是要发表已经被宗教法庭宣告有罪的人的著作谈何容易：由于伽利略最初试图在佛罗伦萨或在罗马出版无望，他转而求忠实的朋友弥迦恩泽打听在威尼斯有没有可能出版，这是因为他出版《关于托勒密和哥白尼两大世界体系的对话》遇到困难的消息刚传至弥迦恩泽时他就曾承诺过出版此书。最初，一切都进行得顺利，所以伽利略即把部分手稿送给弥迦恩

---

① 指伽利略的著作《关于托勒密和哥白尼两大世界体系的对话》和因为这本著作所受到的宗教法庭的审判。判决他必须一直住在锡耶纳不得离开。——中译者注

泽并附有一封热情的信——很少有人受到大哲人如信中那样热烈的赞美。但是当弥迦恩泽向检察官咨询时，得到的回答却是一道明确的指令，即在威尼斯或任何别的地方都禁止出版或重版伽利略的任何著作，绝无例外（nullo excepto）。

在伽利略得到这个令人丧气的消息之后不久，他开始去另外寻找曾经到过他那里的德国朋友的支持，也可能还有他的学生彼埃罗尼（Giovanni Battista Pieroni），此人当时任军事工程师，服务于神圣罗马帝国皇帝。后来伽利略把《关于两门新科学的对话》的前两部分交给动身去德国的马蒂阿·德·美第奇（Mattia de'Medici），要他带给彼埃罗尼。当彼埃罗尼还没有决定是在维也纳或者布拉格、抑或是在摩拉维亚（Moravia）的某个地方出版时，伽利略已经同时得到在维也纳和奥尔米茨（Olmütz）出版的允诺。但是伽利略认为在罗马法庭力量所及的任何地方都是危险的。所以，利用埃尔泽菲尔于1636年来到意大利的机会，并且考虑到埃尔泽菲尔与弥迦恩泽的友谊，更顾及他要到阿切特里（Arcetri）进行访问，伽利略决定撤销全部其他的计划而委托荷兰的出版商去出版他的新著作，他托埃尔泽菲尔在回国时带上了尚未完成的手稿。

1637年，他的著作已完成了印刷，至次年，缺的只是索引、书名页和献词。献词通过迪奥达蒂协助呈交给了诺阿耶伯爵。诺阿耶伯爵是伽利略以前在帕多瓦的学生，从1634年起任

法国驻罗马的大使，为了减轻审判给伽利略带来的痛苦，他做了很多工作，他欣然接受了献词。该献词的措辞值得予以简短评述。伽利略由于一方面被告知禁止出版他的著作，另一方面他又不愿激怒罗马法庭，并希望从其手中获得完全的自由，因此在献词字面上（可能是由于过分谨慎，他只给出了出版经过的要点）伽利略装出对出版这些书他什么也没有做，声称他将永远不出版他的任何研究成果，最多是把他的手稿分发到各处。他甚至对他的《关于两门新科学的对话》落入埃尔泽菲尔的手中并很快就出版表现出大为惊诧，以至于当被要求写一篇献词时他也许认为，在当时的情况下，在"对付敌人和保护自己"方面，没有人能比得上他。

说到书名，应当读作《关于力和局部运动的两门新科学的谈话和数学论证》，人们仅知道该书名不是伽利略本人想出并建议的；事实上，他断然反对出版商拥有改变该书名的自由，并反对"用一个低级的和庸俗的书名取代高尚的和有品位的书名放在封面上"。

在重印国家版这本著作的过程中，因为我想利用大量已在我们手中的手稿材料，以订正第一版中数量可观的错误，并且由于作者本人渴望加入某些补充材料，因而我忠于但不拘于1638年莱顿（Leyden）版的原文。在莱顿版中，四天的"对话"后面附有一个"由该作者早先写的、涉及刚体重心的一些定理及其证明的附录"，它们与《关于两门新科学的对话》中论述

的主题没有直接的联系；正如伽利略所告诉我们的，这些定理是伽利略"在22岁并且在研习几何两年后"发现的，这里录入仅为避免遗忘。

但是伽利略关于《关于两门新科学的对话》的计划并不仅限于构成莱顿版的四天"对话"和上面提到的附录。那时，一方面由于埃尔泽菲尔催促赶快印刷并力争尽早出版，另一方面伽利略保留了在四天之外的另一天的"对话"，这样一来，印刷者就处于尴尬和混乱的局面。作者和出版商之间进行的通信表明，这第五天讨论了"冲击力与悬链线的应用"。但是当排字工作接近完成时，印刷商迫不及待地要把该著作毫不延误地按时出版发行，所以1638年出版的这本《关于两门新科学的对话》仅包含有四天"对话"和附录，尽管在1638年4月，伽利略已较以前更深入地"进入了意义深远的冲击问题的研究"并且"已经达到几乎彻底解决"。

经最仔细和投入地研究之后，我决定以国家版的原文为准，才有了《关于两门新科学的对话》的新版本。更为重要的是，其中用了我希望看到的语言。该译本是这位大哲人最后和最成熟的著作在"新世界"第一次出版：如果说我在某种程度上对这一重要成果做出了贡献的话，我将感到这是对于我为这一研究领域付出了我生命中最好年华的丰厚酬劳。

安托尼奥·法沃罗（Antonio Favaro）
1913年10月27日于帕多瓦大学

长期以来，学者们认为《关于两门新科学的对话》开辟了牛顿运动定律的先河。伽利略在书中提出的力与运动的概念和它们相互间的关系，促使牛顿窥破天文的奥秘。

　　牛顿在伽利略等人工作的基础上进行深入研究，总结出了物体运动的三个基本定律（牛顿三大定律）。

牛顿故居伍尔索普庄园。

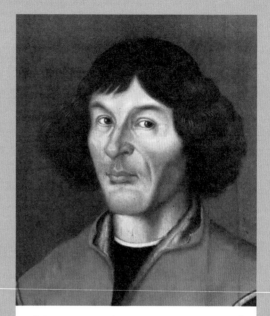

哥白尼是文艺复兴时期的波兰天文学家、数学家。

　　哥白尼体系的胜利，与伽利略的研究成就是分不开的。

　　1543年，哥白尼出版伟大著作《天体运行论》，提出日心说。1632年，伽利略出版《关于托勒密和哥白尼两大世界体系的对话》，对哥白尼学说起到了重要补充作用，使日心说真正战胜地心说，从此为世人所接受。

　　1633年，伽利略因宣扬"邪说"而被罗马宗教法庭判处终身监禁，《关于托勒密和哥白尼两大世界体系的对话》也被判为禁书。这次审判是宗教史和科学史上的重要事件。早在1600年，布鲁诺就由于宣传哥白尼学说和新教思想，被宗教裁判所以八项异端罪名烧死在罗马鲜花广场。

罗马鲜花广场上的布鲁诺雕像，他面朝梵蒂冈，注视着不远处森严的教廷。

出版人致读者
· *The Publisher to the Readers* ·

　　在本书中人们第一次看到关于这两门新科学的论述，其中含有丰富的命题，随着时间的推移，有才能的思想家可在其基础上添加更多的命题；同时，借助于大量清晰的论证，作者还指出了导出其他很多定理的途径，它们也易于被所有聪明的读者阅读和理解。

1603年，由荷兰光学仪器商制造的望远镜问世。这种望远镜只能放大两到三倍，而且物像显示模糊变形，被学者们认为是一种没有前途的玩具，但伽利略不这么认为，他改进了前人的设计方案，重新设计了望远镜。

图中央是威尼斯圣马可（San Marco）广场钟楼（王直华／摄）。1609年8月21日，伽利略在此钟楼上向元老们展示望远镜：帕多瓦教堂距离钟楼32千米，透过望远镜，它似乎近在3.5千米之处。威尼斯北部的穆拉诺（Murano）岛，离钟楼2.5千米，望远镜把它拉近到300米，连屋里人的模样都清晰可辨。

由于社会是以人们彼此相互关爱结合在一起的，并且艺术和科学为此目标已做出了大量的贡献，因而人们在这两个领域进行的探究一直受到我们睿智的前辈们高度的赞赏和尊敬。他们的创造成效愈大和愈卓越，创造者得到的荣誉和赞美就愈高。的确，人们甚至把他们神化，并给予他们崇高的荣誉，愿他们永垂不朽。

荣耀和赞美也同样应当属于那些将注意力专注于公认事实的睿智者，他们发现和纠正了许多命题中的谬误，这些命题曾经被有声望的人们所表述并且被作为事实已承认了许多年。尽管这些人仅仅指出了谬误，并没有以真理代替它，但是，当我们考虑到发现事实如众所周知的困难时，他们依然是值得赞扬的。发现事实的这种困难可以使论辩家惊呼："如果我能够证明真理像揭穿谬误一样容易就好了。（Utinam tam facile possem vera reperire，quam falsa convincere.）"确实，近几个世纪是应当受到这样赞扬的，因为在此期间，由古人创造的艺术以及科学研究与实验，其完美性正在不断地增加和充实，这种发展在数学科学领域中表现得特别明显。这里无须提起各方面已经取得成功的人，我们必然会毫不迟疑地并且得到学者们一致认定，将猞猁学院（Accademic dei Lincei）①的院士伽利略放在第一位。他应当受到这样的推崇，这不仅由于他在他发表的著作中充分有力地揭示了许多流行结论的谬误，还由于他借助望远镜（在这个国家发明并且大大地完善了）发现了木星的四颗卫星，他向我们揭示了银河的真实特征，并使我们知道了太阳黑子、月面的阴暗和高低不平、木星的四颗卫星、金星的状态和彗星的物理特性。这些事情对古代

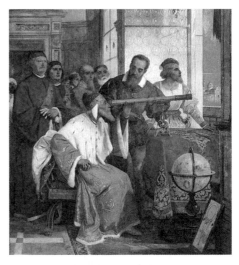

伽利略向威尼斯大侯爵介绍如何使用望远镜。

猞猁学院的标志。成立于 1603 年的猞猁学院可能是世界最早的由自然哲学家组成的重要团体。猞猁的目光非常锐利，以它命名象征着对自然奥秘的洞悉。伽利略在 1611 年当选为猞猁学院成员。在这之后，伽利略的所有文学作品和私人通信的签名后面都会加上"猞猁学院成员"这个头衔，直到 1630 年该学院解散。

———————————

① 又称山猫学院、林赛学院、林嗣学院、林琴学院等。——本书责任编辑注

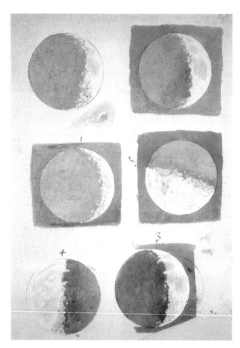

月球盈亏素描图。此图系伽利略根据其本人设计制造的望远镜所观测到的现象绘制而成。

1969 年，美国阿波罗 11 号（Apollo 11）的载人航天飞船拍下的月球照片。

的天文学家和哲学家来说是完全未知的。所以我们可以有理由说，他重建了天文科学的世界并使之发出新的光辉。

铭记智慧和力量与仁慈的上帝无处不在，包括天空和天体上，我们很容易地意识到伽利略的伟大功绩，他把这些物体纳入我们的知识中，尽管它们几乎是位于无限远处，但仍然使它们易于看见。因为按照通常所说，一日所见比重复一千次的教条能教给我们更多更大的确信性，或者换一种说法，直觉知识与精确定义并驾齐驱。

上帝给予伽利略最好的赠品就是现在这本著作。虽然伽利略在这本书上花费了大量的劳动并长期熬夜，但从其中可以看到，他发现了两门全新的科学并给出了严格的论证。在这本著作中更值得注意的是这样一个事实：其中一门科学讨论了一个具有无限趣味的、可能也是自然界最重要的论题，该论题占据了所有大哲学家的头脑，他们为其写过的著作汗牛充栋；我指的这个论题即是运动（moto locale），一种展示了许多奇妙性质的现象，在伽利略之前没有任何人发现和论证过。另一门科学是伽利略从基础开始发展起来的讨论固体在外力（per violenza）作用下断裂时的抗力，这是一个特别对科学和机械技术有巨大作用的论题，一个以前未被观察到的有许多丰富的性质和定理的论题。

在本书中人们第一次看到关于这两门新科学的论述，其中含有丰富的命题，随着时间的推移，有才能的思想家可在其基础上添加更多的命题；同时，借助于大量清晰的论证，作者还指出了导出其他很多定理的途径，它们也易于被所有聪明的读者阅读和理解。

伽利略改进望远镜 400 多年以来，望远镜经历了一次又一次的变革。从小口径望远镜到大口径望远镜，从折射望远镜到反射望远镜，从用来观察遥远物体到探索浩瀚太空，望远镜威力不断增大，天文学也随之取得长足进步。

颂扬伽利略的寓意画：他敬重数学、光学和天文学，把望远镜献给代表这三门科学的女神。

这台位于美国威斯康星州的耶基斯天文台的口径 102 厘米的望远镜建于 1897 年，是当时建造的最大体积折射望远镜。

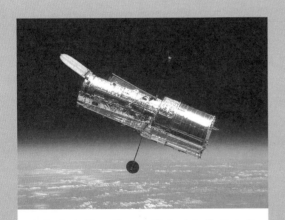

哈勃太空望远镜，以著名天文学家哈勃（Edwin Powell Hubble，1889—1953）命名，1990 年搭乘"发现者号"航天飞机进入太空。它极大地弥补了地面观测的不足。

詹姆斯·韦伯空间望远镜（JWST）是美国宇航局、欧洲航天局和加拿大航天局联合研发的红外空间观测望远镜，研究人员计划用其接续哈勃太空望远镜的天文任务。它将能够更好地"看清"宇宙更遥远、更暗淡的天体。

伽利略的学说在全世界广泛传播，早在明末清初正式传入了中国。

16世纪末、17世纪初，意大利天主教传教士利玛窦以西方科学，特别是数学和天文历法与中国士大夫交往，并和徐光启等共同翻译《几何原本》《天文实义》等书。当时中国历法失修，历书记载和天象常有出入，利玛窦借机宣传西方历法，不断向罗马教会请求派遣真正的天文学家到中国进行修改历法的工作。

就在利玛窦去世8年后的1618年，罗马天主教会派遣五位通晓天文历算的耶稣会传教士到中国，其中有意大利人罗雅各（Giacomo Rho，1590或1593—1638）、德国人汤若望（Johann Adam Schall von Bell，1591—1666）和瑞士人邓玉函（Jean Terrenz，1576—1630）。其中邓玉函曾是伽利略的学生，他是第一个把天文望远镜带进中国的人。

利玛窦（Matteo Ricci，1552—1610）肖像画。他是天主教在中国传教的最早开拓者，也是最早把西方科学带入中国的人。

1615年耶稣会传教士阳玛诺（Emmanuel Diaz，1574—1659）在北京刊印《天问略》。该书通过问答形式，阐述了月相和日月交食原理、节气、昼夜和太阳运动，并突出阐述了用伽利略望远镜所发现的四颗卫星、月球表面、金星盈亏、太阳黑子及银河带的星体结构。

徐光启主编的《崇祯历书》多处谈到有关伽利略在天文学上的贡献。左图为伽利略的望远镜和《关于两门新科学的对话》一书、太阳系仪上的木星卫星以及远处的木星。

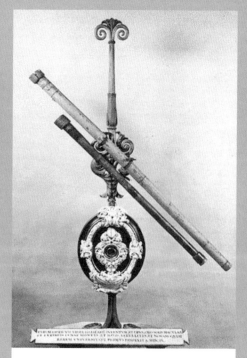

伽利略制造的望远镜，现保存于佛罗伦萨博物馆。

伽利略致最杰出的
诺阿耶伯爵的献词

· To the Most Illustrious Lord Count of Noailles ·

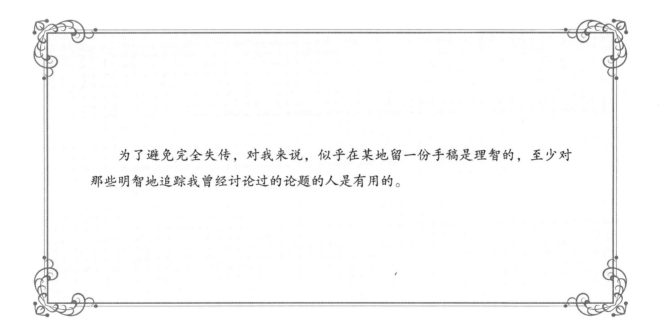

为了避免完全失传，对我来说，似乎在某地留一份手稿是理智的，至少对那些明智地追踪我曾经讨论过的论题的人是有用的。

伽利略用自制望远镜观察天空。

最高基督至高无上的辩护士、圣洁灵魂团的骑士、陆军元帅和指挥官、鲁埃格（Rouergue）地方长官和执事、奥弗涅（Auvergne）地方崇高的代理、我崇敬的赞助人，最杰出的阁下：

从您为拥有拙著而深感愉快中，我领略到阁下的宽宏大量。我的另一本书给我带来的厄运使我失望和沮丧[①]，这是您已经知道的。的确，我曾经决心不再出版任何著作。但是为了避免完全失传，对我来说，似乎在某地留一份手稿是理智的，至少对那些明智地追踪我曾经讨论过的论题的人是有用的。因此，我的首选是把我的著作放在阁下的手中，此外没有更好的存放处，这是由于我相信您会把保存我的研究和劳动放在您的心上。所以，当您离开派往罗马的使团返回家中时我就来向您致意，正像过去我在信中所多次做的那样。这次会面时，我呈递阁下一份我的两本著作的复本，那时我刚完稿。您对这些稿子的亲切的接受使我对它们的保存满怀信心。您把它们带到法国，并且向您熟悉这些科学的朋友们展示，这一事实表明我的沉默并不能解释为完全的懒惰。稍后，正当我送一批稿子到德国、佛兰德、英国、西班牙，可能还有意大利的某些地方时，我注意到埃尔泽菲尔正将我的这些著作付印，我应当选定一篇献词并且立即寄给他们，给他们一个回复。这一突然的和意外的消息使我意识到阁下以把这些著作传递给各方面朋友的方式来使我的名字复活和传播，阁下的热切之情是我的著作传到出版者手中的真实原因，因为这些出版者曾经出版过我的其他著作，现在他们希望以这一著作的一个漂亮的豪华版本来给我以荣誉。由于有阁下这样卓越的评论家的评价，这本著作必将增加其价值。因为阁下具有许多美德，已赢得所有人的赞扬，您对扩大我的著作名声的期望说明您的无比慷慨，您对公众福利的热忱精神将因而得到提倡。在这样的情况下，我对阁下的慷慨以明白的语言表示我衷心的感谢是很恰当的，阁下使我的名誉飞向我从未奢望的更远的地方。因此，我把我的智力的产物献给阁下是适当的。在这一过程中，我不仅感到您赋予我的沉重的责任，如果可以这样说的话，还由于阁下作为我的名誉免受敌人攻击的保护者，使我具有处于您保护下的安全感。

现在，在您的旗帜下前进的同时，我向您致敬并愿您由于仁慈而获得最大的幸福和最高的声望。

阁下最忠实的仆人

伽利略

1638 年 3 月 6 日于阿切特里

---

① 指的是 1632 年伽利略因出版《关于托勒密和哥白尼两大世界体系的对话》一书遭到罗马宗教法庭审判。——中译者注

德国戏剧家布莱希特于1938年创作了历史哲理剧《伽利略传》。该剧以伽利略的事迹为题材，把历史的经验教训和20世纪的现实结合起来，表现在新旧社会交替时，科学与愚昧、变革与反动之间的生死搏斗。1978年，中国青年艺术剧院首次将此剧搬上中国舞台。

德国戏剧家、诗人布莱希特（Bertolt Brecht，1898—1956）。

《伽利略传》早期剧照。

1979年3月31日《伽利略传》在北京公演，这是"文化大革命"之后在中国上演的第一个外国戏。

2011年北京国际青年戏剧节期间在国家大剧院演出的《伽利略传》剧照。

第一天

· The First Day ·

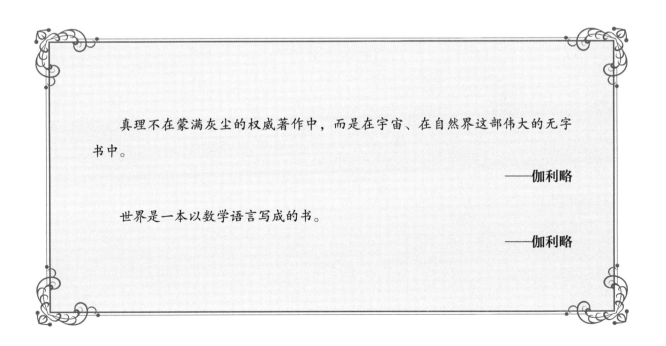

真理不在蒙满灰尘的权威著作中，而是在宇宙、在自然界这部伟大的无字书中。

——伽利略

世界是一本以数学语言写成的书。

——伽利略

伽利略受审（雕版画）

对话者

萨耳维亚蒂（简称"萨耳"）（Salviati）

萨格利多（简称"萨格"）（Sagredo）

辛普里修（简称"辛普"）（Simplicio）

萨耳： 你们威尼斯人在著名的兵工厂里进行的经常性活动，特别是包含力学的那部分工作，对好学的人提出了一个广阔的研究领域。因为在这部分工作中，各种类型的仪器和机器被许多手工艺人不断制造出来，在他们中间一定有人因为继承经验或利用自己的观察，在解释问题时变得高度熟练和非常聪明。

萨格： 你说得很对。生性好奇的我，常常访问这些地方，纯粹是为了观察那部分人的工作而带来的愉悦，由于那些人比其他技工具有较强的优势，我们称之为"头等人"。同他们讨论对我的某些研究结果常常很有帮助，不仅包括那些明显的，还包括那些深奥的和几乎是不可想象的结果。有几次我由于不能解释某些事物而陷于困惑乃至绝望中，是直觉告诉我什么是对的。不久前，有一位老人告诉我们虽然是公认的和已被普遍接受的事，但如同在无知的人们中流传的许多别的说法一样，在我看来完全是错误的；因为我认为，他们的这些说法是为了表现他们知道一些事情，而对那些事他们并不理解。

萨耳： 你可能会提到下面这件事：当我们问及为什么较大容积的船下水要用木头支架和大支柱，而小船则无须这样做时，他最后的解释是，之所以如此是为了避免在自重（vasta mole）作用下船断裂的危险。那么小船就没有危险了吗？

萨格： 是的，这正是我的意思；并且我要特别谈及他最后的断言，尽管有的断言是流行的，但我总把它看作是错误的；也就是说，在讲到这样那样类似的机械时，我们不能用小的来论证大的，因为许多在小尺寸上成功的装置对大尺寸就不行。现在，因为力学有其几何学基础，在几何学里尺寸对图形是不起作用的，我没有见过圆、三角形、柱、锥或其他固体图形在其尺寸改变时其性质也随之改变。这样一来，如果一个大机器是由小机器把零件按比例放大来建造的，并且如果小机器按设计要求是足够强的，我不明白大机器为什么会经不起有可能对它进行的猛烈的破坏性检验。

萨耳： 这种公众意见是绝对错误的。确实，从这一方面看它是错误的；准确地说，反过来却是对的。就是说，许多机器采用大尺寸可以比小尺寸建造得甚至更完美；例如，一架既能计时又能报时的时钟按大尺寸制造，要比小尺寸更为准确。一些有才智的人持有同样的看法，但其依据更为合理；他们抛开了几何而论证说，大尺寸的机器性能更好是由于材料的缺陷和差异造成的。这里，我相信你们不会责怪我夸大其词，如果说材料有缺陷，其缺陷甚至大到使最透彻的数学证明都无效，这并不足以解释具体机器和抽象机器之间所观察到的偏差。我还要肯定地说，即使没有缺陷，并且物质是绝对理想的、不变的和没有任何偶然偏差的，事实依然是，大机器与用同样的材料、同样的比例做的小机器相比，则机器愈大愈弱。既然我假定物质是不变的，并且总是同样的，我们就至少能够在严格意义下讨论这种持续的和不变的性质，就像它属于简单的和纯粹的数学那样。这样，萨格利多，你最好改变你或许还有其他很多力学方面的学生所持有的关于机器和结构承受外部扰动能力的意见，即当它们是由同一材料建造并且在零件之间保持相同比例时，它们是同等地，而不是成比例地抵抗或屈服于外部的扰动和破裂。因为我们可以用几何来证明，大机器与小机器相比，其强度并不成比例。最后，我们可以说，对于每种机器及其结构，不管是人造的还是天然的，总存在一个必然的极限，技术和大自然都不能越过；当然这里所用的是同一材料且保持一定的比例。

萨格：我已经眼花缭乱了。就像乌云突然被闪电照亮了那样，我的理智立刻被奇特的光亮所充满，它现在向我招手，并且突然有许多朦胧而奇怪的、粗略的想法纠缠在一起。由你所说，展示给我的是，不可能用同一材料建造两个相似的结构，其大小不同而具有成比例的强度；并且，如果是这样的话，就不可能找到用同一种木头做的两根简单的柱子，其强度和抗力相似而大小不同。

萨耳：萨格利多，正是这样。为了确信我

们彼此理解，假定我们取一根长度和大小一定的木棒，使它与墙成直角，即与水平面平行地插入墙里，使其长度调整到恰好承担其自身，结果是如果再增加毫发尺度它也会在自重作用下断裂，这将是世界上仅有的这种木棒[①]。因此，例如说，它的长度是宽度的100倍，你就不可能找到另一根木棒，其长度也是宽度的100倍，而它和前一根一样，刚好支承其自重而且不能再多：所有比它长的木棒都将断裂，而所有比它短的木棒将足够强，在自重之外还可以支承一些别的东西。我所说的关于支承能力的这些话必须被理解为也适用于其他试验；所以如果一小根木料（corrente）能支承类似于自己的10倍重量，一根具有同样比例的梁（trave）将不可能支持10根类似的梁。

先生们，你们看，乍一看似乎是不可能的事情，甚至无须解释，在揭去隐藏其遮盖后它们将显露出来，带有一种质朴美。谁都知道，一匹马从3或4库比特（cubit，长度单位，1库比特等于45.7厘米）的高处掉下来将会骨折，而一只狗从同样高度或一只猫从8或10库比特的高度掉下来不会受伤，一只蝗虫从一座塔上掉下来和一只蚂蚁从月亮的距离掉下来同样不会受伤害。小孩子从足以使大人跌断腿或可能跌破头的高度掉下来不是安然无恙吗？正如较小的动物与相应的较大的动物相比，其强度更大也更结实；小的植物比大的植物可以直立得

[①] 作者这里显然意指解是唯一的。——英译者注

更好。你们两位一定知道，一株 200 库比特高的橡树，如果其枝叶像平常大小的树那样分布，将不能支撑；这种特性使 20 倍于寻常大的马或者 10 倍于寻常人高的巨人不可能产生，除非奇迹发生，或者大大改变其肢体特别是骨骼的比例，使其显著地放大。同样，相信极大的和极小的人造机器同等可行和同等耐久，是一种明显的错误。例如，可以无破坏危险地安置或建造小的方尖石塔、柱子或其他形状的固体，而巨大形状的固体则在极轻微的扰动下仅由其自重就会变成碎片。

这里我必须介绍一种真正值得引起你们注意的、所有发生的事件与预期相反的情况，特别是那种预防的措施却反而成了灾难的原因的情况。放倒一根巨大的大理石柱子，使其两端的每一端都搁在一段梁上；稍后，对一位技师发生了这样的事，为了保证其不会由于自重从中间折断，一种自作聪明的办法是在其中部加进第三个支撑；对所有人来说这似乎是一个极好的想法；但结局却适得其反，几个月后，柱子恰好在新的中部支撑点上部断裂。

辛普：这是一个值得注意的和完全意外的事故，特别是因为它是由安置在中点的新支点所引起的。

萨耳：的确这是一种解释，不过一旦知道原因我们的惊奇就消失了；因为，当把两端柱子搁在水平面上时，在长时间后，可以观察到两根端部梁之一变朽而下沉，但是中间的支撑仍保持坚硬和强劲，这样导致柱子的一半悬在空中没有任何支撑。在这种情况下物体就表现得与早先支撑在两根梁上时不同了；因为不管梁下沉多少，柱子将跟随它们。这是一种对于小柱子不大可能发生的意外事情，虽然它与大柱子用相同的石头做成，并具有与厚度相应的长度，即保持和大柱子一样的厚度和长度之间的比例。

萨格：我非常相信你所说的事实，但是我不理解为什么强度和抗力不是和材料一样以同样的比例增大；并且更为迷惑的是另一种情形，我注意到强度和抵抗破坏的抗力以一个比材料比还大的比例在增大。例如，假如有两枚钉子被钉进墙里，一枚是另一枚的两倍大，它能支承的重量将不仅是另一枚的两倍，而是三倍、四倍。

萨耳：的确，如果你说 8 倍之多你将不会错得离谱；看起来尽管它们如此地不同，这一现象同另一现象并不矛盾。

萨格：萨耳维亚蒂，如果可能的话，你不想排除这些困难并且把这些含糊不清的问题清除掉吗？因为在我想象中，这个抗力问题打开了一个优美的和有用的思想领域；并且如果你乐意于把它作为今天的话题，辛普里修和我将不胜感激。

萨耳：我听从你的吩咐，只要我能想起我从我们的院士^①那里学到的东西，他关于这一论题思考了许多，并且按照他的习惯，每个问题都用几何的方法证明了，所以可以公道地说这是一门新科学。因为，尽管他的某些结论已经被其他人得到，首先是亚里士多德，但亚里士多德得到的并不是最优美的，更重要的是他们没有从基本原理出发给出严格的证明。现在，既然我打算以论证推理的方法使你们确信，而不单是用可能性来说服你们，我假定你们熟悉今后讨论所需要的当代的力学。首先，必须考虑当一块木头或任何其他牢牢粘接的固体破裂时会发生什么；因为这是基本的事实，它包含首要的和简单的原则，这个原则我们必须假定是熟知的。

为了更清晰地掌握这一点，设想有一个由木头或其他粘接的固体材料做成的圆柱或棱柱 *AB*，将其上端 *A* 拴牢，使得圆柱铅直地悬挂起来，在其下端 *B* 系上重物 *C*，如图 1-1 所示。很清楚，这个固体的各部分无论多大，只要它们不是无限的，各部分之间的牢固性和黏合性（tenacità e coerenza）都可以被重物 *C* 克服，*C* 的重量可以无限增大直至最后使该固体像绳子一样被拉断。在绳子的情形，强度来自组成它的一大把纤维细丝；木头的情形也是这样，我们观察它的纵向纤维和细丝，它们表现得比一根同样粗细的麻绳要强得多。但对石材或金属圆柱，其黏合性似乎更大，把各部分粘在一起

图 1-1

的黏合剂肯定与纤维和细丝有所不同；不过即使是这样，它仍然可以被强大的拉力拉断。

辛普：如果事情像你所说的，我可以很好地理解木材，其纤维长度就和木头自身的长度一样，它有足够的强度和充分的抵抗力来抵挡要拉断它的大拉力。但是由不超过二三库比特长的麻纤维做成 100 库比特长的一根绳子，如何解释它仍然具有如此大的强度？此外，我愿意听取你关于将不是纤维结构的石头、金属和其他材料的各部分黏合成整体的意见；因为，如果我没错的话，它们甚至会显得更坚韧。

萨耳：要解决你提出的问题，就要进入一些与我们现在的目的无关紧要的论题。

萨格：但是如果因为离题而使我们能得到新的真理，这样做又有什么害处呢？我们不能放过这种知识，要记住，这种机会一旦错过，

_____
① 即伽利略，作者经常这样称呼他自己。——英译者注

也许就不能回来；还需记住我们的聚会并没有局限于固定的论题和限定的时间，不是仅仅为了我们的乐趣吗？确实，谁知道我们会不会因此而经常发现一些比原来要求的解答更有趣和更优美的事情呢？因而，我求你答应辛普里修的也是我的请求；因为对了解什么是使得零碎固体聚合在一起几乎不能被分开的黏合材料，我的好奇和渴望不小于他。这种信息对理解纤维各部分的黏合也是必需的，有些固体就是这样构成的。

萨耳： 既然你们要求，我就听从你们的吩咐。第一个问题是，有一些纤维，其每一根长度不超过 2 或 3 库比特，它们束缚在一起成为 100 库比特长的绳子，这些纤维怎样被束缚得如此之紧，使得要用很大的力（violenza）绳子才能被拉断？现在告诉我，辛普里修，你能不能用你的手紧紧抓住一根麻纤维，当我拉另一端时，纤维尚未脱开你的手就被拉断了？你当然能。现在当麻纤维不只在端部被抓住，而沿其整个长度被围绕它们的介质紧紧限制住，使其从限制物中松开是不是比拉断它们更困难？在绳子的情形，捻搓的真正作用是使纤维结合在一起成为绳子，当绳子被大的拉力牵拉时，纤维被拉断而不是分离。

人所共知，纤维在一根绳子断裂的地方是很短的、不足 1 库比特长，似乎发生绳子断裂并不是由于细丝被拉断而是由于它们彼此滑脱造成的。

萨格： 为确认这一点，注意到绳子有时断开不是由于纵向受拉而是由于过分的捻搓。在我看来，这是一种带结论性的论据，因为细丝被捆绑得是如此紧密，以至于压紧的纤维不允许螺旋线有哪怕是少许的伸长，为了绕住绳子，螺旋线的伸长对细丝的伸长是必需的，捻搓使绳子变得又短又粗。

萨耳： 说得很对。现在来看一个事实怎样表明另一事实。被手指抓住的细丝即使用相当大的力也不能被拉脱，这是由于双重压力而产生反抗，可以发现，上面的手指压下面的手指和下面的手指压上面的手指的强度一样。现在，假如我们仅能保持这两个压力之一，无疑原来的抗力只能留下一半；但是我们不能做到这一点，比方说抬起上面的手指去掉其施加的压力而不去掉下面手指的压力，为保持这下面的压力就必须借助一种新装置把细丝压到手指上或者压到细丝所在的其他固体上；这样一来，旨在把它拉脱的那个拉力即出现，随着拉力的增加压力也随之愈来愈大。这可以通过把细丝以螺旋线的形式缠绕在固体上来实现；画一张图以便更好地理解。令 AB 和 CD 是两个圆柱，在其间张布着细丝 EF，如图 1-2 所示；为了更明白起见，我们把它设想为一根细绳。如果这两个圆柱被很强的压力压到一起，当 F 端受到拉力时，绳子 EF 在从两个压紧的固体之间滑脱前，无疑将承受一个可观的拉力。但如果我们移去这两个圆柱之一，绳子尽管和另一圆柱保持接触，也不能阻止绳子自由地滑脱。另一方面，如果手持绳子松松地抵着圆柱 A 的顶部，

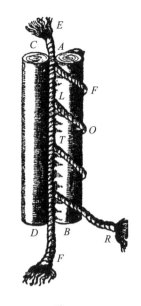

图 1-2

图 1-3

并沿圆柱 *A* 缠绕成螺旋线 *AFLOTR*，然后在 *R* 端拉它，显然绳子开始绑紧圆柱；螺旋线的圈数愈多，受到任何给定拉力的绳子对圆柱压得就愈紧。这样一来，当圈数增加时，接触线就更长，结果抗力就更大；因此绳子滑脱和屈服于拽拉力的困难就随之增加了。难道还不清楚这恰恰就是所遇到的那类粗麻绳的抗力，这种绳子的纤维形成上千上万根类似的螺旋线？并且，事实上，在这里捆绑的效果是如此之大，以至于一些短的灯芯草类纤维编织在一起成为若干交错的螺旋线，形成一种我相信是最强劲的绳子，它们被称为绳子捆（susta）。

萨格：你所说的使我明白了以前所不理解的两点。一个事实是，何以在辘轳的轮轴上绕两圈或至多三圈绳子，不仅能够被牢固地固定住，而且在它承受巨大的重力（forza del peso）牵引时还能够阻止其滑脱；进而，何以用绳子缠绕的辘轳，同一轮轴仅靠绕其绳子的摩擦就能够卷起和提升巨大的石头，这时只需一个小孩就能够操纵绷得并不紧的绳子。另一必须提及的事实是关于一个简单而又灵巧的装置，它是由我的一位年轻的亲戚发明的，其目的是借助一根绳子从窗户降落而不至于勒伤手掌，因为不久前发生过勒伤他手的事使他很不愉快。用一幅小的草图就能够把它说清楚。他取来一个木质的圆柱 *AB*，粗细大约和手杖相同，长大约一拃（"拃"表示张开的大拇指和中指或小指间距离，一拃约 23 厘米）：在其上刻一道大约一圈半螺旋形的槽，槽深足够纳入他想用的绳子，如图 1-3 所示。绳子由 *A* 端引入，由 *B* 端引出，他把圆柱和绳子一起放在一个盒子或罐子里，悬挂盒子或罐子的一端使之便于从另一端打开和关闭。他把绳子拴在上面牢固的支承处，能够用双手抓住并且紧握盒子，从而使身体悬挂起来。作用在盒子和圆柱之间的绳子上的压力使他能够根据意愿或者把盒子握得更紧而使自己不下滑，或者放松握力使自己按其意愿的速度缓慢下降。

萨耳：巧妙的装置！然而，为了获得圆满的解释，进行另外的讨论是适宜的；我仍不离开这个特别的话题，因为你们正在等待听我关于其他材料断裂强度的想法，那些材料不像绳子和大多数的木料，不表现为丝状结构。据我的估计，这些物体的黏合是由于别的原因产生的，可能是把两层理由合并到一起了。一层是谈论得很多的关于自然界表现出的与真空的不一致；但是只有这种对真空的厌恶是不够的，还需引进另一层理由，即有一种胶体或黏性物质，它们把物体的组成部分牢固地黏合在一起。

首先我要讲到真空，下面用一个确定的实验来说明真空的力（virtù）的质和量。如果你们取两块无瑕的光滑的大理石板、金属板或玻璃板，并且面对面地放置，一块将极容易地在另一块上滑过，这明确地表明，在它们之间没有黏性性质。但是当你们企图把它们分离并且使其保持一个不变的距离时，将会发现，这两块板表现出对分离的一种抵触，上面的板将携带着下面的板与它一起长时间地被提起来，即使下面的板又大又重。

这个实验说明，自然界是讨厌真空的，甚至体现在需要外部空气冲入并填满两板之间区域的一瞬间。还可以观察到，假如板不是完全磨光的，则它们的接触是不完全的，因此当你企图缓慢地分离它们时仅有的阻力就是重力；然而，如果拉力是突加的，则下面的板升起。不过，升起仅仅发生在留存于两板之间的少量空气膨胀所需要的十分短暂的时间内。在板之间还没有被空气充满和周围的空气尚未进入时，下面的板还紧随着上面的板，之后又很快地回落。两板之间显示的这种阻抗，同样也出现于一固体的各部分之间，并且至少部分地成为将它们黏合在一起的共同的原因。

萨格：请允许我打断你一会儿，因为我想讲我这里刚刚发生的一些事情，也就是，当我看见下面的板怎样跟随上面的板和它怎样快速地被提升时，与许多哲学家甚至也可能包括亚里士多德的意见相反，我确信在真空里运动不是瞬时的。如果是瞬时的，上面提到的两块板就能够没有任何抗力地分离，可看到在同一瞬时足够把它们分离和使周围介质冲入并充满它们之间的真空。下面的板跟随上面的板的事实，允许我们推断，不仅在真空中运动不是瞬时的，而且在两块板之间真空确实存在，至少在足以让周围介质冲入并充满真空的十分短的时间内也是这样的；因为如果没有真空，在介质中也就无须任何运动。必须承认真空有时是由猛烈的运动（violenza）产生的，否则就违反大自然规律（尽管在我看来，除了不可能的事和未曾发生过的以外，没有任何事情是可以违背大自然的）。

但是这里出现了另一个困难。当实验使我确信这一结论的正确性时，我的理智不完全满足于将这种结果归结于所述的原因。因为板的分离先于真空的形成，真空是作为这种分离的结果而产生的；因为在我看来，在大自然的规律中，原因必须先于结果，即使一个时间是紧随另一时间的，并且因为每一种实际的结果必有一种实际的原因，我就没有看出两块板的黏合和它们对分离的抗力（实际的事实）为何可以被当作真空的原因，而这种真空是跟随在其后的。按照哲学家的可信赖的格言，非存在不能产生结果。

辛普： 看到你接受亚里士多德的这个公理，我难以想象你会拒绝他的另一条极好的、可靠的格言，即：大自然仅从事那些没有阻力而发生的事；在我看来，从这种说法中，你能够找到你的困难的解答。因为大自然痛恶真空，它必然会阻止由于真空而发生的必然结果。这样一来就发生了大自然阻止两块板的分离。

萨格： 现在我认可辛普里修所说的，是对我的困难一种适当的解答，在我看来，如果允许我简要叙述我前面的论点的话，一种对真空的这种真正阻力应当足以把石头、金属或任何其他结合得更紧、对分离更有抵抗力的固体的各部分保持在一起。如果一种结果只有一个原因，或者如果有多个原因能够将它们归结为一个，那么对于各种抵抗力，这个确实存在的真空为什么不是它们的一个充分的原因呢？

萨耳： 是否单单有真空就足以把一种固体物体的各部分保持在一起，我不想马上就进入这种讨论；不过我向你们保证，在两块板的情形下，真空是充分的原因，但是仅靠真空，它不足以使得因猛烈受拉而分离或破碎了的大理石或金属圆柱的各个部分结合在一起。如果我

找到一种将这种熟知的依赖于真空的抗力与其他增加内聚力的因素相区别的方法，并且如果我显示给你们单由上述抗力，是不足以产生这样的效果的，难道你们不同意我们要引进别的原因吗？帮助他，辛普里修，因为他不知道怎样去回答。

辛普： 的确，萨格利多的犹豫必然另有理由，因为不能怀疑所涉及的一个结论，该结论既是如此明白的又是如此合乎逻辑的。

萨格： 你猜对了，辛普里修。我觉得奇怪，如果每年从西班牙运来百万金币还不够给军队发饷，那么除了付给士兵小金币①外是否就没有必要去供应别的东西了。

但是请继续，萨耳维亚蒂，假设我承认你的结论，请给我们展示你的区别真空作用与其他原因的方法；并且用测量的方法给我们显示为什么"单由上述抗力"不足以产生内聚力的效果。

萨耳： 神灵将帮助你们。我将告诉你们怎样区别真空的力和其他的力，以及如何测量它。为此让我们考虑一种连续的物质，其各部分除了来自真空的抗力外没有抵抗分离的所有其他抗力，这就恰似水的情形，这是我们的院士在他的论文中充分证明了的一个事实。每当一根水柱承受拉力并产生对将它各部分分开的抗力时，除了真空抗力外不能归结于其他原因。为了尝试这样的实验我曾经发明了一种装置，我借助于一幅草图，如图1-4所示，它比纯粹文

---

① 喻由真空产生的抗力。——中译者注

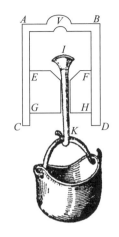

图 1-4

字能够更好地解释。令 *CABD* 代表一圆柱的横截面,圆柱可以是金属的,更理想的是玻璃的,内部是空的并且是精确地旋转而成的。在其中装入一根完全适配的木质圆柱,其横截面表示为 *EGHF*,并且能够上下运动。打一个孔穿过这个圆柱的中间,装入一根在 *K* 端带钩的铁丝,铁丝的上端 *I* 装了一个锥形的头。木质圆柱在顶部反向凹陷,以便完全适配地放入铁丝 *IK* 上的锥形头 *I*,这时 *K* 端被向下拉。现在把木柱 *EH* 插入中空柱 *AD* 中,不要顶住后者的上端,而要留出二三指宽的自由空间,这个空间要灌满水,其方法是将容器放好,使其口 *CD* 朝上,把塞子 *EH* 往下推,同时保持铁丝的锥形头 *I* 远离木质柱的凹陷的部分。这样一旦木塞被往下压,空气立刻就沿铁丝逸出(铁丝不是紧密相配的)。在空气已逸出、铁丝被向上拉使锥贴合地压在木头上后,把容器倒转过来使口朝下,往钩子 *K* 上悬挂一个能够装沙子或任何重材料的容器,

如图 1-4 所示,其重量正好使塞子的上表面 *EF* 离开水的下表面,而塞子刚好触到水,此时仅仅是由于真空的抗力。接下来把塞子、铁丝和附在它上面的容器及其中装的东西一同过秤;这样我们就得到了真空力(forza del vacuo)的值。如果在大理石或玻璃柱上加一个这样重的秤砣,它和大理石或玻璃本身的重量一起刚好等于前面提到的重量的总和,并且如果发生了断开,我们就证明了前面所说的,仅仅由真空将大理石或玻璃的所有部分保持在一起;但是如果这个重量不够,并且例如说,如果断开仅发生在加上四倍这一重量之后,那么我们将不得不说真空仅仅提供了总抗力(resistenza)的 1/5。

辛普:没人怀疑这个装置的灵巧性;但我对它的可靠性还有许多怀疑。有谁能使我们确信在玻璃和塞子之间的空气不会慢慢跑掉,即使它被很好地用麻纤维或其他柔顺的材料包紧?我还要问,是否带蜡或松脂的润滑油足以使锥 *I* 非常紧贴地放在它的位置上?为什么空气、气状物或某些其他更稀薄的物质不会渗透进木材的空隙或者甚至玻璃本身的空隙中?

萨耳:辛普里修已经十分巧妙地在我们面前提出了许多难点;他甚至部分地建议如何阻止空气穿透木头或在木头和玻璃之间通过。但是现在让我指出,随着我们的经验增加,我们将会知道是否这些所谓的难点真正存在。因为像空气那样,水的本性是可膨胀的,虽然只有在严格的处理下我们才会看到塞子下降;并且如果我们在玻璃容器的上部挖一个如 *V* 所示的小

坑，那么能够穿透玻璃、木材空隙的空气或任何其他细小的和气状的物质，将穿过水并且积聚在这个容器 V 中。但是如果这种事情并没有发生，在保证我们的实验是做得充分谨慎的之后我们可以停下来；我们将发现水是不膨胀的并且玻璃不允许任何即使是稀薄的材料穿透。

萨格：非常感谢这种讨论，使我知道了，我长期想知道并对理解它曾表示过失望的某种结果的原因。一次我见一座蓄水池装有一台水泵，错误地认为这种装置可以花较少的劳力将水提上来，或者要比用普通水桶得到的更多。水泵的扳手带动装在它上部的吸管和阀门，所以水是用吸力而不是像把阀门放在底部的那种泵靠推力提上来的。只要蓄水池的水面在一确定的水平之上，这种泵工作得很理想；但低于这一水平时水泵就不工作了。我第一次注意到这一现象时，我想这台机器坏了；但是当我叫来工人修理时，他告诉我问题不出在水泵上，而是水位下降得太低，致使水上不来；他补充说，用泵或者用基于吸引原则的其他机器，要想把水提升到高于 18 库比特，即使再高毫发也是不可能的；不论泵是大是小这是提升高度的极限。直到此刻，我一直缺少考虑的是，尽管我知道一根绳子、木棍或铁棍，如果足够长，当抓住它的上端时，总会被它的自重拉断，但从未想到对于一根水柱，同样的事情也会发生，何况还容易得多。将泵中的水柱上端系住并延伸得愈来愈长，就像绳子一样，直到最后水柱由于

它的自重过大而在某一点处断开，难道这不正是在水泵中应引起注意的吗？

萨耳：那正好是它起作用的方式；这种 18 库比特固定的高程无论对于怎样的抽水量都是对的，无论泵是大是小甚至细如麦秆。这样我们就可以说，称量包含在管中的 18 库比特长的水，不管其直径如何，我们将得到由任意固体材料制造、有同一直径圆洞的圆柱中真空抗力的值。更进一步，让我们看看我们能够多么容易地求出金属、石头、木材质、玻璃等等制成的任何直径的圆柱在自重下能够伸长到怎样的长度而不断。例如取任意长度和粗细的黄铜丝；固定上端，给另一端加上愈来愈大的载荷，直到最后铜丝断开；比方说，设最大的载荷是 50 磅（1 磅 = 约 453.59 克）。那么很清楚地，50 磅再加上铜丝自身的重量，设其为 1/8 盎司（1 盎司 =28.350 克），换算成同一粗细的铜丝，我们就可以得到这种铜丝能够承受自重的最大长度。假设被拉断的铜丝是 1 库比特长、1/8 盎司重，那么因为它需支持 50 磅和其自身的重量，即 4800 倍 [①] 的 1/8 盎司，可得出所有与粗细无关的铜丝能够支持其自身的长度至多为 4801 库比特，且不能再长。既然一根铜杆支持自身重量的长度至多为 4801 库比特，可得出与真空有关的断开部分的强度（resistenza）与抗力的其余因素相比，它等于 18 库比特长、与铜杆粗细相同的水柱的重量。例如，如果铜的重量是水的 9 倍，则任何铜杆断裂的强度（resistenza allo

---

① 原书此处数据有错误。——本书责任编辑注

strapparsi）（就目前所知，它是与真空有关的）等于 2 库比特长的相同杆的重量。以同样的方法我们可以求得任何材料制成的丝或杆在支持其自重时的最大长度，并同时可以发现真空对其断裂强度所起的作用。

萨格：除了真空之外，断裂的抗力依赖于什么，把固体的各部分粘在一起的胶质或黏性物质是什么？这个问题你尚未告诉我们。我不能想象出一种在高温炉子里两三个月或者 10 个月、100 个月不能烧掉的胶。因为若将金、银或玻璃在一段时间内保持熔融状态，然后再从炉内取出，那么冷却后，它们的各部分马上会重新结合并且和以前一样相互约束在一起。不仅如此，玻璃各部分之间黏合的任何难点，也就是这种胶黏合的困难；换句话说，究竟是什么把这些部分如此坚固地黏合在一起？

萨耳：刚才我期望你们的神灵能够帮助你们。现在我发现我自己也陷于困难的境地。实验无可置疑地表明，除非用猛烈的力否则不能够把两块板分开的原因是真空的阻力将它们保持在一起；并且对于两大块大理石或青铜的柱子也可以这样说。如果是这样，我就看不出为什么这种同样的理由不能解释这些材料的小部分之间甚至最小粒子的黏合。现在，既然每一种结果都必须有一种真实的和充分的原因，在我还没有发现其他的黏合剂而试图证明真空不是充分的原因时，我的这个结论尚不能认为是正确的。

辛普：但是既然你已经证明：大真空为把

一个固体分为两大部分所贡献的抗力比起把最小的部分约束在一起的黏合力来说，确实是十分小的，为什么你对于后者不同于前者还犹豫不决呢？

萨耳：当萨格利多注意到，发给每一个士兵的饷银是用税收搜集起来的很多 1 便士和 1/4 便士的硬币（意指"真空"），而甚至 100 万金币都不足以发给整个军队作为饷银时，他已经回答了这个问题。并且有谁知道是否可能还有其他的极细微的真空影响最小的粒子，通过同样的硬币使得它们把邻近的部分约束在一起呢？让我告诉你们我刚才想到的一些事情，我不能担保它们是一种绝对的事实，宁愿说是一种仓促的、还不成熟的、有待更仔细考虑的想法。随你们怎么看待它都可以；并且以你们认为合适的而加以判断。有时当我观察到火如何以它的方式进入这种或那种金属的最微小的粒子之间时，即使这些粒子是牢固地粘在一起的，火把它们撕裂并分开，并且当我观察到火被除去后这些粒子和先前一样又坚韧地重新结合了，对于金子，其数量没有任何损失，其他金属的情形有少许损失，即使这些粒子曾经被分开很长时间，我曾经想，可以用这样的事实来解释，穿入金属微细空隙（比允许空气和流体的最微小粒子穿过的空隙更小）的火的极微小的粒子能够填充小粒子之间的真空并且给这些被吸引的粒子以自由，吸引力是这些真空施加于粒子之上的，它阻止粒子分开。这样，只要火的粒子留在其中，这些粒子就能够自由地运动，以至于块状物（massa）变成流体并一直保持；但如果它们离开且留下以前的真空，则原来的吸引力（attrazzione）恢复，各部分又粘在一起了。

现在回答辛普里修的问题。尽管每一个特定的真空是极其微小的从而易于克服，不过它们的数量是如此地大，以至于可以说它们的联合抗力几乎是无限增加的。把不计其数的小的力（debolissimi momenti）加在一起，结果（risulta）得到的力（forza）的性质和大小可以用这样的事实来清楚地说明：当南风携带着不计其数的悬浮于薄雾上的水原子，它们不顾悬挂重物的巨大的力，穿过空气而穿透到拉紧绳子的纤维之间时，悬挂在巨大缆绳上的上百万磅的重物可以被克服和提起。当这些粒子进入狭窄的空隙时，它们使绳子膨胀，从而把绳子缩短，必然提升了重物（mole）。

萨格：无可怀疑的是任何抗力，只要不是无限大，都能够被许多细小的力克服。因而，数量巨大的蚂蚁能够把满船的谷子搬上岸，因为日常经验告诉我们一只蚂蚁能够轻易地搬走一粒谷子，船中谷子的数量显然不是无穷的而是有限的。如果你取另一个 4 倍或 6 倍大的数目，并且如果令相应数量的蚂蚁来工作，它们将能够把谷子搬上岸并且把船也搬上岸。我们称之为蚂蚁啃骨头，但在我看来这正是小真空把金属的微小粒子约束在一起的情形。

萨耳：但是即使这里需要一个无限的数，你仍然认为是不可能的吗？

萨格：不要假设金属块（mole）是无限的；要不然……

萨耳：要不然怎样？现在我们既然得到了一个悖论，让我们看看是否我们不能够证明在有限的范围内可能发现无限数量的真空。同时我们将至少得到所有问题中最值得注意的解答，亚里士多德称其为奇妙的，我称之为他的力学问题。这种解答是清楚的和带结论性的，不亚于他自己给出的解答，也十分不同于最有学问的蒙西特诺尔·迪·格瓦拉（Monsignor di Guevara）①巧妙地阐述过的解答。首先需要考虑别人从未讨论过的一个命题，问题的解答依赖于它，而且如果我没有错的话，我们将从它导出其他新的值得注意的事实。为清楚起见，让我们画一幅精确的图。以 G 为中心画一个任意边数的正多边形，如正六边形 ABCDEF，见图 1-5 所示。与它相似且同心的是另一个较小的正六边形，记为 HIKLMN。把大的正六边形的 AB 边向 S 点无限延长；以同样的方式把较小的正六边形的对应边 HI 在同一方向上延长，所得直线 HT 平行于 AS；并且通过中心画直线 GV 与另外两条线平行。想象较大的多边形带着较小的多边形在直线 AS 上滚动。显然，如果边 AB 的端点 B 在开始滚动时保持不动，点 A 将上升，而点 C 将沿着弧 CQ 下降直到 BC 边与直线 BQ

---

① 泰阿诺（Teano）地方的主教，生于 1561 年，卒于 1641 年。——英译者注

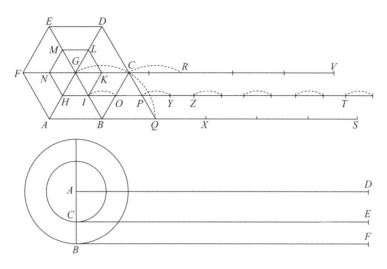

图 1-5

重合,这时 BQ 等于 BC。但在滚动时,小六边形上的点 I 将上升到直线 IT 的上方,这是因为 IB 与 AS 斜交;并且在点 C 达到位置 Q 之前不会返回到直线 IT。点 I 在直线 HT 上方描绘了弧 IO,在达到位置 O 时边 IK 就处于位置 OP;与此同时中心 G 在 GV 上方走过了一段路程,直到完成弧 GC 之前不会返回。在这一步完成后,大多边形停止,其 BC 边与线 BQ 重合,这时小多边形的 IK 边与线 OP 重合,通过 IO 段但不接触;通过在平行线 GV 上方的全部进程后,中心 G 将达到位置 C。最后整个图形将到达一个和原先类似的位置,这样如果我们继续转动并完成第二步,大六边形的边 DC 将和 QX 段重合,小六边形的边 KL 滑过弧 PY 后将落在 YZ 上,而中心一直保持在线 GV 的上方,在跳过区间 CR 后将在点 R 返回。在旋转完整的一周后大六边形的踪迹不间断地落在线 AS 上,六条线段合起来等于它的周边;小六边形同样地等于其周边

的六条线段,但是被插入的五段弧隔开,其弦代表 HT 上的不与多边形接触的部分;除了在六个点上,中心 G 从不与直线 GV 接触。由此,很清楚地,小多边形扫过的空间几乎等于大多边形所扫过的空间,即线段 HT 近似于线段 AS,如果我们把线段 HT 理解为包含五段滑过的弧,差别仅在于这些弧中的每一段所对应的弦长。

现在,我对六边形给出的这种解释必须被认为适用于所有其他正多边形,无论边数多少,只要它们都是相似的、同心的并且刚性连接的,以至于当较大的一个多边形滚动时,较小的一个无论多小也随之进行滚动。你还必须了解,倘若我们把那些与小正多边形的边没有任何接触的区间也包括在该小正多边形所扫过的空间中的话,由这两个正多边形所描出的线段近似相等。

比方说,令一个大的 1000 边多边形转动了完整的一周后,停在一条等于它的周长的线段

上；同时较小的多边形将通过由 1000 个线段组成的几乎相等的距离，其中每一段等于它的一个边长，但是被 1000 个空当所隔断，这些空当与正多边形的边相对应，我们可以称之为空的。至此，问题已没有任何困难和怀疑。

但是现在设想关于任何中心，比方说点 A，我们画两个同心的且刚性连接的圆；并且设想，在它们的半径上点 C 和 B 处画两圆的切线 CE 和 BF，而且通过中心 A 画与两切线平行的平行线 AD，那么当大圆沿着线 BF 滚动一周时，不仅 BF 等于其圆周长，而且也等于另两条线段 CE 和 AD，这也告诉了我，小圆将怎样，并且圆心又将怎样。至于圆心，它显然将扫过并且接触整条 AD 线，同时小圆的圆周将用它的接触点划分整条 CE 线，这正如上述多边形所做的。仅有的差别是直线 HT 不是在每一点都与小多边形的周边接触，而是遗留下与重合边数目一样多的不接触的空当。不过对圆的情形，小圆的圆周从不离开 CE 线，以至于与后者无处不接触，也没有任何时刻圆上的某点不与后者接触。要不是跳跃，小圆现在怎能经过大于其周长的长度呢？

萨格： 在我看来可以说，正如圆心被圆自身带着，沿着线 AD 始终与之接触一样，尽管圆心是一个单独的点，但小圆周上的点，也被大圆的运动带着，可能滑过线 CE 上的某些小段。

萨耳： 没有发生这种情况有两个理由。第一，由于没有理由设想一个接触点，例如点 C，应该滑过直线 CE 的某些线段。但是如果这种沿

CE 的滑动发生，它们在数目上应当是无限的，这是因为接触点（纯粹是点）在数目上是无限的：然而无限次的有限滑动将构成无限长的线，而事实上直线 CE 是有限长的。另外的理由是，正如大圆在它转动时不断地改变其接触点一样，小圆也必然如此，因为 B 是能够从它经过 C 到 A 画直线的唯一的点。因此当大圆变化时，小圆必然要改变它的接触点：小圆上的点与线 CE 没有多于一点的接触。不仅如此，即使在多边形转动的情形下，小多边形的周边上的点与周边滚过的线不能有多于一个点的重合。如果你记得下述事实，立刻就会明白这一点：线 IK 平行于 BC，因而 IK 将保留在 IP 的上方直到 BC 与 BQ 重合，并且 IK 将不处于 IP 上，除非恰好 BC 占据 BQ 位置的时刻，在这一时刻，整条线 IK 与 OP 重合，之后就立刻上升到它的上方。

萨格： 这是一件十分难以理解的事情。我看不出解答。请向我们解释。

萨耳： 我们返回去考虑上面提到的多边形，其性质我们已了解了。现在设多边形是 100000 边形，大多边形周边所经过的线即是由 100000 边顺序放平形成的线，如果我们把散布的 100000 个空当也计入，它就等于小多边形的 100000 个边画出的线。在圆的情形下也是这样，这时多边形有无限多条边，大圆上连续分布（cantinuamente disposti）的无限多条边经过的线等于小圆的无限多边放平而成的线，不过后者与空当有交替；并且由于边数不是有限的而是无限的，从而插入的空当也不是有限的而

是无限的。于是大圆经过的线是由充满这条线的无限多个点组成的；同时小圆经过的线也是由无限多个点组成的，不过留下空当而只能部分充满这条线。这里我希望你们观察到，在把一条线分割或分解为有限多个部分，即可数个部分后，当它们形成连续统（continuate）并且没有插入很多空当时，不可能把它们重新安置在一个比它们占据的更长的长度上。但是如果我们考虑这条被分解为无限多个无限小的且不可再分的部分的线，我们将能够把这条线以插入不是有限多个而是无限多个不可分的无限小空当的方式来无限延长。

现在所说的这些关于简单的线的事也必须理解为对面和立体同样有效，假设它们是由无限多个而不是有限多个原子组成的。这样一个物体一旦分割为有限多个部分，就不可能重新把它们装配得比原来占据的空间要大，除非我们插入有限多个空当，也就是说，与构成固体的物质无关的空间。但是如果设想，我们用某些极端的和决定性的分析把物体分割为无限多个基本的元素，那么我们就能够认为它们是在空间中无限延伸的，不是插入有限多个而是插入无限多个空当。这样，倘若金子永远是由无限多个不可分的部分组成的，人们就容易想象一个小金球无须插入有限多个空当就可以铺展在一个十分大的空间内。

辛普：在我看来你正在沿着某些古代哲学家所鼓吹的真空的路旅行。

萨耳：但是你忘记加上"那些拒绝神的旨意的哲学家"，这是我们院士的某位反对者在类似的场合所作的不恰当的评论。

辛普：我并不是没有义愤地注意到了这种病态反对者的仇恨；进一步提及我略去的这些事情不仅是礼貌的问题，而且因为我知道他们遇到有好脾气的和正常头脑的，像你这样严谨和虔诚、这样正统和敬畏上帝的人会感到多么不愉快。

但是，回到我们的题目上，你前面的论述留给我许多不能解决的难点。其中首先是，如果两个圆周等于两条直线段 CE 和 BF，后者看作是连续的，而前者是被无限多个空点所隔断，我没有看出怎么可能说由中心描绘并且是由无限多个点组成的线 AD 是等于中心这一单个的点。此外，这种由点构成线，由不可分割构成可分割，由无限构成有限，给我难以逾越的困难；并且在引进为亚里士多德最后驳倒的真空的必要性时也出现了同样的困难。

萨耳：这些困难是真实的；它们不是仅有的困难。不过让我们回顾我们正在讨论的无限和不可分割，这两者都超出了我们对有限的理解，前者是由于它们的量，后者是由于它们的微小性。尽管如此，人们不能避免讨论它们，即使必须以迂回的方式。

因此，我还想冒昧介绍我的一些想法，尽管它们不是必然地令人信服，但由于它们的新颖性，至少证明了某些令人吃惊的东西。不过，这种转移可能把我们从讨论的论题引开过远，并且对你们可能是不合适的和十分不愉快的。

萨格：请让我们享受朋友之间的谈话，特别是关于自由选择的而非强加于我们的主题的谈话所带来的好处和乐趣，这和同死书打交道是有重大差别的，后者往往会引起许多疑惑而什么也解决不了。共同的讨论可以让我们分享提出的思想；既然我们没有急迫的事情要办，我们就有充分的时间去研究已经提到的论题；特别是对辛普里修的异议不应当有丝毫忽视。

萨耳：既然你如此请求，我就答应吧。第一个问题是，一个简单的点怎样能够等同于一条线呢？既然现在我不能做得更多，我将试图用引进一种类似的或更大的不可能性来消除，至少是减小一种不可能性，就像有时一种惊异可被一个奇迹减轻那样。

我用以下方法来做到这点：有两个相等的面，以它们为基底在其上放两个相等的固体。这四者连续地和均匀地缩小，使它们的剩余部分保持彼此相等，最后由于退化使两个面和两个固体终止了前面不变的相等性，其中一个固体和一个面退化为非常长的线，另一个固体和另一个面退化为一个点，也就是说，后者退化到一个点，而前者退化到无数个点。

萨格：说实在的，这种说法使我感到很惊奇，不过还是让我们听听解释和证明。

萨耳：由于证明纯粹是几何的，我们需要有一幅图。令 *AFB* 是以 *C* 为圆心的半圆；围绕它画一个矩形 *ADEB*，并且由圆心到点 *D* 和 *E* 引直线 *CD* 和 *CE*，如图 1-6 所示。设想半径 *CF* 垂直于两条直线 *AB* 和 *DE*，并且以这条半径

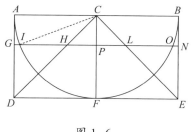

图 1-6

为轴将整个图形旋转。显然矩形 *ADEB* 将描绘出一个圆柱体，半圆 *AFB* 描绘出一个半球，而三角形 *CDE* 描绘出一个圆锥。下面让我们移去半球而留下圆锥和圆柱的其余部分，考虑到它的形状我们将称它为"碗"。首先我们要来证明这个碗和圆锥是相等的；为此作平行于碗的基底（即以点 *F* 为圆心，*DE* 为直径的圆）的平面，其迹为 *GN*，这个平面交碗于 *G*，*I*，*O*，*N* 点，交圆锥于 *H*，*L* 点，使得由 *CHL* 表示的圆锥部分总是等于由三角形 *GAI* 和 *BON* 表示的碗的部分。此外我们还要证明圆锥的基底（即直径为 *HL* 的圆），等于形成这部分碗的基底的环形面，或者可以这样说，等于宽度为 *GI* 的带状物。（请顺便注意数学定义的性质，它们只是为了取名字，或者如果你愿意的话，引进缩略语以避免由于我们不同意称这个面为"环带"，称那个锐利的固体为"圆形剃刀"而感到的冗繁。）现在你喜欢用什么名字就叫它什么，只要它对于理解以下的事情是足够的：在任何高度上作平行于基底、即直径为 *DE* 的圆的平面，它与两个固体相交，使得圆锥的 *CHL* 部分等于切出的碗的上部，同样这些固体的基底的两个面积，即带 *GI* 和圆 *HL*，也是相等的。这里我们上面提

到过的奇迹发生了；当切割平面趋于 AB 时，所切出的固体部分永远是相等的，其基底的面积也是相等的。并且当切割物体的平面达到顶端时，两个固体（总是相等的）及其基底（面积也相等的）最后消失了，一个固体退化为一个圆周，而另一个退化为一个点，即分别退化为碗的上边缘和圆锥的顶点。现在，既然这些固体缩小直至最后都保持相等，我们就有理由说，在这一缩小过程的最后极限情形下，它们仍然是相等的，而不是一个无限地大于另一个。因此就出现了我们可以使一个大圆的圆周与一个单个的点相等的情形。并且对固体成立的这一事实对于它们的基底面也成立；因为在缩小直至最终消失的过程中基底面也是保持相等的，一个变成一个圆周，而另一个变成一个点。既然它们最后的迹与剩余都是相等的，难道我们不能称它们为相等的吗？还注意到，即使这些容器足够大以至于包含巨大的半个天球，它的上边界和圆锥的顶点在其中仍然总是保持相等，前者趋于具有最大天体轨道尺度的圆，而后者趋于一个点。所以，与以前一样，我们可以说所有的圆周尽管是不同的，但都是彼此相等的而且都与一个单个的点相等。

萨格： 这一陈述以其智慧和新颖打动了我，即使有能力反对它的话我也不愿意那样做；因为要是用生硬的学究式的攻击来损害如此漂亮的结果将是不道德的。但是为了完全满足我们，请给我们以几何证明：这些固体以及它们的基底总是相等的。我想，看到基于这一结果的哲学论断是何等的精巧，就不能不认为它是非常有独创性的。

萨耳： 证明简短而容易。请看图 1-6，由于 IPC 是一个直角，半径 IC 的平方等于两边 IP，PC 的平方和；但是 IC 等于 AC 也等于 GP，同时 CP 等于 PH。所以线段 GP 的平方等于 IP 和 PH 的平方和，或者把它们乘以 4，我们得到直径 GN 的平方等于 IO 和 HL 的平方和。而且，因为圆面积之比是它们直径平方之比，于是直径为 GN 的圆的面积等于直径为 IO 和 HL 的圆面积之和，因此我们移去直径为 IO 的圆的共同面积，圆 GN 剩下的面积将等于直径为 HL 的圆的面积。这就是有关的第一部分。至于另一部分，我们暂不证明，想要寻根问底的人可在"我们时代的阿基米德"——卢卡·瓦莱里奥（Luca Valerio）[①] 的著作《固体的重心（De centro gravitates solidorum）》[②] 的第二卷命题 12 里找到。卢卡·瓦莱里奥曾为了另外的目的利用过它；对于我们来说，已足以看出上述的那两个面积是永远相等的，并且和它们保持均匀缩小时一样，它们中的一个退化为一点，另一个则退化为比任何指定的圆还要大的圆的圆周；这就是我们的奇迹。

---

① 意大利杰出的数学家；约在 1552 年出生于费拉拉，故于 1618 年，在 1612 年进入猞猁学院。——英译者注

② 该书出版于 1604 年，其中使用了阿基米德所用的方法去求各种固体的重心，特别使用了早期的极限概念。——中译者注

萨格：这个证明是有创造性的，由它所得到的推论也是值得注意的。既然事情已经如此完整地讨论，如果还有什么特别的要说，对我来说已几乎是不可能的了。现在让我们听听与辛普里修提出的另一个困难有关的事情。

萨耳：不过，我确实有些特别的事要说，首先我要重复刚刚我说过的，即无限和不可分割，它们的本性我们是很少理解的；然后设想当它们联合在一起会怎样。设想如果想由不可分割的点构成一条线，我们就要用无限多个这种点，这样一来，我们就要同时理解无限和不可分割。关于这个论题，在我的脑子中有过许多想法，其中有些可能是更为重要的，我不能即刻想起来；不过在我们讨论的进程中，我可能被你们，特别是辛普里修所提醒，产生一些异议和困难问题，反过来它们又能给我带回一些记忆，要是没有这种刺激，它们就可能永远沉睡在我的脑子里。所以，请给我通常的人类想象力的自由，因为，与超自然的真理相比，我们确实可以说它为我们讨论的结果提供了一种真实的和可靠的援助，在黑暗的和不确定的思想路途上它是一种可靠的向导。

急于反对这种由不可分割的量（continuo d'indivisibili）构成连续量的主要的异议之一是，把一个不可分割的量加到另一个不可分割量上不会产生一个可分割量，因为如果是这样，就使不可分割量变为可分割量了。因而如果两个不可分割量，比方说两个点，可以联合为一个量，比方说一根可分割的线，那么一个甚至更

可分割的线可能由 3，5，7 或任何其他奇数个点联合而成。然而因为这些线可以被切割为两个相等的部分，于是不可分割的变成能够被切割的了，切点精确地位于线的中点。在回答同类型的这个或别的异议时，我们的答复是，一个可分割的量不能够由 2，10，100 或 1000 个不可分割的量构成，而是要求无限多个不可分割的量。

辛普：这里有一个困难，它对我来说是不能解决的。既然显然可能有一条线大于另一条线，而每一条都包含无限个点，我们就要被迫承认，在同一类中，我们可能有某些大于无穷的事物，因为在一条长线内的无限多个点数要大于短线内的无限多个点数。这种给无限量的一个大于无限的值的做法完全超出了我的理解。

萨耳：这是当我们打算以我们的有限的想法去讨论无限，并在无限上加上有限的一些性质的时候出现的一类困难；但是，我想这是错误的，因为我们不能说一个无限量大于、小于或等于另一个无限量。要证明这一点，在我的脑子中有一个论点，为清楚起见，我将为辛普里修把它提成问题的形式，是他提出了这个困难。我采用它，因为假定你们知道哪些数是平方数而哪些不是。

辛普：我完全明白一个平方数是一个数乘以它自身的结果，例如 4，9 等都是平方数，它们分别等于 2，3 等与其自身的乘积。

萨耳：很好；并且正如你们知道乘积被称为平方一样，你们也知道因子被称为边或根；另

一方面那些不是由两个相等因子组成的数就不是平方数。这样，如果我断言所有的数，包括平方数和非平方数，比起单单是平方数来要多，我说的是事实，是不是？

辛普： 当然。

萨耳： 假如我进一步问有多少个平方数，真实回答是有多少个根就有多少个平方数，因为每一个平方数都有它自己的根，每一个根都有它自己的平方数，而且没有超过一个根的平方数，也没有超过一个平方数的根。

辛昔： 确实如此。

萨耳： 假如我要问一共有多少个根，不能否认有多少个数就有多少个根，因为每一个数都是某个平方数的根。这就认可了我们必须说的有多少个数就有多少个平方数，因为后者和它们的根一样多，而且所有的数都是根。然而在开始时我们说过数比平方数要多，因为其大部分不是平方数。不仅如此，而且当我们考查一个较大的数目时，平方数所占的比例会减小。例如，在 100 以内我们有 10 个平方数，即平方数占全部数的 1/10；到 10000 时，我们发现平方数只占 1/100；到 100 万时，平方数只占 1/1000；另外，当有无限多个数时，如果可以这样设想的话，就得被迫接受平方数与数的全体一样多的事实。

萨格： 在这些情形下必然得出怎样的结论呢？

萨耳： 到目前为止，就我所知，只能得出全部数有无限多个，全部平方数有无限多个，并且它们的根也有无限多个；平方数的数目既不比全部数的数目少，也不比它多；最后，"相等""大于"和"小于"的特性对无限量是不适用的，它们仅适用于有限量。因此当辛普里修引进不同长度的若干线段并且问我为什么较长的线段包含的点不比较短的线段多时，我回答他说，一线段并不包含较多、较少或恰好等于另一线段的点，而是每一线段包含无限多个点。或者如果我回答他一条线段内包含的点数等于平方数的数目，换句话说，大于数的总和，或说少一点，与立方数的数目一样多，是否我没有真正地使他满意，在一条线段内放置的点比另一条线段多，而每一条线段都仍有无限多个点？对于第一个困难就讨论到这里。

萨格： 稍停一会儿，让我对已经说过的补充一点我刚产生的想法。如果上面说的是对的，在我看来不能说一个无限数大于另一个无限数，或者甚至不能说它大于一个有限数，因为如果无限数大于有限数，比方说大于 100 万，则从 100 万出发经过越来越多的数，我们将趋于无限大；但是实际并非如此；相反地，经过的数越多，我们从无限大（的这一性质）后退得越远，因为数越多包含于其中的平方数便（相对地）越少；但是在无限个数内所包含的平方数不能比全体数的总和还少，这是刚才我们都同意的；

所以趋于越来越多的数意味着与无限①的远离。

萨耳： 这样，从你有独创性的论点我们得出的结论是，在把无限大量互相作比较或者把无限大量与有限量作比较时，"大于""小于"和"相等"都是没有意义的。现在我要进行另外的讨论。既然线段和所有连续的量都是可分割的，它们的每一部分又可以被分割并且可继续下去，我看不出为什么不可以断言这些线段是由无限个可以分割的量构成的，因为不断进行的分割和子分割都是以所分割的部分在数量上无限为先决条件的，否则，子分割将终止；而如果这些部分在数量上是无限的，我们就必然得出它们的大小不是有限的结论，因为无限数量的有限量将对应于无限的大小。这样我们就有了一个无限个可分割量构成的连续量。

辛普： 但是如果我们能够施行无限次分割把它分为有限个部分，那么有什么必要引进非有限的部分呢？

萨耳： 恰恰是人们可以无终止地继续把一个量分割为有限部分（in parti quante）这一事实使得人们必须把这个量看作是由无限个不可度量的小元素（di infiniti non quanti）所组成的。现在为了解决这个问题，请你告诉我，在你看来，一个连续统究竟是由有限个还是无限个有限的部分（parti quante）组成的。

辛普： 我的回答是它们的数量既是无限的，

也是有限的；潜在地是无限的，而实际上是有限的（infinite, in potenza; e finite, in atto）；也就是说，在分割之前是潜在地无限的，而在分割之后是实际上有限的；因为这些部分在尚未分割或者至少未标记之前不能说已经在物体内存在，此时我们就说它们潜在地存在。

萨耳： 所以，例如一条有20拃长的线段，不能说它实际上包含20条一拃长的线段，除非把它分割为20个相等的部分；在分割之前只能说潜在地包含它们。假定事情如你所说，那么一旦实现分割，请告诉我最初的量的尺寸随后是增加、减少还是没有变化？

辛普： 既没有增加，也没有减少。

萨耳： 我的意见也是这样。所以在一个连续统内的有限部分（parti quante），不管是实际出现还是潜在出现，都不能使它的量更大或更小；不过，如果实际包含于整体中的有限部分在数量上是无限的，它们将使整体的大小也是无限的，这是完全清楚的。因此，有限部分的数目尽管仅是潜在地存在，但不可能是无限数，除非它们的包含物的大小是无限的；相反地，如果其大小是有限的，就不可能包含无限个有限部分，不管是实际的还是潜在的。

萨格： 那么一个连续统怎样能无限地被分割为许多部分，而它们自身永远能够再分割？

萨耳： 采用一种方法可使实际的和潜在的

---

① 此处出现一定的思想混乱是由于没有区分数 *n* 和由前面 *n* 个数所组成的集合；同样是由于没有区分作为一个数的无限大和作为所有无限个数的集合的无限大。——英译者注

之间的这种区别显得不费解，而另一方法则不可能。不过我将尽量以另一方式使这些事情一致起来；当询问一有限连续统（continuo terminato）的有限部分在数量上是有限还是无限时，与辛普里修的意见相反，我将回答既不是有限也不是无限。

辛普：我决不会这样回答，因为我没有想过在有限和无限之间存在任何中间状态，假定一种事物必须是要么有限要么无限，这种分类或区分是不完美的和有缺陷的。

萨耳：似乎我的意见也是如此。如果我们考虑离散的量，我想在有限量与无限量之间就有第三种中间状态，它对应于每一个指定的数；在现在的情形下，如果问一个连续统的有限部分在数量上是有限的或是无限的，最好的回答是既不是有限的，也不是无限的，而是对应于每一个指定的数。为了这种情况可能发生，那些部分不该包含在有限数目之中，因为在那种情形下它们将不对应于一个较大的数；在数量上也不是无限的，因为所指定的数不会是无限；这样，随提问者的便，我可以对任何给定的线段，指定 100 个、1000 个、10 万个有限部分，或者只要不是无限，我们愿意的任何数目。这样，我认为，对于哲学家，连续统可以包含他们愿意的任意多个有限部分，并且退一步说，不管是实际地还是潜在地包含，如他们喜欢的那样；但是我必须补充一点，恰如一条 10 拓（canne）（长度单位，1 拓约 1.83 米）长的线段包含 10 条 1 拓长的线段，或者 40 条 1 库比特长的线段，

或者 80 条 0.5 库比特长的线段等，这样它包含无限个点；如你所愿，把它们称为实际的或潜在的，对于其细节，辛普里修，我遵从你的意见和你的判断。

辛普：我禁不住赞赏你的讨论，但我担心这种包含于一条线段内的点和有限部分之间的对应不能被证实是令人满意的，并且你会发现把给定的线段分为无限个点并非像哲学家把它分割为 10 拓或 40 库比特那样容易；不仅如此，实际上这样的分割是完全不可能实现的，所以这只是一种潜在的而不可能变为实际的。

萨耳：某些事情只有经过努力、勤奋或耗费大量时间才能做成，但并不说明它不可能；因为我认为你想亲自把一条线段分为 1000 份，或者更少的 937 份或其他很大的素数份，这并非一件易事。但是如果我完成这种你认为不可能的分割，像其他人把线段分为 40 份一样容易，在我们的讨论中，你是否更愿意承认这种分割的可能性？

辛普：一般说，我很欣赏你的方法；要答复你的询问，我的回答是，如果能证明把一条线段分解为点并不比分割为 1000 份困难，那就更为充分了。

萨耳：我现在要说一些可能使你惊奇的事；它指的是把一线段划分为它的无限小的单元的可能性，即按照相同的顺序把同一条线段分割为 40 份、60 份或 100 份，也就是把它划分为 2 份、4 份等。谁要是认为循着这种方法可以得到无限多个点，那他就大错特错了，因为如果将这种

划分过程永远进行下去，则最终仍会保留一些没有分割的有限部分。

确实，用这种方法分割线段距离不可再分的目的太遥远了；相反地，他是从这目标后退了，当他认为连续地用这种分割并且增加分割部分的数量时，他就会接近无限，照我的意见，他是距离目标越来越远了。我的理由就是如此。由前面的讨论我们可以得出结论，首先在无限个数中，平方数和立方数必须和自然数（tutti inumeri）的总数相同，因为这两种数的数目和它们的根相同，而这些根构成自然数的总和。其次我们看出所取的数目愈大，其中的平方数分布愈稀，而立方数分布就更稀；这样一来，显然经过的数愈多我们从无限数后退得就愈远；由此可知，因为这种过程使我们距离目标越来越远，如果转回来，我们会发现任何数目都可以说是无限的，它必须就是单位数。那些对无限数必不可少的条件这里确实是满足的；我的意思是单位数本身包含的平方数就和立方数与自然数（tutti i numeri）一样多。

辛普：我还不十分领会这个意思。

萨耳：在这件事上没有困难，因为单位数同时是一个平方数、一个立方数、一个平方数的平方和所有其他幂次（dignità）的数；平方数或立方数没有任何实质的特殊性使其不属于单位数；例如，在两个平方数之间有一个比例中项[①]；你取任何一个你愿意取的平方数作为第一

个数而另一个取为单位数，则你将总能够找到一个比例中项。考虑两个平方数，9 和 4，则 3 是 9 和 1 之间的比例中项；2 是 4 和 1 之间的比例中项；在 9 和 4 之间我们有 6 是比例中项。立方数的一个性质是其间必有两个比例中项；取 8 和 27，其间有 12 和 18；而在 1 和 8 之间我们有 2 和 4；在 1 和 27 之间有 3 和 9。于是我们的结论是单位数是唯一的无限数。这有点奇妙，我们的想象力不能领会，并且它将对一些人的严重错误发出警告，他们在讨论无限时企图赋予它与有限相同的性质，而这两种性质之间没有任何共同点。

关于这一论题，我必须告诉你们我刚刚想到的一个值得注意的性质，它将解释一个有限量在变到无限量时所经受的特性上的巨大改变与变化。让我们画一条具有任意长度的直线段 AB，并令点 C 把它分为不等的两部分；那么我说，如果画出一对线段，每一线段的一个端点分别是 A 和 B，并且如果这两条线段的长度之比等于 AC 和 CB 之比，则它们的交点将全部落在同一个圆的圆周上。这样，例如由 A 和 B 画出的 AL 和 BL 在点 L 相交，其长度比保持与 AC 和 BC 之间的比率相同，线段对 AK 和 BK 相交于点 K 也保持与 AC 和 BC 之间长度比率相同，同样地，线段对 AI，BI，AH，BH，AG，BG，AF，BF，AE，BE 的交点 L，K，I，H，G，F，E 都落在一个相同的圆周上，如图 1-7 所示。

---

① 如果 $a:b=b:c$，则称 b 为 a 与 c 的比例中项。——中译者注

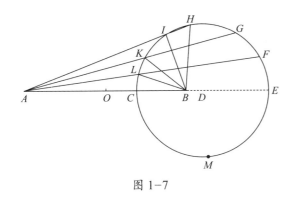

图 1-7

因此，如果我们设想点 C 连续地运动，使从它引向固定端点 A 和 B 的线段始终保持与最初的两部分 AC 与 CB 相同的长度比，那么下面我要证明，点 C 将描绘出一个圆。当点 C 趋向于中点，我们可以称之为 O，则圆的尺寸将无限制地增大；但当 C 趋于端点 B 时，圆将缩小。如果运动如上所述，则位于线段 OB 上的无限个点将描绘出全部尺寸的圆，有些比跳蚤眼睛的瞳孔还要小，而另一些比天球上的赤道还要大。现在如果我们移动处于两个端点 O 和 B 之间的任何点，它们全都描绘出圆，那些最靠近 O 点的描绘出极大的圆；但是当我们移动点 O 本身并按照前面所说的规则（即从 O 到两个端点 A 和 B 画的线段保持与初始线段 AO 和 OB 相同的比率）连续移动它，将产生怎样的线？可画出一个比其他最大的还要大的圆，因而这是一个无限大的圆。但是从点 O 还将画出一条垂直于 BA 延伸到无限远不再回归的直线，不像其他线，连接它的终点和起点；对于进行有限运动的点 C，在描绘了上半圆 CHE 以后，继续画出下半圆 EMC，因而回归到出发点。但是，如同在线

段 AB 内的其他的点一样，点 O 在开始描绘它的圆以后（因为在 OA 其他部分的点也描绘出它们的圆，其中最大的是那些接近点 O 的），不能回归到它的出发点，因为它所画出的圆是所有圆中最大的，是无限大的；事实上，它描绘出一条无限直线，作为无限大圆的圆周。现在思考在一个有限圆和一个无限大圆之间存在的差别，因为后者以这样一种方式改变其特征，使得失掉的不仅是它的存在，而且还有其存在的可能性；确实，我们已经清楚地了解到不可能有无限大圆这种事情；类似地，不可能有无限大球、无限大物体和任何形状的无限大表面。现在关于这种从有限到无限转变过程中的变形我们能说些什么呢？既然在我们从所有的数中探索无限数时，发现它存在于单位数之中，为什么我们应当感到比较大的不一致呢？把一个固体分割为许多部分，使之变为最细的粉末并且把它分解成无限小的不可分的原子，为什么我们不可以说这个固体已变为一个单一的连续统（un solo continuo），也许是一种如水、水银甚至液化金属的流体？并且为什么我们就没有看到石头熔融成为玻璃和玻璃在很高的温度下变得比水还易于流动？

萨格：那么，我们是否要相信物质变为流体是由于它们被分解为无限小的不可分割的成分？

萨耳：我不能找到更好的方法去解释某些现象，下面的现象是其中之一。我拿一块例如石头或金属的硬物质，并且用榔头或细锉刀把

它变为极细的和难以触摸的粉末，虽然当一粒一粒地看它的微粒时，由于它们的细小，我们的视觉和触觉都觉察不到，然而显然，这些微粒是尺寸有限的、具有形状的并且是能够被计数的。一旦被堆起来它们就保持成堆，这也是真实的；并且如果在其限定范围内造成一个空洞，空穴将保持而周围的粒子将不冲入去填充它；如果这些粒子被摇撼，在外部的扰动去掉后它们会立刻静止下来；同样的效果对愈来愈大的、任何形状的，甚至是球状的粒子的堆也可观察到，就像粟粒、麦粒、铅弹和每一种其他材料的粒子堆一样。但是如果我们打算在水中发现这样的性质，就找不到了；因为一旦把水堆起来，它就立刻变平坦，除非装在容器或其他盛水物中；当水被挖空时，它很快冲入并填满空穴；并且如果受到扰动，它就起伏一段很长的时间，它的波可以传送到很远的距离。

既然水比最细的粉末具有较小的稳固性（consistenza），事实上没有一点坚固性，在我看来，我们可以很合理地下结论说，分解后得到的最微小的粒子是与有限的可分的粒子十分不同的；确实我能够发现的仅有的差别就是前者是不可分的。水的异常透明也支持这种观点；因为当大多数透明的晶体破碎、被研磨变为粉末时，会失掉其透明性；研磨得愈细，失掉得愈多；但

是在水的耗损达到最高程度的情形下，我们就有极端的透明性。当用酸（acque forti）将金和银研磨成比用任何锉刀都可能做得更细的粉末（gl'indivisibili）时，仍保持粉末状①，并且不会变成流体，直至火或太阳光线中最微小的颗粒将它们熔化为止，我想，它们将熔化成最终的、不可分割的并且是无限小的组成部分。

萨格：你提到的光的这种现象是我曾经多次惊奇地注意到的。例如，我曾见过铅被用一面直径仅3掌（palmi）的凹镜顷刻熔化。当看到那面小镜子磨得不好并且仅是球形，在熔化铅和点燃任何可燃物质时已经是如此强有力，我想，如果镜子是非常大、磨得很光亮并且有抛物面的形状，它会很容易地且很快地熔化任何其他金属。这样的效果使我信服用阿基米德的镜子完成的奇迹。

萨耳：说到阿基米德镜子所产生的效果，是他的书（我曾经怀着无限的惊奇读过并且钻研过这些书）使我信服被不同的作者所描绘的一切奇迹。如果还留有任何疑问，波拿文图拉·卡瓦列里（Buonaventura Cavalieri）②神甫新近出版的关于火（凸）镜（specchio ustorio）的著作，它也是我曾以钦佩的心情读过的著作，将消除我最后的困难。

萨格：我也看到过这部著作，并且愉快、

① 伽利略说金和银用酸处理后仍保持粉末状，不清楚他在这里所指含义。——英译者注
② 卡瓦列里，是一位与伽利略同时代的极为活跃的学者；1598年出生于米兰，1647年在博洛尼亚（Bologna）去世，是一位耶稣会的神甫。他最早把对数的应用引入意大利，并最早导出镜头的焦距不等于其曲率半径。他的"不可分法"被认为是无限小微积分的前身。——英译者注

惊奇地读过它；在对作者有所了解后，更坚定了我对他已经形成的看法，他注定要成为我们时代最领先的数学家之一。但是，关于太阳光线熔化金属这种惊人的效应，我们是否必须相信这种强烈的作用是没有运动的或伴随有最快速的运动？

萨耳：我们观察到其他的燃烧和分解伴有运动，并且是最快的运动；注意闪电和在矿山与爆竹中用到的火药的作用；还注意到每当被一对风箱激活时怎样增加混有沉重的和不纯蒸汽的木炭的火焰液化金属的能力。所以我不了解光的作用，即使是非常纯的光，怎么可以没有运动且是最快速的运动呢？

萨格：但是我们必须考虑：这种光速是什么类型的和多大的？它是即时的、瞬态的或者像其他运动一样有时间要求？我们不能用实验来决定这个吗？

辛普：日常的经验说明光的传播是即时的；因为当我们看见很远处的一发炮火时，闪亮达到我们眼睛无须消耗时间；但是声音达到耳朵却在可观的时间间隔之后。

萨格：好了，辛普里修，我从这点熟悉的经验能够推断的唯一的事情是，到达我们耳朵的声音比光传播得更慢；它并未告诉我是否光的到来是即时的，或者尽管是极快速的，是否仍然耗费时间。这类观察告诉我们的不比一句话更多，这句话声称"一旦太阳进入地平线它的光就到达我们的眼睛"；但是谁能够向我保证这些光线没有比它们进入我们的视线更早地到达地平线？

萨耳：这些微不足道的结论和其他类似的观察曾经引导我发明了一种方法，用它可以精确地确定光的照明，即光的传播的确是即时的。声音的速度是如此之快的事实使我们确信光的运动不可能不是异乎寻常的迅速。下面是我所发明的实验：令两个人都拿着在灯笼或其他容器里的光源，一个人插入手可以挡住或允许光进入另一个人的视线。接着让他们面对面地站着，彼此保持若干库比特的距离，并且一直练习直到他们学会显露或隐藏他们的光源的技巧：当一个人看见他的同伴的光时立刻露出他自己的光源。经过几次试验后，他们的反应将如此迅速而没有感觉上的误差（svario），打开一个光源后紧跟着另一个光源就隐藏起来，以至于一个人刚打开他的光源，他立刻就看到另一个。在这种短距离上掌握技巧后，令两个和以前有同样装备的实验者离开的距离为 2 英里或 3 英里，并且让他们在夜间做同样的实验，就如同他们在近距离时所做的那样小心注意光源是否被显露或隐藏；如果他们这样做了，我们就可以确实得出结论说光的传播是即时的；但是如果在 3 英里的距离上需要时间，考虑到一束光去和另一束光来，实际距离是 6 英里，那么时间的延迟应当易于观察到。如果在更远的距离做实验，例如 8 英里或 10 英里，每一个观察者可以使用望远镜，根据他所在处的晚上做实验进行调整；尽管光源不大，因而在如此远处用肉眼看不见，但借助于望远镜能方便地看到它们显露和隐藏，一旦调整好并使之定位，光源就可很容易地看到。

萨格：这个实验以其聪明的和可靠的发明打动了我。但是请告诉我们从结果中你得到的结论。

萨耳：事实上，我仅在不超过 1 英里的短距离上进行了这个实验，因此我还不能够确切地断定对面的光的显示是否是即时的；但如果光不是即时的，它应是非常快的——我称之为瞬时的；按照这种看法，我把它与所看到的与我们相距 8 或 10 英里的云间闪电作比较。我们看到这种光亮的开始——可以说是它的头和源——是位于云中的一个特别的地方；但它立刻扩展到周围的云中，这似乎显示传播至少是需要时间的一个论据；如此说来，如果照明是即时的而不是逐步的，我们就不能够区分它的起源——它的中心与边缘部分。

这是怎样的一种海洋，我们滑入其中但却对其一无所知！与真空、无限、不可分割和即时运动打交道，即使进行成千次讨论，我们究竟能不能到达干燥的陆地上呢？

萨格：我们确实还远没有理解这些事情。只要想一想，当我们在数中寻找无限时，我们发现它在单位数中；永远可分割是从不可分割中导出的；真空被发现是紧密地与充满相联系；通常涉及这些事情本质的观点实在是被倒置了，甚至圆周转变为无限的直线，如果我没有记错的话，这是你，萨耳维亚蒂，打算用几何方法论证的一个事实。那么无须离题，请继续说。

萨耳：遵命；但是为了更清楚起见，我首先论证如下的问题：

给定一直线段，按任意比例将它分为两个不等的线段，试绘一圆，使由给定线段的两个端点画到圆周上任意点的两条直线段之比与给定线段的两分线段之比相等，于是由相同的端点画出的那些线段是同一比值的系列。

令 *AB* 表示给定的线段，它被点 *C* 分割为任意不等的两部分；问题是要画出一个圆，使由端点 *A* 和 *B* 连接到圆周上任意点而成的两条线段之比和 *AC* 与 *BC* 两线段之比有相同的比值，于是由相同端点画出的线段是同一比值的系列。以 *C* 为中心，以给定线段的较短部分 *CB* 为半径画一个圆。通过 *A* 画直线 *AD* 与圆相切于 *D* 并且向 *E* 无限延长。画半径 *CD*，它将垂直于 *AE*。在 *B* 处作 *AB* 的垂线；因为在点 *A* 的角是锐角，这条垂线将交 *AE* 于某个点，把这个交点记为 *E*，从它引 *AE* 的垂线，将交 *AB* 的延长线于 *F*。现在我说 *FE* 和 *FC* 两条直线段是相等的。因为如果我们连接 *E* 和 *C*，将得到两个三角形，即 △*DEC* 和 △*BEC*，其中一个三角形的两条边 *DE* 和 *EC* 分别等于另一个三角形的两条边 *BE* 和 *EC*，而 *DE* 和 *EB* 都是圆 *DB* 的切线，同时底边 *DC* 和 *CB* 也相等；所以两个角 ∠*DEC* 和 ∠*BEC* 是相等的。现在因为 ∠*BCE* 是直角与 ∠*CEB* 的差，而 ∠*CEF* 也是直角与 ∠*CED* 的差，由于这些差是相等的，于是 ∠*FCE* 等于 ∠*CEF*；从而边 *FE* 和 *FC* 相等。如果我们以 *F* 为圆心、*FE* 为半径画一个圆，它将通过点 *C*；令这个圆是

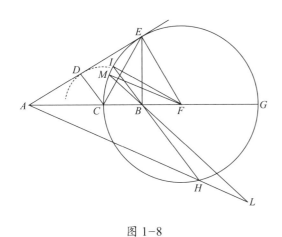

图 1-8

CEG，如图 1-8 所示。这就是我们要寻找的圆，因为如果我们从端点 *A* 和 *B* 画到它的圆周上任何一点的线段，它们的比例将与以 *C* 分割的 *AC* 和 *BC* 两部分的比例相同。这对于相交于点 *E* 的两条直线 *AE* 和 *BE* 是很明显的，因为 △*AEB* 中的 ∠*E* 被线段 *CE* 等分，于是 *AC* : *CB*=*AE* : *BE*。对于终结于点 *G* 的两条线段 *AG* 和 *BG*，可以证明同样的结论。因为 △*AFE* 和 △*EFB* 是相似的，所以我们有

$$AF : FE = EF : FB \quad 或 \quad AF : FC = CF : FB,$$

以及分比定理

$$AC : CF = CB : BF \quad 或 \quad AC : FG = CB : BF;$$

还有合比定理

$$AB : BG = CB : BF$$

和

$$AG : GB = CF : FB = AE : EB = AC : BC。$$

证毕。

现在在圆周上另取任一点，例如 *H*，直线 *AH* 和 *BH* 在此点相交；同样地，我们有 *AC* : *CB*=*AH* : *HB*。延长 *HB* 直到与圆周相交于点 *I*，然后连接 *IF*；由于我们已经有

$$AB : BG = CB : BF,$$

由此可得，矩形 *AB. BF*[①] 等于矩形 *CB. BG* 或 *IB. BH*。所以

$$AB : BH = IB : BF。$$

但是顶点为 *B* 的角是相等的，从而

$$AH : HB = IF : FB = EF : FB = AE : EB。$$

此外，我可以补充的是，若从端点 *A* 和 *B* 任画两直线，使它们相交于圆 *CEG* 内或外的任一点，则它们之比保持与给定线段之两分线段同一比值是不可能的。假设这是可能的；令 *AL* 和 *BL* 是两条这样的线段，它们相交于圆外的点 *L*，延长 *LB* 直到与圆周相交于 *M*，并连接 *MF*。如果 *AL* : *BL*=*AC* : *BC*=*MF* : *FB*，则我们将有两个三角形，即 △*ALB* 和 △*MFB*，它们与两个角相关的边成比例，在顶点 *B* 的角相等，并且其余的两个角 ∠*FMB* 和 ∠*LAB* 小于直角（因为在顶点 *M* 处的直角是以整个直径 *CG* 而不仅是其一部分 *BF* 作为它的底；而另一个顶点为 *A* 的角是锐角，因为与 *AC* 同比系列的线段 *AL* 大于与 *BC* 同比系列的线段 *BL*）。由此得出 △*ABL* 和 △*MBF* 是相似的，因而 *AB* : *BL*=*MB* : *BF*，由此

---

① 本书以下常用"矩形 ××.××"符号，该符号含有双重意义。例如"矩形 *AB. BF*"，它主要表示以 *AB* 和 *BF* 为两邻边形成的矩形；有时在运算中它又表示该矩形的面积，等于 *AB·BF*。——中译者注

得矩形 *AB*. *BF=MB*. *BL*；但是已经证明矩形 *AB*. *BF* 等于 *CB*. *BG*，从而矩形 *MB*. *BL* 与矩形 *CB*. *BG* 相等，而这是不可能的；因而交点不能落在圆外。以同样的方法我们可以证明它也不能落在圆内；所以所有的这些交点都落在圆周上。

但是现在对我们来说是要回去满足辛普里修的要求的时候了，向他说明把一条线段分解为无数个点不仅不是不可能的，而且把它分为有限部分也是十分容易的。这一点我将在下面的条件下做到，我确信，辛普里修，你不会拒绝接受我，即你不会要求我把点一个个地互相分开，并且在这张纸上逐一地演示给你看；我应该感到满意，如果你没有把一条线段的 4 个或 6 个分段彼此分开，而是将分割的标记显示给我看，或者至多把它们折成角以形成正方形或六边形，而后使我确信，你认为分割已确定无疑地和实际地完成了。

辛普：我定当如此。

萨耳：如果现在你把一条线段折成角以形成一个正方形、一个八边形、一个四十边形、一个一百边形或者一千边形，发生的变化足以使人认为把它分为 4，8，40，100 和 1000 个分段是实际存在的，按照你的意思，起初它们只是潜在地存在于直线之中；是否我就不可以说，当把一条直线折成具有无限多条边的多边形，即成为一个圆时，我已经把你所声称的潜在地包括在直线中的无限多个部分变成了现实，也同样是正确的？也不能否认，当把一条线段分割为 4 个部分而形成正方形或分割为 1000 个部

分而形成相应的多边形时，分割为无限多点就实际上完成了；因为在这种分割中，与在一千边或十万边多边形情形下同样的条件得到满足。这样一个放置在一条直线上的多边形有一条边，即十万个部分之中的一个部分与直线接触；而圆是一个有无限多条边的多边形，它以其一条边与直线接触，这条边是一个异于邻近点的单独的点，并且与邻近点的分离和区别程度一点也不比多边形的一边与其他边的分离与区别小。正如当一个多边形沿着一个平面滚动时，以其与平面依次接触的边在平面上留下标记，即一条等于其周长的直线段，于是在同样平面上滚动的圆，也由于它的无限多个依次接触画出了长度等于其周长的直线段。辛普里修，在开始的时候，我愿承认逍遥学派的原理的正确性，他们的意见是一连续的量（il continuo）仅仅可以被分割为可以进一步分割的部分，以至于无论多久分割和子分割都将无止境地继续下去；但是我不是很确信他们会认可我的看法，即他们的这些分割中，无一是最后的分割，事实必然是这样，因为永远还有"另一个"；这个决定性的和最后的分割与其如我所说，是用逐步分割以不断增加分割部分的数量而达不到的结果，倒不如说是一种分割把一个连续的量分解为无限个可分割的量。但是如果他们用我提出的分离和分解无限大的整体（tutta la infinità）的方法，作一次单击（一种我确实不应当否定的技巧），我想他们会赞成一个连续的量由绝对不可分的原子构成的说法，特别是因为这一方法，

也许优于其他任何方法，能够使我们避开许多复杂的谜团，例如已经提到过的固体中的内聚力以及膨胀和收缩的问题，无须把讨厌的（在固体中的）空的空间强加给我们，这些空的空间使物体具有可穿透性。如果我们接受上述不可分割要素的观点，在我看来这些我们不喜欢的东西都可以避免。

辛普：我不知道逍遥学派会说什么，因为由你推进的大部分新的观点会冲击他们，而我们必须考虑它们。然而，这不是不可能的，他们会对这些问题找到答案和解决办法，我需要时间和鉴别力，现在还无力解决这些问题。暂时把这话题放一边，我倒是想听听引进这些不可分割的量如何帮助我们理解收缩和膨胀，同时又避开了真空和物体的可穿透性。

萨格：我也渴望听到在我脑子里远没有弄清楚的同样的事情；如果允许的话，我想听听刚才辛普里修建议我们忽略的事情，即亚里士多德反对真空存在的理由和你必须进行反驳的论据。

萨耳：两件事我都要做。首先，对于膨胀的产生，正像我们利用大圆滚动时由小圆绘出的线——一条比小圆圆周长的线段一样，为了解释收缩，我们指出每一次小圆滚动时，大圆绘出一条比其圆周短的直线段。

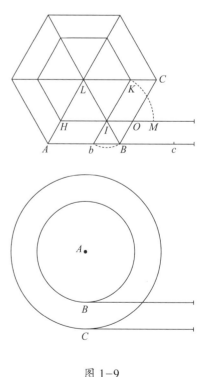

为了更好地了解这一点，我们接下来考虑在多边形的情形下将发生什么。利用一幅类似于早先的图，构造两个多边形 ABC 和 HIK，它们具有共同的中心 L，且令它们沿着平行线 HOM 和 ABc 滚动，如图 1-9 的上图所示。现在保持顶点 I 固定，允许较小的多边形滚动直到边 IK 落在在平行线上，在运动过程中，点 K 将绘出弧 $\overset{\frown}{KM}$，而边 KI 将和 IM 重合。同时，让我们看一看较大的多边形的边 CB 的行为。因为滚动是围绕着点 I 的，线段 IB 的端点 B 向后运动，它将在平行线 cA 的下面绘出弧 $\overset{\frown}{Bb}$，使得当边 KI 与线段 MI 重合时，边 BC 和 bc 重合，它只前进了距离 Bc，但却在线段 BA 上后退与弧 $\overset{\frown}{Bb}$ 相对应的那部分距离。如果我们让小多边形继续滚动，它将在平行线上转过并且画出一条等于其周长的线段；

图 1-9

这时大多边形将转过并且画出比其周长短的一条线段，缩短 bB 的长度，其倍数比边数少一；这条线段近似等于小多边形画的线段，超出它的仅是距离 bB。这里我们现在没有任何困难地看到，当被小多边形带动时，为什么大多边形不用它的边画出一条比小多边形转过时更长的线段；这是因为每一条边的一部分被重叠于前面与其紧接的邻边上。

下面让我们考虑两个具有公共圆心 A 的圆，它们处于对应的平行线上，小圆与平行线切于点 B；大圆切于点 C，见图 1-9 的下图。这里当小圆滚动时，点 B 不会保持不动，这就使得 BC 向后运动并且带动点 C，就如同在多边形的情形下发生的一样，在那里点 I 保持不动直到边 KI 与 MI 重合，并且线段 IB 带着端点 B 向后运动到 b 那样远，以至于 BC 落在 bc 上，从而重叠在线段 BA 上的 Bb 部分，向前再加上一个等于 MI 的，即大小等于小多边形一条边的量的线段 Bc。考虑到这些重叠是大多边形比小多边形边长超出的部分，每一次净前进等于小多边形的一条边，而完成一次转动时，在直线上这些前进的总和就等于小多边形的周长。

现在以同样的方法论证圆，我们必然会观察到，尽管任何多边形的边数是限定于确定范围内的，而圆的边数却是无限的；前者是有限的和可分割的，后者是无限的和不可分割的。在多边形的情形下，顶点在一个时间间隔内保持静止，该间隔与一次完整的转动周期之比和一条边与多边形周长之比相同；同样，对圆的情形，无限多个顶点中的每一个的延迟纯粹是即时的，因为如同一个点是一条包含无限多个点的线段上的一点一样，一个瞬时是一个有限间隔的片段。大多边形边的后退不等于它的一条边的长度，而仅仅等于这条边超出小多边形一条边的长度，净前进等于这个小多边形的边；但对于圆，当 B 瞬时静止时，点或边 C 后退的量等于它对 B 的超出部分，形成的净前进等于 B 自身的净前进。简言之，大圆的无限条不可分割的边伴着它的无限次不可分割的后退，是在小圆的无限个顶点作无限数瞬时延迟期间完成的，与无限次前进一起等于小圆的无限条边数——我说，所有这些添加到一条等于小圆画出的线段上，引起一条包含无限个无限小重叠的线段增厚或收缩，没有任何有限部分重叠或相互穿透。这一结果在把一条线段分割为有限部分的情况是不可能得到的，就像任何多边形的周长一样，当多边形处于一条直线段上时是不会缩短的，除非它的边重叠和相互穿透。无限个无限小的部分没有有限部分的相互穿透或重叠，和以前提到过的无限个不可分割的部分由于插入不可分割的真空而形成的膨胀，在我看来，大多可以说涉及物体的收缩和变稀薄，除非我们放弃物质的可穿透性和引进有限大小的空的空间。假如你们在这里发现任何你们认为有价值的事情，请使用它；如果不看重它，连同我的评论，权当闲谈；不过，请记住，我们正在讨论无限和不可分割。

萨格： 我坦白地说，你的想法是微妙的，它的新奇给我留下了印象；不过，其实，自然界是否真的按照这个规律运转我还不能够确定；无论如何，在找到一个更为满意的解释之前，我将牢牢地抓住它。也许辛普里修会告诉我们某些我还没有听到过的事情，即，如何说明哲学家对这个深奥问题的解释；确实，因为所有我迄今读到的涉及压缩的是如此的多，而涉及膨胀的是如此的少，我的脑子既不能看透前者也不能领会后者。

辛普：我像驶入大海一样的迷茫了，并且在下述任一条路径，特别是这条新路径中遇到困难；因为根据这种理论，1 盎司黄金可以变薄并扩展到其尺寸超过地球，而反过来，地球可能被压缩得比核桃还小，这类事情我就不信；我也不信你会相信它。你进行的讨论和论证是数学的、抽象的和离具体事情甚远的；而我就不相信当应用于物质世界和自然世界时这些规律会成立。

萨耳：我不能够看见不可见的事情，我也没有想到你会问这个。但是既然你提到黄金，难道我们的感觉没有告诉我们金属可以被异乎寻常地延展？我不知道你们是否观察过那些熟练工在拉黄金丝时应用的方法，仅仅丝表面是真的黄金而内部材料是白银。他们拉黄金丝的方法是这样的：取一个柱体，或者如果你喜欢的话，取一根银棒，大约半库比特长，三或四个拇指粗；用薄得几乎可以飘浮在空气中的金叶裹住这根棒，裹上不多于 8 层或 10 层。一旦镀上了黄金，他们开始用很大的力气拔它，使之通过一个拉板的孔；一次又一次地使之通过

愈来愈小的孔，直到通过许多次后，它变得像女士的头发那样细，甚至更细；其表面还是保持镀金的。现在想象一下这种黄金物质怎样被延展和变得多么薄。

辛普：我没有看出这个过程（最终）会产生出那样不可思议的薄的黄金物质，就像你说的那样：首先，因为最初的镀金是由 10 层可以感觉到厚度的黄金叶子组成；其次，因为在拉银棒时其长度增长而同时粗细在按比例地减小；并且，因为一个尺寸补偿另一个尺寸，在镀金的过程中，其面积将不会如此增加使得黄金薄到比原来的金叶还薄。

萨耳：辛普里修，你大错特错了，因为表面是按长度的平方根增加，我能从几何上证明这个事实。

萨格：如果你认为我们可以理解的话，请给我们证明，不仅为我，也为辛普里修。

萨耳：这要看看我是否能立刻想起。开始时，显然原来的粗银棒和拉出的很长的银丝是有相同体积的柱体，因为它们是同一块银。所以，如果我确定相同体积的柱体表面之间的比例，问题将被解决。然后我说，忽略底面积，等体积的柱体的面积之间有一个比例，等于它们的长度的平方根之比。

取两个等体积的柱体，其高分别为 AB 和 CD，线段 E 是它们之间的一个比例中项（见图 1-10）。那么我断言，不计每个柱体的底面积，柱体 AB 与柱体 CD 的表面积之比就是线段 AB 与线段 E 的长度之比，即 AB 的平方根与 CD 的

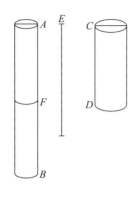

图 1-10

平方根之比。现在，在 F 处把柱体 AB 切断，使 AF 等于 CD，则因为等体积柱体的底面积同它们的高成反比，可得柱 CD 的圆底的面积与 AB 的圆底的面积之比是高 BA 与 CD 之比；进而，因为圆面积之比是它们直径的平方之比，上述平方之比就等于 BA 与 CD 之比。但 BA 与 CD 之比等于 BA 的平方与 E 的平方之比，从而这 4 个平方将形成一个比例式；同样地对它们的边也如此；所以线段 AB 与 E 之比和圆 C 的直径与圆 A 的直径之比相同。但是直径是与圆周成比例的，而圆周与等高圆柱的面积是成比例的；所以 AB 与 E 之比等于柱体 CD 表面积与柱体 AF 表面积之比。现在，因为高 AF 与 AB 之比等于 AF 与 AB 的表面积之比；而且因为高 AB 与线

段 E 长度之比等于 CD 与 AF 的表面积之比，由调动比例的比例等式（ex aequali in proportione perturbata）[1] 代换就推出，高 AF 与 E 之比等于 CD 的表面积与 AB 的表面积之比，反过来，柱体 AB 的表面积与一柱体 CD 的表面积之比等于线段 E 与 AF（亦即 CD）之比，或者是 AB 与 E 之比，它等于 AB 与 CD 平方根之比。证毕。

如果我们现在把这些结果应用于手头的情况，并且假定要镀金的银棒具有半库比特的长度，三或四个拇指粗，我们将发现，当金属丝变为头发的粗细并被拉到 20000 库比特长（或许更长），其表面积至少增加 200 倍。结果外包的 10 层金箔表面也要被扩张 200 倍，这使我们确信，现在金属丝表面上覆盖如此多库比特的金箔厚度不能大于通常被捶薄的金箔的 1/20。现在考虑必须有怎样的粗细程度，以及除了大为延展各部分之外是否能构思出任何其他的方法；还考虑这个实验是否不意味着物理的实体（materie fisiche）是由无限小的不可分割的粒子组成，这是一种被其他更为惊人的和决定性的例子所支持的观点。

萨格： 这个证明是如此美妙，即使它没有原来预料的说服力——尽管在我的脑子里，它

---

① 参阅 Euclid. Elements（M）. Todhunter，Lodon，Vol（5）pp.137，definition 20，1877。——英译者注

该书有中译本：欧几里得著．几何原本．第 Ⅴ 卷．兰纪正，朱恩宽译．西安：陕西科学技术出版社，2003。

为了便于阅读，现将中文版第 133 页命题 23 的说明摘录如下："设有三个量 A，B，C，且另外有与它们个数相同的三个量 D，E，F。从各组中每取两个相应的量都有相同的比，又设它们组成撬动比例，即 A 比 B 如同 E 比 F，B 比 C 如同 D 比 E，则可证 A 比 C 如同 D 比 F。"——中译者注

是十分强有力的，——对它花费很短的时间仍然是最愉快的。

萨耳：这些几何证明带来独特的收获，既然你们对它们这样喜爱，我再给你们一个伴随的定理，它回答了一个极有趣的问题。上面我们已经看到在高度或长度不同的体积相等的柱体之间有些什么关系成立；现在让我们再看看当柱体的面积相等而高度不相等时又将有什么关系成立，这里的面积应当理解为包括曲面，而不包括上、下底面。这个定理是：

具有相等曲面的直柱体的体积同它们的高成反比。

设两个柱体的表面积 *AE* 和 *CF* 相等，并且后者的高 *CD* 大于前者的高 *AB*，如图 1-11 所示，则我说柱体 *AE* 与柱体 *CF* 的体积之比等于高 *CD* 与 *AB* 之比。现在，因表面积 *CF* 与表面积 *AE* 相等，由此推出 *CF* 的体积 *CF* 小于 *AE* 的体积；因为，如果它们相等，由前面的命题，*CF* 的表面积要大于 *AE* 的表面积，而且超过部分的大小将就是柱体 *CF* 的体积大于 *AE* 体积的部分。现在让我们取一个柱体 *ID*，其体积等于柱体 *AE* 的体积；那么，按照前面的定理，*ID* 的表面积与 *AE* 的表面积之比等于 *IF* 的高与 *IF* 和 *AB* 的比例中项之比。但是，因为问题假定 *AE* 的表面积等于 *CF* 的表面积，并且 *ID* 的表面积与 *CF* 表面积之比等于高 *IF* 与高 *CD* 之比，由此推出，*CD* 是 *IF* 和 *AB* 的比例中项。不仅如此，还因为柱体 *ID* 的体积等于柱体 *AE* 的体积，两者与柱体 *CF* 体积之比亦相等，但体积 *ID* 与体积 *CF* 之比等于高 *IF* 与高 *CD* 之比，所以 *AE* 的体积与 *CF* 的体积之比等于长度 *IF* 与长度 *CD* 之比，即等于长度 *CD* 与长度 *AB* 之比。证毕。

这解释了一种现象，普通人对这种现象总感到奇怪，即，如果我们有一块布料，其一边比另一边长，我们可以用它做成一个玉米口袋，习惯上其底是用木头做的，当我们用布的短边作为高、而用布的长边来围绕木头的底时，这样的口袋比另一种设计将装得更多。因此，例如，有一块一边 6 库比特长、另一边 12 库比特长的布料，当把 12 库比特长的一边包在木底周围，而将 6

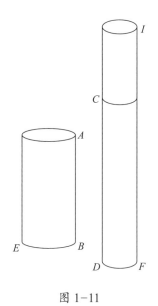

图 1-11

库比特长的边作为口袋的高时，这样做成的口袋比起以 6 库比特的边绕底、12 库比特高的口袋能装更多的东西。由上面的证明，我们不仅知道了一个口袋比另一个口袋装得多的一般事实，而且得到了明确的和特别的信息，即，口袋的高度按多大的比例减小，其容量则按多大的比例增加，反之亦然。因此，如果我们用图表示，布料的长是宽的两倍，并且如果我们缝合长边，则口袋的体积将只有另一种设计的一半。同样，如果我们有一张尺寸为 7×25 库比特的席子，用来做一只篮子，沿其长边缝合与沿另一边缝合，其容积之比为 7∶25。

萨格：为我们继续讨论而获悉新的和有用的信息而感到非常高兴。但是，关于刚才的论题，我真的相信，对那些不熟悉几何的人，一百个人中你几乎找不到四个人不犯乍一看就相信具有相同表面积的物体在其他方面也相等的错误。说到面积，人们常常企图用测量边界线的办法去确定不同城市的大小，他们也犯了同样的错误，他们忘记了一座城市的周长可以等于另一座城市的周长，而面积却可以比另一座大得多。不仅对于不规则的情形，而且对于规则的表面积，这也是对的，边数较多的多边形包含的面积总是大于边数较少的多边形，因

此作为有无限多条边的多边形的圆在所有等周长的多边形中具有最大的面积。我特别愉快地回忆起当我在一篇学术评论的帮助下研究萨克罗博斯科（Sacrobosco）[①]的球时，看到过这一证明。

萨耳：很对！我也有同样的经历，这让我想起一种方法，它表明如何以一个简短的论证去证明在所有规则的等周长图形中圆包含的面积最大；并且在其他图形中，边数多的比边数少的包含的面积大。

萨格：我特别喜欢精选的和不寻常的命题，请你让我们知道你的论证。

萨耳：我能够用几句话证明如下的定理：

圆的面积是任何两个规则的相似多边形面积之间的比例中项，其中一个外切于圆而另一个与圆等周长。另外，圆面积小于任何外切多边形的面积而大于任一等周长多边形的面积。进而，在外切多边形中，具有较多边数的比具有较少边数的面积小；而另一方面，在等周长的多边形中，具有较多边数的面积较大。

令 A 和 B 是两个相似的正多边形，其中 A 外切于给定的圆，而 B 与该圆等周长，如图 1-12 所示，则圆面积是这两个多边形面积的比例中项。因为如果用 AC 表示圆的半径，并且我们记得圆面积等于一个直角三角形的面积，其

① 参阅《大英百科全书》第 11 版中约翰·霍利伍德（John Holywood）所撰写的关于萨克罗博斯科的有趣的传记。——英译者注

约哈内斯·德·萨克罗博斯科（Johannes de Sacrobosco，1195—1256），数学家，出生于英国，在巴黎的大学教书。其最著名的著作是《球》（De Sphaera），书中解释了球的几何性质。——中译者注

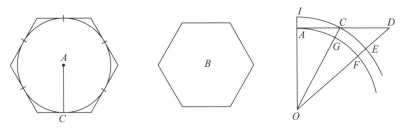

图 1-12

直角的一边等于半径 AC，而另一边等于圆周长；还记得多边形 A 的面积等于一个直角三角形的面积，其直角的一边和 AC 一样长，而另一边等于多边形本身的周长；则显然外切多边形面积与圆面积之比等于多边形周长与圆周长之比，或与多边形 B 的周长之比，因为由假设，B 的周长等于圆周长。但是因为多边形 A 和 B 是相似的，它们的面积之比等于其周长平方之比；所以圆 A 的面积是两个多边形 A 和 B 之间的比例中项。并且因为正多边形 A 的面积大于圆 A 的面积，显然圆 A 的面积大于等周长多边形 B 的面积，于是在具有相同周长的所有规则多边形中面积最大的是圆。

我们现在来证明定理的其余部分，即证明，一方面在多边形外切于一个给定的圆的情形下，边数较少的多边形比边数较多的多边形有较大的面积；但另一方面，对等周长多边形来说，具有较多边数的多边形比有较少边数的多边形面积要大。对以 O 为圆心、OA 为半径的圆作切线 AD；并且在这条切线上画出，比方说 AD，要它等于外切五边形边长的一半，再画出 AC，它等于外切七边形边长的一半；画出直线 OGC 和 OFD；然后作以 O 为中心、OC 为半径的圆弧 $\overset{\frown}{ECI}$，见图 1-12 的右图。现在因为 $\triangle DOC$ 大于扇形 EOC，并且因为扇形 COI 大于 $\triangle COA$，由此推出 $\triangle DOC$ 与 $\triangle COA$ 之比大于扇形 EOC 与扇形 COI 之比，即大于扇形 FOG 与扇形 GOA 之比。所以，经过量的置换，$\triangle DOA$ 与扇形 FOA 之比大于 $\triangle COA$ 与扇形 GOA 之比，进而 10 个 $\triangle DOA$ 与 10 个扇形 FOA 之比大于 14 个 COA 这样的三角形与 14 个 GOA 这样的扇形之比，也就是说，外切五边形与圆的面积之比大于七边形与圆的面积之比。所以五边形的面积超过七边形的面积。

此外，假定五边形和七边形都与给定的圆有相同的周长，那么七边形将比五边形包含更大的面积。因为圆面积是外切五边形与等周长五边形面积的比例中项，并且因为它是外切七边形和等周长七边形的比例中项，还因为我们证明了外切五边形大于外切七边形，由此推出，这一外切五边形与圆面积之比大于七边形与圆面积之比，也就是说，圆与等周长五边形面积之比大于与其等周长七边形面积之比。所以五边形小于它的等周长七边形。证毕。

萨格：一个多么聪明的和优美的证明！但是现在我们是不是到几何中去讨论辛普里修迫切要讨论的论题，非常重要的论题，特别是涉及密度这一对我特别困难的论题？

萨耳：如果收缩和膨胀（condensazione e rarefazzione）存在于相反的运动之中，对每一种大的膨胀就应当找到一种对应的大的收缩。但是，当我们日常看到膨胀几乎是瞬时发生时，我们的惊奇增加了。当少量炸药爆炸成为巨大体积的火焰时，想一想发生了多么大的膨胀！并且想一想它产生的光几乎无限制地膨胀！想象一下如果这种火和光重新聚集会发生的收缩，而这实在不是不可能的，因为只在一瞬间之前它们还处于很小的空间中。既然稠密的物质对我们来说是更可感知和更易接受的，而因为膨胀比起收缩更明显，凭借于观察，你们会发现有一千种这类膨胀。以木头为例，我们可以看到它被烧毁和发光，而我们就没有见过它们重新结合成为木头；我们看到花和果以及一千种其他的固体散发出香味，而我们就没有观察到这些芳香的原子重新聚合为芳香的固体。但是对于没有感觉到的事情，我们必须追究其原因；因为这将使我们能够理解极稀薄的和极细微的物质在凝聚时涉及的运动，它和固体膨胀与分解时一样清晰。进而，我们试图去发现在固体中膨胀和收缩是怎样产生的，这类变化是可能的而无须引进真空和放弃物质的不可穿透性；但是这并不排除存在一些材料不具有这种性质的可能性，从而带来一些你们称为不适当

或不可能的结果。最后，辛普里修，为了你这位哲人的缘故，我已经努力地寻求一种无须承认物质的可穿透性和无须引进真空时膨胀和收缩怎样发生的解释，这些性质是你所拒绝的和不喜欢的；如果你承认它们，我就不会如此卖力地反对你。现在或者承认这些困难，或者接受我的观点，或者提出更好的观点来。

萨格：我十分同意逍遥学派哲学家们拒绝物质的可穿透性，至于真空我愿意听听亚里士多德论证的详尽的讨论，在此论证中他是反对他们的，而你是怎样的呢？萨耳维亚蒂，请回答。辛普里修，我请求你给我们严格的哲学家式的证明，而你，萨耳维亚蒂，请给我们回答。

辛普：就我的记忆所及，亚里士多德猛烈抨击一种陈旧的观点，该观点认为真空是运动所必需的先决条件，而且没有前者运动不可能产生。与这种观点相反，亚里士多德揭示真空恰好是运动现象，而正如我们将看到的，这使得真空的概念站不住脚。他的方法是把论点分为两部分。他首先假设重量不同的物体在相同的介质中运动；然后假设相同的物体在不同介质中运动。在第一种情形下，他假设重量不同的物体在一种相同的介质中以不同的速度运动，其速度与重量有相同的比例；由此，例如，一个物体是另一个物体的10倍重，则将以另一个物体10倍的速度运动。在第二种情形下，他假设完全相同的物体在不同介质中运动，其速度与这些介质的密度成反比；因而，例如，如果水的密度是空气密度的10倍，则在空气中运动

的速度将是在水中速度的 10 倍。由这第二个设想，他指出因为真空的稀薄性无限区别于被物质充满而又稀薄的任何介质的稀薄性，任何在非真空中一定的空间、一定的时间内运动的物体通过真空应当是瞬时的；因此由运动产生真空是不可能的。

萨耳： 如你所看到的，这个论据是反驳者的论据，是直接反对那些认为真空是运动的先决条件的人的论据。现在，如果我接受这个论据作为结论性的论据，并承认运动不可能在真空中发生，真空是绝对的和与运动绝对无关的假定并不因此而无效。但为了告诉你们古人可能怎样回答，并且为了更好理解为什么亚里士多德的论证是结论性的，在我看来，我们可以拒绝他的两个假设。对于第一个假设，我非常怀疑亚里士多德曾经进行过实验验证以下事实是对的：两块石头，一块的重量是另一块的 10 倍，如果从 100 库比特的高度令其同时下落，其速度差别会如此大，以至于一块落地而另一块下落还不到 10 库比特，这会是真的吗？

辛普： 他的话好像说明他已经做了这种实验，因为他说：我们看到较重的；“看到”这个词表明他做过这个实验。

萨格： 辛普里修，但是做过这个试验的我可以向你保证，一枚重 100 或 200 磅或者更重的炮弹和一粒重量仅半磅的子弹，倘若都从 200 库比特的高度下落，前者将不会在后者之前一拃落地。

萨耳： 但是，即使不做进一步的实验，还是可能以简短的和决定性的论证清楚地证明，一较重的物体并不比较轻的物体运动得快，倘若两个物体简直就如亚里士多德所说的是由相同的材料做成的。但是，辛普里修，请告诉我，你是否承认每一个落体具有由本性确定的一定的速度，除非施以力（violenza）或阻力，其速度是不会增加或减小的。

辛普： 无可怀疑，在单一介质中运动的完全相同的物体具有由其本性决定的确定的速度，并且除非有动量（impeto）给以补充其速度是不可能增加的，或者除非被某个阻力所阻挡其速度也不可能减小。

萨耳： 那么，如果取两个本性上速度不同的物体，显然当把两者绑在一起时，较慢的物体将使较快的物体有些减速，而较快的物体将使较慢的物体有些加速。难道你们不同意我的这一意见吗？

辛普： 你无疑是对的。

萨耳： 但是如果这是真实的，并且如果一块大石头具有速度 8，而一块较小的石头具有速度 4，那么当它们合在一起时，系统将以比 8 更低的速度运动；而当把它们绑在一起时就变成一块比原来以速度 8 运动的石头还要大的石头。所以较重的物体比较轻的物体以较低的速度运动；结果是与你的推测相矛盾。由此你可看到，我如何从你假设较重的物体比较轻的物体运动得更快中推出较重的物体运动较慢。

辛普： 我像坠入大海一样，因为在我看来，较小的石头被加在较大石头上时增加了它的重量，但我看不出为什么增加重量不提高它的速度，或者至少不降低速度。

萨耳：辛普里修，这里你又犯了一个错误，因为说较小的石头给较大的石头加了重量是不对的。

辛普：这的确是在我理解能力之外。

萨耳：一旦告诉你使你苦恼的错误，这就不在你理解能力之外了。注意，必须区分运动中的重物与静止中的同一物体。一块处于平衡状态的大石头不仅具有另一块置于其上的石头的附加重量，而且还要附加一束亚麻，其重量依亚麻的量增加了 6 ～ 10 盎司。但是如果你把亚麻绑在石头上并且让它们从某一高度自由下落，你相信亚麻将向下压石头使其运动加速呢，还是认为其运动将被部分向上的压力减缓？当一个人阻止他身上的一个重担运动时总是感到在他肩膀上的压力；但是如果他以恰如重担下落的速度下降，重担是向下对他加重还是向上拉他呢？正如你打算用一根长矛刺一个人，而他正在以一个等于甚至大于你追他的速度远离你，难道你没有注意到与刚才的情形是相同的吗？由此你必然得出结论，在自由地和自然地下落过程中，小石头不会对大石头施压，结果不会像静止时那样增加后者的重量。

辛普：但是如果我们把较大的石头放在较小的石头之上将会怎样呢？

萨耳：如果较大的石头运动更快，其重量会增加；但是我们已经得出结论说，当小石头运动较慢时，它就在一定程度上阻止速度更快

的物体，以至于两者合并成一块比两块石头中的较大石头还重的石头，它将以较慢的速度运动，这个结论是与你的假设相反的。于是我们推论，倘若它们受同一比重，大的和小的物体是以相同的速度运动的。

辛普：你的讨论是令人钦佩的；然而我并不轻易相信一颗鸟枪子弹和一发大炮弹下落得一样快。

萨耳：为什么不说一粒沙子和一个磨盘一样快？不过，辛普里修，我相信你不会像许多人一样，使讨论离开主要意图，并把某些带有一丝一毫的错误强加于我，以掩盖别人粗如缆绳的错误。亚里士多德说："一个 100 磅重的铁球从 100 库比特的高度下落比一个 1 磅重的球从 1 库比特的高度下落早到地面。"我说它们同时到达地面。通过实验你会发现，重量较大者超过较小者大约是两指宽的距离，即，当较大者达到地面时，另一个落后两指宽；现在你不会把亚里士多德的 99 库比特隐藏在两指宽后面，也不会提及我的很小的错误而同时用沉默的方式放过他的十分大的错误了。亚里士多德宣称在同一介质中重量不同的物体以与其重量成比例的速度前进（迄今为止，他的运动是依赖于重量的）；他以这样的物体说明这一点，在其中只可能有纯粹的和不掺杂的重力效应，而消除了其他不太重要的因素（minimi momenti）例如外形，及一些很大程度上依赖于介质而会改变重力效应的影响。如此，我们观察到当把所有物质中最致密的黄金捶打为十分薄的金箔

时，它在空气中飘浮着运动；当把石头磨成极细的粉末时，同样的情况也会发生。但是如果你想使其成为普遍的命题，你就必须说明在所有重物的情形同一速度比例被保持，以至于一块 20 磅重的石头的速度是 2 磅重的石头的十倍；而我则主张这是错误的，并且如果它们从 50 或 100 库比特的高度下落，它们将在同一瞬时到达地面。

辛普：如果不是从几个库比特而是从数千库比特的高度下落，也许结果会是另一样。

萨耳：如果这是亚里士多德的意思，你要为另一个简直就是谬误的错误负责；因为，在地球上并没有这样绝对的高度，显然亚里士多德不可能做过这种实验，然而当他讲到这种我们知道的效果时，他想给予我们他做了实验的印象。

辛普：事实上，我相信，亚里士多德并没有应用这一原理，而是应用另一个与这些困难无关的原理。

萨耳：但是一个原理和另一个原理一样是错误的；对你没看出这种谬误我感到惊奇，并且你没有认识到假如它是正确的，在密度不同和阻力不同的介质中，例如在水和空气中，完全相同的物体在空气中比在水中运动快得多，快慢的比例就是水密度与空气密度的比例，从而就会推出任何在空气中下落的物体应当也在水中下落。不过这个结论是错误的，因为许多在空气中下落的物体在水中不仅不下落反而上升。

辛普：我不理解你的推理的必然性；而且我还要补充说亚里士多德仅仅讨论那些在两种介质中都下落的物体，而不是指在空气中下落而在水中上升的物体。

萨耳：你为哲学家提出的论据，肯定已经避开了加重他的第一个错误。但请告诉我，是否水的密度（corpulenza），或者是阻碍运动的任何东西，与空气密度成确定的比例，而空气的阻碍是较小的；并且如果是这样，随你来确定这个比值。

辛普：这种比例是不存在的；让我们设定它是 10；那么，对一个在这两种介质中都下落的物体，在水中的速度将比在空气中慢 10 倍。

萨耳：现在我要取一个在空气中下落而在水中不下落的物体，例如一个木质的球，并且请你随便给它一个在空气中下落的任意速度。

辛普：让我们设定它以速度 20 运动。

萨耳：很好。那么显然这一速度与某一较小的速度之比和水与空气的密度之比相同；而这个较小的速度是 2。因此，如果我们严格地遵从亚里士多德的假设，我们就应当推论，在比水的阻力小 10 倍的空气中，以速度 20 下落的木球在水中下落的速度则为 2，而不是像它表现出来的从水底来到表面；除非你也许想回答木头在水中升起的速度与其下落的速度相同，皆为 2，我不相信你会这样回答。但是，因为木球并不沉没到底，我想你会同意我，我们能够找到一个非木头的其他材料的球，它在水中以速度 2 下落。

辛普：无疑我们能够这样做；但是它必然是一种比起木头来相当重的物质。

萨耳：确是如此。但是如果这第二个球在水中以速度2下落，那么它在空气中下落的速度将是多少呢？如果你坚持亚里士多德的准则，你必然回答说，它将以速度20运动；但是20是你自己已经为木球设置的速度；所以这个球和另一个较重的球在空气中以相同的速度运动。但是，现在哲学家如何将这一结果与他的另一结果——重量不同的物体以不同速度通过同一介质，而这些速度同它们的重量成比例——相协调呢？无须对事情深入地分析，为什么这些普通的和显然的性质能逃过你的注意？难道你没有观察过，若两个物体在水中下落，一个的速度是另一个速度的100倍，而在空气中下落，它们的速度接近于相等，以至于一个不会超过另一个的1/100？因此，例如一个以大理石做成的鸡蛋在水中下落要比一个鸡下的蛋快100倍，而在空气中从20库比特的高度下落，两者之差将不足四指宽的距离。简言之，一个重物在水中下落10库比特需3小时，而在空气中通过10库比特只需1次或2次脉搏跳动所需的时间；如果重物是一个铅球，则它将易于在水中下落10库比特，比在空气中下落10库比特要求的时间要少两倍多。我敢肯定，辛普里修，在这里你会发现没有异议和反驳的余地。从而我们推出这种论据并不否定真空的存在；但是如果它论证了真空的存在，则它只能是离开真空有相当远的距离，在我看来，我不相信真空在自然界存在，古人也从不相信，虽然它可由力（violenza）产生，就像在不同实验中表明的那样，要在这里描述这些实验会占过多的时间。

萨格：既然辛普里修沉默，我要利用这个机会讲点什么。既然你已经清楚地论证了重量不同的物体在同一介质中运动，其速度不是与其重量成比例的，而它们全是以相同的速度运动，当然，要理解为它们是相同的物质或者至少比重相同；确实不是不同的比重，因为我很难设想你会让我们相信一个软木球与一个铅球会以相同的速度运动；既然你还清晰地论证了相同的物体在阻力不同的介质中运动，其速度并不与阻力成反比，我好奇地想知道在这些情形下什么是实际观察到的比例。

萨耳：这些都是有趣的问题，对它们我曾经考虑过许多。我将告诉你们我所用的方法和最后所得到的结果。一旦确定完全相同的物体在阻力不同的介质中运动要求其速度与介质阻力成反比的命题是错误的，并且还证明了在同一介质中重量不同的物体要求其速度与重量成比例的陈述是错误的（应理解为这也包括只是比重不同的情况），那么我就着手把这两个事实联系起来并且考虑如果重量不同的物体置于阻力不同的介质中将会发生什么；我发现在那些阻力较大，即屈服较小的介质中速度的差别更大。而这种差别正如在通过空气时两个物体的速度几乎没有差别，而在水中，一个物体的下落速度是另一个的10倍。进而，有些物体在空气中快速下落，而置于水中不仅不会卜沉反而保持静止或者上升到顶端；能够找到某些木头，例如结和根，它们在水中静止而在空气中快速下落。

萨格：我常常以极大的耐心试图把沙粒附着在一个蜡球上直到它获得与水相同的比重，从而可以在这一介质中保持静止。但是尽管极尽仔细，我还是从未做到这一点。确实，我还不知道有没有固体物质在本性上其比重与水的比重几乎相等，以至于把它置于水中的任何地方都会保持静止。

萨耳：在这类操作以及其他上千种操作中，动物是胜过人的。在你的这个问题中可以向鱼学习许多，鱼可以非常熟练地不仅在一种水中保持平衡，而且可以在别的显著不同的水中保持平衡，这些水或是天然的，或是混浊的，或是含盐的，每一种水都产生了可观的改变。鱼确实可以如此完美地保持它们的平衡，以至于在任何地方保持不动。我相信，它们做到这一点是借助于一种天生的特别的器官，即处于其体内的一个气囊，并且通过嘴借助于一根狭窄的管子与外界进行气体交换，如果愿意的话，它们能够通过管子排出包含于气囊内的部分空气；当上升到水面上时又可吸入更多的空气；于是随意使它们自己变得比水重或者轻，从而保持平衡。

萨格：借助于另一种装置我能够骗过某些朋友，我曾经对他们夸耀我可以做成一个能够在水中平衡的蜡球。我在一个容器的底部放置一些盐水，而在容器的上部放置一些淡水；然

后我给他们演示这个球停止在水中间，并且当把球下压到底部或提升到上部时球都不会保持在这些地方而将返回到中间。

萨耳：这个实验不是没有用的。当物理学家们要测试水的不同特性，特别是它们的比重时，他们使用这类调整过的球，以至于在某种水中，它既不上升也不下沉。然后在测试别的比重（peso）略为不同的水时，如果水较轻球就下沉，较重就上浮。这个实验是如此精确，以至于向6磅重的水中添加两颗盐粒就足以使沉到水底的球上升到水面。为了说明这个实验的精确性并清楚地表明水对于分割无阻力，我想补充说，比重的显著差别不仅可以通过溶解某些较重的物质产生，而且还可以单靠加热或冷却来产生；而且水对此过程是如此的敏感，以至于在6磅重的水中简单地添加四滴别的稍热或稍冷的水就可以引起球浮起或下沉：当热水注入时球将下沉，而当冷水注入时它将上浮。现在你能够看出那些哲学家是多么错误了吧，他们归因于水的黏性或其他某种各部分之间的内聚力，这些内聚力对部分之间的分离和渗透提供阻力。

萨格：关于这个问题我在我们院士的一篇论文中找到了许多令人信服的论据；但是有一个我未能摆脱的大困难，即，如果在水的粒子之间不存在黏性和内聚力，为什么那些大的水滴能够如浮雕般地立在卷心菜叶子上而不散开或铺开来？

萨耳：尽管那些掌握真理的人能够解答所

有引来的反驳，但我不会冒充我自己有这种能力；不过我不能允许我的无能遮蔽真理。首先让我声明我并不了解为什么这些大的水珠能够呆住并且保持其形状，尽管我确实知道这不是归结于作用在水粒子之间的内部的黏性；由此必然推出这一效果的原因来自外部。除了实验已经证明原因不是来自内部外，我能够另外举出十分令人信服的理由。如果水的粒子被空气包围时保持它们自己成滴是由于一种内部原因，那么当它们被一种介质包围时保持其形状会容易得多，在这种介质中粒子较在空气中不易下落；例如，这种介质可以是任何像葡萄酒那样较空气重的流体；并且由此，如果一些葡萄酒被灌入这种水滴中，葡萄酒就会升高直到整个水滴被覆盖，没有以前分离的、为这种内部黏结力维持在一起的水的粒子出现。不过，事实不是这样；因为一旦葡萄酒接触到水滴，如果葡萄酒是红色的，后者没有等到被覆盖就立刻散布到葡萄酒的下面。因此这一效果的原因是外部的，并且可能在围绕它的空气中找到。确实，犹如我在下面的实验中观察到的，一种可观的对抗性出现在空气与水之间。取一个玻璃罩，其口径如麦秆粗细，用水充满它并使它的口朝向下方；尽管水是十分重的且易于下落，而空气是很轻的且有穿过水上升的趋势，但水不下落而空气不通过开口上升，两者保持不变和对抗。另一方面，一旦我把一杯红葡萄酒放置在这个玻璃罩的开口处，葡萄酒比起水轻得微不足道，立刻会观察到红色条纹慢慢升起进

入水中，而水立刻慢慢地下降到葡萄酒中，没有任何混合，直到最后玻璃罩被葡萄酒充满而水全部进入底下的容器里。那么我们除了说在水和空气之间存在某种我们不了解的不相容性外还能说什么呢，但是也许……

辛普： 我因十分反感而感到想发笑，萨耳维亚蒂反对使用反感这个词；而它是非常适合于解释这个困难的。

萨耳： 完全正确，辛普里修，如果你高兴的话，就让"反感"这个词作为我们困难的解答。回过来，让我们再讨论我们的问题。我们已经看到不同比重的物体速度之差在那些阻力最大的介质中是十分显著的：例如，在水银介质中，黄金不仅比起铅来沉底更快，而且它根本是仅有的下沉的物质；所有其他的金属和岩石都漂浮在表面。另一方面，在空气中黄金、铅、铜和岩石以及其他重材料做成的球之间的速度差别是如此的微小，以至于从100库比特的高度下落的黄金球肯定不会超前于黄铜球四指宽。观察到这一点，我得出的结论是：在完全没有阻力的介质中所有的物体以相同的速度下落。

辛普： 萨耳维亚蒂，这是一种很值得注意的说法。但是我决不相信即使在真空中，如果在这种地方运动是可能的，一绺羊毛和一小块铅会以相同的速度下落。

萨耳： 稍微慢点，辛普里修。你的困难并不是多么深奥，我也不轻率地认为你有理由相信我尚未考虑过这一问题，而且还没有找到适当的解。因此为了证明我的正确和为了给你以

启发，请听听我必须说的一些话。我们的问题是要寻求重量不同的物体在一种缺乏阻力的介质中怎样运动，使得在速度上仅有的差别是由重量不等发生的。因为除了完全没有空气和其他物体之外，没有如此稀薄和易于屈服的介质可以给我们提供我们正在寻求的直觉，并且由于没有这种介质可用，我们应当观察在最稀薄的和阻力最小的介质中发生了什么，与在密度较大的和阻力较大的介质中发生的情况作比较。因为如果作为一种事实，我们发现比重不同的物体之间速度的差别随着介质变得愈来愈易于屈服而愈来愈小，并且如果最后在一种极端稀薄的介质中，虽然还不是理想的真空，我们发现，尽管比重（peso）差异很大，而速度的差异非常小并且几乎是微不足道的，那么我们就证明了在真空中所有的物体极有可能将以相同的速度下落。抱着这种观点，让我们考虑在空气中会发生什么，这里为了有确定的外形和轻材料起见，想象有一个气泡。当气泡被空气围绕时，气泡中的空气重量会很小或为零，因为它可以被轻微压缩；所以它的重量很小，纯粹是气泡表皮的重量，它的质量还不到与气泡同样大小的铅块的千分之一。辛普里修，现在如果让这两个物体从4库比特或6库比特的高度下落，在你的想象中，铅将超前于气泡多少距离？你可能会确信铅比气泡行进快得不是三倍或者两倍，纵然你可能已经使得它快一千倍。

辛普： 在最初4或6库比特高度的下落中可能会像你所说；但是当运动持续稍长的时间，

我相信铅块会把气泡留在后面不仅是距离的6/12以上，而是8/12或10/12。

萨耳： 我十分同意你，并且怀疑不是那样，在很长的距离中，铅块可能走了100英里而气泡仅走过1英里；但是，亲爱的辛普里修，你援引来反对我的命题的这一现象正好证明了我的命题。让我再一次解释比重不同的物体的速度变化不是由于比重的差别而是依赖于外部的环境，特别是依赖于介质的阻力，所以如果去除了阻力，所有的物体会以同一速度下落；这个结果我主要是从你承认的而且是十分真实的事实推断出来的，即，在重量区别很大的物体的情形下，当通过的距离增大时它们的速度差别愈来愈大，如果这种效果是依赖于比重差别的话，有些情况就不会发生。因为若比重保持为常数，通过的距离之间的比例也应当保持为常数，然而事实是当运动持续时这个比例持续增加。于是一个十分重的物体在下落1库比特时，不会比很轻的物体超前这一距离的1/10；但是在下落12库比特时，重的物体会超过轻的物体1/3，而下落100库比特时会超过90/100，等等。

辛普： 很好，但是按照你论证的思路，如果比重不同的物体的重量差别不能产生速度比例的变化，在地面上它们的比重确实并不改变，为什么那些我们假定保持不变的介质可能使它们的速度之比变化呢？

萨耳： 你对我的论断的这一反驳是聪明的；因此我必须面对它。我以下面的话来开始，一个重物有一种以不变的均匀加速度向共同引力中心运动的内在趋势，即向着我们地球的中心，所以在相等的时间间隔中它得到同等的动量与速度的增加。你必须了解，只要所有外部的和非本质的障碍被除去，这一点必然成立；但是在这些障碍中有一种我们永远不能除去，即，可以被落体穿透和刺入的介质。这种平静的、易屈服的、流动的介质以与速度成比例的阻力反抗穿过它的运动，而介质以这种速度给穿过它的物体让路；如我所说，这个物体以其本性连续地被加速，以至于遇到愈来愈大的介质内的阻力，因而降低了速度的增长率，直至最后速度达到这样一点，并且介质的阻力变得如此之大，它们彼此平衡，阻止任何进一步的加速并且使物体的运动变为匀速运动，其后速度保持常数值。因此，有一种介质阻力的增加，不是由于它的本质属性的任何改变，而是由于物体速度的变化，在此速度下介质必须屈服并为具有恒定加速度的落体从旁让路。

现在看到空气阻力对气泡小动量（momen-to）的影响是多么大和对铅块的大重量（peso）的影响是多么小，我确信，如果介质被完全除去，气泡得到的优势是如此的大而铅块得到的是如此的小，结果使它们的速度相等。假设这个原则是成立的，即所有落体在一种介质中获得相同的速度，由于真空或其他某些介质对运动速度没有阻力，我们将能够因此确定相似的和不相似的物体通过相同介质或充满空间的不同介质（因而有阻力）运动时的速度比例。我

们可以由观察得到，有多少介质的重量是由运动物体的重量转移的，这里重量是被落体用于打开一条通路和把一部分介质推到旁边的，在真空中这些事情就不会发生，因此在那里比重的差异并不带来速度的差别。并且因为，如我们所知，介质的效果是使物体的重量因被介质的重量取代而变小，我们可以用减小落体速度比例的方法达到我们的目的，我们假设这些物体在无阻力介质中的速度是相等的。于是，例如，设想铅是空气重的10000倍而乌木仅是空气重的1000倍。这里我们有两种物质，它们在一种没有阻力的介质中下落的速度是相等的；但是，当介质是空气时，铅的速度将减少1/10000，而乌木的速度将减少1/1000，即前者的10倍。因此，倘若空气的延迟效果被除去，铅和乌木在相同的时间间隔内从任意给定的高度下落，在空气中铅的速度会损失1/10000；而乌木损失1/1000。换句话说，如果把物体下落起点的高度分割为10000份，当铅达到地面时，乌木落后10份或者至少是9份。一个铅球从200库比特高的塔顶下落，将比乌木球超前不少于4英寸，这还不清楚吗？现在乌木是空气重量的1000倍，而这个鼓胀的气泡只有4倍；于是空气使乌木固有的和自然的速度减小1/1000；而如果没有障碍的话，同样，气泡的速度缩小1/4。因而当乌木球从塔顶下落达到地面时，这个气泡仅通过了这段距离的3/4。铅是水重的12倍，而象牙只有水的两倍重。当完全不受阻碍时，这两种物质的速度是相等的，在水中它们

的速度会减小，铅减小 1/12，象牙减小 1/2。因此，当铅在水中下落 11 库比特时，象牙才下落 6 库比特。我相信，应用这一原则我们会发现与亚里士多德相比，我们的计算与实验相符合的程度要高得多。

用类似的办法，不是比较介质阻力的差别，而是考虑物体比重对介质比重的超过部分，我们可以求出相同的物体在不同的流体介质中的速度之比。例如，锡比空气重 1000 倍、比水重 10 倍；所以，如果我们把它不受阻碍的速度分为 1000 份，空气将使其失去其中的一份，因而它将以速度 999 下落，而在水中它的速度将是 900，我们看到水减少了它的重量的 1/10，而空气仅减少 1/1000。

再取比水稍重的一块固体，例如橡木，一个橡木球比方说重 1000 打兰（drachma=dram，重量单位，1 dram ≈ 1.771 克）；假设同体积的水的重量是 950，而同体积的空气重量是 2；那么显然，假如球不受阻碍的速度是 1000，在空气中的速度将是 998，而在水中的速度仅为 50，我们看到水除去了物体重量 1000 份中的 950 份，只剩下 50 份。

因为空气的比重是水的比重的 1/20，这样的固体在空气中的运动速度几乎是在水中的 20 倍。并且在这里，我们必须考虑只有那些比重比水大的物质才会在其中下落这一事实，于是这种物质必然比空气重 100 倍，所以当我们企图得到在水中与空气中的速度之比时，我们可以在没有显著误差的条件下假定空气没有在很

大程度上减少自由重量（assoluta gravità），从而不减少这些物质的无阻碍速度（assoluta velocità）。有了这些，就易于发现这些物质超过水的重量，我们可以说它们在空气中的速度和在水中的速度之比就是它们的自由重量（totale gravità）与超过水的重量之比。例如，一个象牙球重 20 盎司，与它同体积的水重 17 盎司，所以象牙球在空气中与在水中的速度近似比是 20 : 3。

萨格：在这个真正有趣的论题上我已经迈出了一大步，对此我曾经长期费力而徒劳。为了把这些理论应用于实践，我们仅需发现一种以水为参考的确定空气比重的方法，因此也是以其他重物质为参考的方法。

辛普：但是如果我们发现空气是极轻的而不是重的，那么关于以前的讨论，从另一方面看是很聪明的讨论，我们能说些什么呢？

萨耳：我应当说那是空的、虚无的与不重要的。但是，当你有亚里士多德关于除火以外所有的元素（包括空气）都有重量的清楚的证据，你能怀疑空气具有重量吗？作为证据他引用了皮革瓶子鼓胀时比瘪掉时更重的事实。

辛普：观察到鼓胀的皮革瓶子或气泡的重量增加，我倾向于相信，这并不是由于空气的重量，而是由于在这些较低的地方有许多浓的蒸汽与空气相混合。我把皮革瓶子增加重量归因于此。

萨耳：我不会考虑你现在说的这些，更不会将它归功于亚里士多德；因为，如果说到元

素，他想以实验说服我空气是有重量的，并可能对我说"取一个皮革瓶子，把它充满重蒸汽，然后观察重量是怎样增加的"，我会回答说如果把瓶子装满糠，称起来会更重，然后补充说这只不过证明了糠和浓蒸汽是重的，但说到空气我会像以前一样，仍然保留同样的怀疑。无论如何亚里士多德的实验是好的并且他的命题是正确的。不过我不能取其表面的价值，如对另外的某种考虑说得那样多，这种考虑是一个我忘了名字的哲学家提出的；但是我知道我曾经读过他的论据，说空气表现出比起"轻"要重得多，因为它带着重物向下比起带着轻物上升更容易。

萨格：真好！按照这种理论空气比水重得多，因为所有重物在空气中比在水中更容易被带着向下，并且所有轻物在水中比在空气中更容易漂浮向上；进而有数不尽的重物在空气中下落而在水中上升，并且有数不尽的物质在水中上升而在空气中下落。但是，辛普里修，皮革瓶子的重量是由于浓的蒸汽还是纯空气的问题并不影响我们发现物体通过充满蒸汽的大气怎样运动的问题。我希望现在回到我更有兴趣的问题，为了对这件事获得更完全和更全面的知识，不仅为了加强我对空气具有重量的信念，而且如果可能的话我想知道空气的比重有多大。因此，萨耳维亚蒂，在这一点上如果你能满足我的好奇心，请求你这样做。

萨耳：亚里士多德的鼓胀的皮革瓶子的实验最终地证明了空气具有确定的重量，而不是如有些人相信的那样是极轻的，可能没有任何物质具有极轻这种性质；因为如果空气具有绝对轻和确实极轻这种性质，它在被压缩时应当表现得更轻，因此有更大的上升的趋势；但是实验表明正好与此相反。

至于说到另外的问题，即怎样确定空气的比重，我用了如下的方法。我取一只相当大的具有狭窄瓶颈的玻璃瓶，戴上一个皮革的套子，在瓶颈周围把套子紧紧地捆住：在套子的顶部我插入并且固紧了一个皮革瓶子的阀门，通过它我用一个注射器把大量空气压入玻璃瓶中。既然空气是易于浓缩的，就可以把体积等于瓶子的二或三倍的空气泵入这个瓶子。之后，我拿一架精密的天平以极高的精度称量这只带有压缩空气的瓶子，以细沙校准砝码。然后，我打开阀门让压缩的空气跑掉；再把细颈瓶放回天平上的原处，我发现它可察觉地变轻了；我们现在移去曾被用来计重的沙子，将为再度保持平衡必须去掉的沙子放在一边。在这样的条件下，无疑放在一边的沙子的重量代表被压入细颈瓶后又跑掉的空气的重量。但是这个实验毕竟只告诉我压缩空气的重量与从天平上移下来的沙子的重量是相同的；可是要使我们确实和明确地知道空气的重量，将它与水或任何其他的重物质相比较，如果不首先测量压缩空气的体积我还是不抱希望的；我为这种测量设计出下面两种方法。

第一种方法是取一只类似于前面的具有狭窄瓶颈的瓶子；在瓶口上放一根皮革管子，在瓶颈周围将它捆住；管子的另一端包着置于第一只长颈瓶上的阀门，也紧紧地捆在第一只瓶外面。在第二只长颈瓶底部开一个洞，一根铁棍可以从洞插入，以便在需要时开启以上阀门，从而允许第一个瓶子中称量过的剩余空气跑出；但是第二只瓶子中必须充满水。在按照上述的方式准备好一切之后，用棍子打开阀门；空气将冲进装有水的长颈瓶并且驱动水通过底部的洞，显然排出的水的体积（quantità）等于从另一个容器跑出的空气的体积。在把这些排出的水另行放置后，称量空气已跑掉的容器（假定在装着压缩空气时已经被称过），并且如前所述移去多余的沙子；显然这些沙子的重量准确地等于与被排出的另外放置的水等体积的空气的重量；我们可以称量这些水并且求出它的重量是被移去的沙子重量的多少倍，于是就明确地确定了水比空气重多少倍；与亚里士多德相反，我们发现这不是 10 倍，正如我们的实验所显示的，它更接近于 400 倍。

第二种是更为快捷的方法，并且能够用配置如第一只瓶的单独一个容器来实施。这里没有空气补入容器中，容器自然地包含空气，为了不让空气逃出而压入水；注入的水必然压缩空气。尽可能多地向容器中压入水，例如把它充满到 3/4，这无须特别的努力，把它放在天平上并精确地称量；接着令容器的口朝上，打开阀门并允许空气外逸；于是逸出的空气的体积精确地等于包含在瓶中的水的体积。再一次称量容器，由于空气外逸其重量会减少；损失的

重量代表与包含于容器内的水等体积的空气的重量。

辛普：没有人能否认你的装置的灵巧和独创性；但是当它们看上去给出完全的知识上的满足时却从另一个方向上把我弄糊涂了。既然在适当放置时空气元素既不重也不轻，这无疑是真实的，我不能理解为什么这样的情况是可能的：一部分表现出比方说 4 打兰沙子重的空气在空气中果然会有和沙子一样的重量。因而对我来说，这个实验应当作，但不是在空气中，而是在一种能使空气显示出其重量性质的介质中，如果这样的重量性质确实有的话。

萨耳：辛普里修的异议的确是中肯的，因而要么无法回答要么需要一种同样清晰的解答。完全显然，在压缩状态下称量与沙子一样重的空气，一旦逃逸到它自己的自然状态中就失去这个重量，这时沙子确实是保持它的重量的。所以为了做这个实验必须选择一个地方，在那里空气和沙子一样受重力的作用；因为，如经常注意到的，介质减少了沉浸于其中的物体的重量，其减少值等于被置换的介质的重量；所以空气处于空气中就失掉它自己的全部重量。于是如果精确地做这一实验，应当在真空中进行，在那里每一种重物都没有丝毫减少地表现出它的重量。那么，辛普里修，如果我们在真空中称量一部分空气，你是否满意和认可这个事实呢？

辛普：对，但是这种打算或要求是不可能的。

萨耳：假如为了你，我完成了不可能的事，你的功劳是很大的。但是我不想把已经给你的东西再向你推销；在前面的实验中我称量空气是在真空中而不是在空气或其他介质中。辛普里修，任何流体介质使浸入它的物体的重量减少这一事实，是由于这一介质被打开，推向旁边，最后被向上举而产生抗力。这一点可以从流体迅速冲入而充满原来被物质占据的任何空间而明显看到；如果这一沉浸不影响介质，那么它就不会给被沉浸的物体以反作用。当你有一只细颈瓶，在空气中充满了相当数量的自然空气，然后往容器里泵入更多的空气，现在告诉我，这些额外充入的空气是否以任何方式分离、分割或是改变周围的空气？或许是容器膨胀使得周围的介质被取代以便给出更多的空间？当然不是。于是可以说，空气的这种额外的填充不是沉浸于周围的介质中，因为它没有占据空间，而是在一种真空中。确实，真的是在真空中；因为它扩散到未被原来的非浓缩空气完全充满的空间之中。事实上我就没有看出密闭的介质和周围的介质有什么差别：因为周围的介质不对密闭的介质施压，并且反之亦然，密闭的介质不对周围的介质施压；相同的关系存在于任何物质在真空中的情况，对额外压缩到细颈瓶中的空气也是这样。于是这些浓缩空气的重量与把它释放到真空中时是相同的。当然用于平衡的沙子的重量在真空中比在自由空气中会稍大。那么我们必须说这些空气比用来平衡它的沙子稍轻，也就是说，其重量差等于与沙子同体积的空气在真空中的重量。①

辛普：我看，过去的实验还留下一些事情有待改进，不过现在我完全感到满意了。

萨耳：我提出的事实归结为一点，特别是，它表明即使是重量差别非常大，落体的速度也不能随之改变，所以虽然涉及不同的重量却具有相等的下落速度：让我说，这一思想是如此

———————

① 关于这一点，在原版的一个有评注的版本中伽利略做了如下的注释。

萨格：一次非常聪明的讨论，解决了一个令人惊奇的问题，因为它简明和扼要地说明了一种方法，即可以简单地在空气中称一个物体来求得它在真空中的重量。解释如下：当一个重物沉浸在空气中，它损失的重量等于与其本身同体积（mole）的空气的重量。所以如果无膨胀地将空气加到一个物体上，则可得到它在真空中的绝对重量，因为无须增大它的尺寸，只要添加沉浸于空气中所损失的总量就已经补偿了它。

所以当我们把一定量的水压进一个已经包含正常数量空气的容器中，不允许这些空气有任何逃逸，显然这些正常数量的空气将被压缩和浓缩到一个较小的空间中，以便给压入的水腾出空间；空气被压缩的体积等于补充的水的体积也是显然的。如果现在在这种条件下容器被在空气中称量，显然水的重量会增加等体积空气的重量；所得到的水和空气的总重量等于仅有水在真空中的重量。

现在记录整个容器的重量然后令压缩的空气跑掉；称量剩下的容器，这两个重量之差将是压缩空气的重量，空气在体积上等于水的体积。下一步是求仅是水和附加于其上的压缩空气的重量；于是我们就有了只是这些水在真空中的重量。为了求水的重量，我们必须从容器中把它取出后单独称量容器；从容器与水的总重量中减去它。显然剩下的将是空气中水的重量。——英译者注

之新，一眼看来距离事实是如此之远，以至于如果我们没有方法把它弄得像阳光一样清楚，就最好别提它；但是一旦允许我说到它，我必须忽略还没有实验和论据来建立它。

萨格： 不仅这一点而且你的其他许多观点都离普遍接受的意见和学说如此之远，以至于如果你把它们发表出来，你就会招来众多的反对者；因为人类的天性是不会高兴地看到在他们的领域中的发现——不管是真理还是谬误，只要这是由别人而不是自己发现的。他们称那个人为教义的革新者，这是一个不讨人喜欢的称谓，他们希望以此来割掉他们解不开的结，并且他们希望寻找隐藏的矿产去摧毁耐心的工匠以传统工具已经建立起来的结构。就没有这种思想的我们自己来说，迄今你引用的实验和论据是完全令人满意的；然而，如果你还有任何更直接的实验或者更有说服力的论据，我们很高兴听。

萨耳： 用来探知重量很不同的两个物体从一个给定的高度下落是否速度相同的实验呈现出某些困难；因为如果高度是相当可观的，则被落体穿过和推开的介质所起的减速效果，对于非常轻的物体的小动量的情形比起重物体受到大的力（violenza）的情形会更大；于是，经过一段长的路程轻的物体就会落后；如果高度小，人们会怀疑其间是否有差别，而且即使有差别也是微不足道的。

于是我用以下的方式重复多次物体从小高度下落的实验，可以把那些重物与轻物分别到

达共同的终点所消耗的时间之差的小间隔积累起来，以使这个积累形成的时间间隔不仅是可观察的，而且是易于观察的。为了使用可能的最低速度以减小有阻力的介质对简单的重力效果产生的变化，我允许物体沿着一个与水平稍微倾斜的平面下落。因为在这个平面内可以发现具有不同重量的物体的行为，正如同在垂直平面内一样；此外，我还想去掉由运动物体与上述斜面接触产生的阻力。因此我取两个球，一个是铅的而另一个是软木的，前者比后者重100多倍，用两根4或5库比特长的等长细线把它们悬挂起来。把每一个球从铅直位置拉到旁边，我在同一时刻放开它们，它们就沿着以这些等长线为半径的圆周下落，穿过铅垂位置，并且沿同一路径返回。重复一百次的这种自由振动（per lor medesime le andate e le tornate）清楚地说明重物与轻物的周期保持得如此接近，以至于在一百次摆动甚至一千次摆动内，前者都不会有瞬间（minimo momento）超过后者，它们是如此完全地同步。我们还能够观察到由于介质对运动的阻力，软木球振动的减小比铅球大，但都不改变两者的频率；即使当软木球扫过的弧度不超过5°或6°而铅球是50°或60°时，摆动仍然表现为等时的。

辛普： 如果是这样的话，看到铅球通过60°而在同一时间内软木球仅仅6°，为什么前者不比后者快？

萨耳： 辛普里修，如果在同一时间内它们两者走过的路程是，当把软木球拉开30°时它走

过一段 60° 的弧，而把铅球仅拉开 2° 时它走过一段 4° 的弧，你还会说些什么？难道软木球的速度不是成比例地加快吗？而且这也是实验事实。请观察：把铅球摆拉到旁边，比方说通过一段 50° 的弧，然后把它放开，它在铅垂位置附近差不多以 50° 的幅度摆动，这样就画出一段近乎 100° 的弧；在往回摆时它画出的弧小一点；并且在经过很多次这样的摆动之后它最终归于静止。每一次摆动，不管是 90°，50°，20° 或 4° 都占用相同的时间：因此运动物体的速度不断减小，因为在相等的时间间隔内它通过的弧愈来愈小。

严格地说，用一根长度相等的线悬挂的软木球摆也会发生同样的事情，所不同的只是它回到静止需较少的振动次数，因为它较轻，克服空气阻力的能力就较小；然而不管在时间间隔内的摆动是大是小，这些时间间隔不仅彼此相等，而且等于铅球摆的周期。所以，如果铅球走过一段 50° 的弧，软木球只走过 10° 的弧，软木球的运动比铅球慢，这是事实；但另一方面软木球可以走过一段 50° 的弧而铅球仅通过一段 10° 或 5° 的弧也是事实；于是，在不同次的实验中，我们发现时而软木球快时而铅球的运动更快。但是如果这些相同的物体在同一次实验中通过相等的弧，我们就可以确信它们的速度是相等的。

辛普：我对承认这一论据有些犹豫，因为你使两个物体运动时而快，时而慢，时而非常慢；这引起了混乱，使我怀疑它们的速度是否总是相等。

萨格：对不起，萨耳维亚蒂，请允许我说几句。辛普里修，现在告诉我，你是否确实承认我们可以说软木球的速度和铅球的速度是相等的，只要两者同时从静止启动并且在同一斜面上下落，在相等的时间内总是通过相等的距离？

辛普：这一点既不能怀疑也不能反对。

萨格：现在发生的事情是，在单摆的情形下，每一个摆通过时而 60° 时而 50° 或 30°，10°，8°，4°，2° 等的弧；并且当两个摆都摆动通过一段 60° 的弧时，它们是在相等的时间间隔内完成的；当弧是 50°，30°，10° 或其他度数时，会发生同样的事情；于是我们的结论是，铅球在一段 60° 的弧上的速度等于软木球也在一段 60° 的弧上摆动的速度；在 50° 弧的情形下这些速度也是彼此相等的；对其他度数的弧的情形也是这样。但是这并不是说，在 60° 弧上产生的速度与在 50° 弧上产生的速度相同；50° 弧上的速度也不等于 30° 弧上的速度，等等；但是弧愈小速度就愈小；所观察到的事实是完全相同的运动物体通过一段 60° 的大弧与通过一段 50° 的小弧甚至十分小的 10° 的弧，需要的时间是相同的；确实，所有这些弧都是在同一时间间隔中走过。于是事实是，铅球和软木球都以减小它们经过的弧的比例减小它们的速度（moto）；不过这与它们在相等的弧上保持速度相等的事实并不矛盾。

我说这些事情的理由不是因为我想知道我是否正确地理解了萨耳维亚蒂，而是我认为辛普里修需要比萨耳维亚蒂所给的更为清晰的解释，这种解释对他来说像任何别的事情一样，是极为清楚易懂的，以至于当他解决不仅是表面的困难而且是事实上的困难时，他以对每个人都普遍的和熟悉的道理、观察和实验来做到这一点。

就我从不同的来源得知，他以这种方式使一位高度受人尊敬的教授低估了他的发现，认为这些发现是平凡的，并且是建立在一般的和平庸的基础上的；好像它不是论证科学的一个非常令人钦佩和值得称颂的特点，而是由所有人都熟悉和承认的一些原则突然提出和发展起来的。

但是让我们继续这一轻松的讨论；如果辛普里修乐意理解并且承认不同落体的固有重力与观察到的它们之间的速度差别无关，以及就速度对重力的依赖而言，所有的物体将以相同的速度运动，萨耳维亚蒂，请告诉我们，你怎样解释可感知的和明显的速度的不等；还请回答辛普里修强烈的异议——同时也是我的异议，即一个大炮弹下落得比子弹更快。依我的观点，可以期望具有同样质量的物体在任何单一介质中的运动速度差很小，不过较大的物体会在一次脉搏期间下落一段距离，这个距离是较小的物体在一个小时、四个甚至二十个小时也通不过的；例如在石头和细沙的情形，特别是在浑浊水中的、在数小时内下落不到2库比特的极细的沙子，这是不太大的石头在一次脉搏时间内通过的距离。

萨耳： 介质对那些具有较小比重的物体产生一种巨大的减速作用，这已经可以通过显示物体经受的重量减小来解释。不过要解释为什么同种介质使材料相同、形状相同而只是大小不同的物体其减速效果如此不同，这与解释在物体具有更为展布的形状和介质相对物体作反向运动这两种情形下，物体的速度将怎样减小相比较，后者需要作更细致的讨论。我想，目前问题的关键在于一般地和几乎必然地可在固体表面上存在的粗糙度和多孔性。当物体运动时，这些粗糙的地方撞击空气或周围其他的介质。这一点的证据是当物体快速通过空气时伴随的嗡嗡声，即使物体尽可能是圆形也是这样。只要物体表面存在任何可感知的孔洞或突起，人们不仅可以听到嗡嗡声，而且还有咝咝声和口哨声。我们还观察到一个圆形的固体物体在车床上旋转时产生一种气流。不过我们还需要什么呢？当一只陀螺在地上以其最大的速度旋转时，难道我们没有听见一种清楚的高音调的嗡嗡声？当陀螺的旋转速度减慢时这种声音的音调则降低，这就是物体表面上这些小的皱褶遇到空气阻力的证据。因而无可置疑，在下落物体运动时这些皱褶撞击周围流体并减小其速度；表面愈大这种现象就成比例地表现得愈明显，这就是小物体与较大物体相比时的情况。

辛普： 请等一会儿，我有点困惑。因为尽管我理解和承认介质与物体表面的摩擦减慢了它的运动，并且如果其他条件都是相同的，较大的表面有较显著的减速，但我没有看出你根据什么说较小物体的表面更大。另外，如果如你所说，较大的表面有较大的减速，那么较大的物体应当运动得更慢，而这不是事实。不过这个异议易于面对以下说法：尽管较大的物体有较大的表面，但它还有一个较大的重量，与重量之差相比，较大的表面的阻力并不比较小的表面的阻力大；所以较大的固体的速度并不变得更小。于是我看出，只要驱动重量（gravità movente）与表面的减速能力以同样比例减小，就没有理由指望速度有任何差别。

萨耳：我立刻回答你所有的异议。当然，辛普里修，你会承认：如果我们取两个同样材料、同样形状的物体，两个物体会以相同的速度下落；而如果其中一个物体的重量（保持外形的相似性）以和表面相同的比例减小，则其速度不会因此而减慢。

辛普：这个推论好像与你的理论是一致的，你的理论说物体的重量对它的运动既没有加速也没有减速的效果。

萨耳：我完全同意你的这一看法，从中可得出，如果物体的重量以大于其表面减小的比例减小，运动会在一定程度上减速；而这种减速将随其重量以超过表面的减小而减小时，它将成比例地愈来愈大。

辛普：我毫不犹豫地承认这一点。

萨耳：辛普里修，现在你必须知道，一个固体物体的表面要与重量按同样比例减小，同时又保持其外形的相似性是不可能的。因为，既然我们清楚地知道，在一个固体缩小时，重

量以与体积相同的比例变小，且既然要保持相同的外形，因而体积将减小得比表面积快，从而重量肯定比表面积减小得快。但是几何告诉我们，对于相似的固体，两个体积的比例大于它们的表面积的比例；为了更好地理解这一点，我用一个特殊情形来说明。

例如，取一个边长为 2 英寸的立方体，则每一个面的面积为 4 平方英寸，而总表面积，即 6 个面的和，总计为 24 平方英寸；现在假想这个立方体被锯三次，被分为 8 个小立方体，每一个边长为 1 英寸，每个面为 1 平方英寸，因而每个小立方体总表面积为 6 平方英寸，而不是如大立方体的 24 平方英寸。于是显然小立方体的表面积只有大立方体的 1/4，即 6/24；但是小立方体的体积只有大立方体的 1/8；因而，体积，从而还有重量，比表面积减小得快得多。如果我们再把小立方体分割为 8 个立方体，我们会有，这样一个立方体的总表面积为 1.5 平方英寸，它是原来立方体表面积的 1/16；但是它的体积只有原来的 1/64。这样一来，由于两次分割，我们看到体积减小是表面积减小的 4 倍。如果这种分割继续下去直到原来的固体被减小为一种细粉，我们会发现这些最小粒子之一的重量减小是其表面积减小的成百上千倍。我以立方体的情形来说明的这一结论对于所有相似的固体也是成立的，这时体积和它们的表面积保持 2 与 3 之比。现在再来看看，由于运动物体的表面与介质接触所产生的阻力在小物体与在大物体的情形相比到底增大了多少；当考虑到在细小灰

尘粒子的非常小的表面上的皱褶也许并不比仔细抛光的较大固体的表面上小时，就会知道介质应当是流动性强的并且当被推到旁边时不产生阻力是多么的重要，这将易于产生小的阻力。于是，辛普里修，你看，不久前我说小固体比起大固体其表面积大，没有说错吧。

辛普： 我十分信服；并且请相信我，如果再一次开始我的研究，我应当遵循柏拉图的建议而从数学着手，它是一门非常严谨并且没有严格论证就什么也不承认的科学。

萨格： 这种讨论让我非常愉快；不过在往下进行之前我想听听对你的一个用语的解释，它对我是陌生的，即，相似的固体体积之间与其表面积之间的比为 2 与 3；因为尽管我已经理解了那个说明相似的固体的表面积之比是它们的边长比的二次方的命题和体积比是边长比的三次方的命题，我还没有太多听到涉及固体的体积与其表面积之比的事。

萨耳： 你自己已经给出了你的问题的解答并且消除了所有的疑惑。因为如果一个量是某个量的立方而另一个量是它的平方，难道不能推出立方是平方的 3/2 次幂？肯定能。现在如果表面积的改变是它的线尺度的平方而体积的改变是这些尺度的立方，难道我们不能说体积与表面积之比保持 3/2 次幂？

萨格： 完全是这样。虽然现在还有某些与所讨论的论题有关的细节，关于它们我还是会提出问题的，但如果我们照这样一次又一次地离题，在到达我们主要的论题，即寻求固体物

体对断裂的抗力的各种各样的性质之前会花费很长的时间；因此，如果你高兴的话，让我们回到我们原先提出讨论的题目上。

萨耳： 很好；但是我们已经考虑的问题是如此多和如此不同，并且已花费了如此多的时间，以至于今天没有多少时间留给我们的主题，它充斥着需要仔细考虑的几何证明。因此，是否让我建议我们把讨论推迟到明天，不仅是因为刚才提到的理由，而且为了我可以把我的一些文章带来，在其中我已经把那些涉及这一主题的各个方面的定理和命题有条不紊地记载下来，单凭回忆，我不能把事情安排得得体有序。

萨格： 我完全赞成你的意见，并且从心底完全同意，因为这会留下今天的时间来讨论我的与刚讨论过的论题有关的困难。一个问题是我们是否可考虑足以使材料非常重、体积非常大的球形物体的加速度消失的介质阻力。我说球形是为了选择一种包含在最小表面内因而阻力较小的体积。另一个问题涉及摆的振动，它可以主要从以下两个观点来看：第一，是否所有大的、有介质的和小的振动都是严格和精确等节拍的；其次，寻找由不等长的细线悬挂的摆振动的时间比率。

萨耳： 这些是有趣的问题：不过我恐怕，和其他所有的情形一样，如果我们讨论其中的任何一个问题，会由它引出许多其他事情和稀奇古怪的结果，以至于今天剩下的时间不够讨论全部内容。

萨格： 如果这些是和以前一样令人感兴趣

的事情，从现在到黄昏剩余多少小时，我就愿花费那么多天的时间，并且我敢说辛普里修对于这些讨论也不会感到厌倦。

辛普： 绝对不会；特别是当这些问题属于自然科学范畴且没有被别的哲学家讨论过。

萨耳： 现在开始第一个问题，我可以毫不犹豫地断言没有如此大的或者由如此紧密的材料构成的球，尽管介质的阻力非常小，也会制止它的加速度并在一定时间内使它的运动变为均匀；这一论述被实验强有力地支持。因为如果一个落体随着时间的继续获得你想要的速度，则没有由外力（motore esterno）产生的这种速度可以如此地大，物体会首先获得这个速度，其后由于介质的阻力又失掉它。这样，例如，如果一枚炮弹在空气中下落了一段 4 库比特的距离，并且获得了一个比方说 10 个单位（gradi）的速度后落入水面，并且如果水的阻力不能够降低炮弹的动量（impeto），则炮弹要么速度增加要么保持匀速运动直到到达底部；但是观察到的事实不是这样；相反，当水仅有几库比特深时，水阻碍了运动并使运动减速，使得炮弹只给河床或湖底很小的冲击。那么显然，如果在水中一段短距离的下落会夺去炮弹的速度，则甚至下落 1000 库比特也不能够获得这一速度。一个物体下落了 1000 库比特，怎样才能获得它在下落 4 库比特时所失掉的速度？还需要什么呢？难道我们没有观察到由大炮给炮弹的巨大动量，由于在水中通过几库比特的距离而减弱，以至于炮弹完全伤不到轮船而仅仅击中它而已？

甚至是空气，尽管是一种非常易屈服的介质，也能够减慢落体的速度，这从类似的实验是易于了解的。如果一杆枪从一座非常高的塔顶向下射击，比起从只有 4 库比特或 6 库比特的高处向下射击，对地面会产生较小的压力；显然，从塔顶发射的炮弹的动量从它离开炮筒的瞬时直到到达地面时连续地变小。因此，不管从多高的地方下落，都不足以补给物体由于空气阻力所损失的动量，不管最初它获得的动量有多少。类似地，在距离为 20 库比特处对一座墙射击所产生的破坏效果无法与同样的子弹从任何高度下落时完全一样。于是，我的看法是，在自然界的条件下，任何物体从静止下落的加速过程会达到终止，而介质的阻力最终把它的速度变为常值，此后保持不变。

萨格： 在我看来，这些实验对我们的目的来说是很有价值的；仅有的问题是，在物体（moli）非常大而且非常重的情况下，反对者是否不会大胆地否定事实，或者声称一枚炮弹从月亮的距离或大气层上面下落时，会给出比起它刚离开炮口时更重的打击。

萨耳： 无疑会出现许多异议，不是全能够由实验驳倒的。然而在这种特殊的情形中必须顾及下面的考虑，即，一个重物从一个高度下落到地面获得的动量非常可能恰好是把它带到那个高度所必需的动量；如同在一个相当重的摆上所清楚地看到的，当把它由铅垂拉到 50° 或 60° 时，它会精确地获得足以把它带到一个相等高度的速度和力，仅除去由于空气摩擦所损失的一小部分。为了把一枚炮弹放置在这样一个高度，使得火药在离开炮时给予炮弹的动量恰好足以使它达到那个高度，我们只需用同一门炮铅直向上发射它；然后我们可以观察回落时它所给的冲击是否等于炮弹射击附近范围时的冲击；按照我的看法，它要弱得多。因此，我想，空气的阻力会阻碍炮口速度，这一速度等于在任何高度从静止开始自然下落的速度。

现在我们来讨论第二个关于摆的问题，一个对很多人来说是枯燥无味的问题，特别是对于那些不断忙于自然界更深奥的问题的哲学家。然而，这是一个我不敢轻视的问题。我被亚里士多德的例子所鼓舞，我特别佩服他是由于他从不舍弃每一个他认为在任何程度上值得考虑的论题。

被你的询问推动，我会告诉你我对某些音乐问题的想法，一个极好的题目，对此好多显赫的人物曾经写过：在这些人中有亚里士多德，他讨论过许多有趣的声学问题。因此，如果基于一些容易的和确实的实验解释声学领域中的某些引人注目的现象，我希望我的解释能够得到你们的认可。

萨格：我将不仅是感激地而且是热切地接受它们。因为，尽管我以玩每一种乐器为乐事，并且已经对和声给予可观的注意，但我未曾能够完全了解为什么音调的某些组合比起别的组合更令人愉快，为什么某些组合不愉快而且是非常令人讨厌的。于是，有一个古老的关于两根绷紧的同音弦的问题：当其中之一发声时，另

一根开始振动并发出它自己的音符；并且我也不了解各种和声比例（forme delle consonanze）问题及其他细节。

萨耳：让我们看看是否能从摆出发得出所有这些困难的又令人满意的解答。首先，关于完全相同的摆是否都准确地在相同的时间内进行它的大的、有介质的和小的振动的问题，我将信赖已经从我们的院士那里所听到的知识。他曾清楚地说明，下落的时间沿着所有的弦是相同的，不管它们所对的弧是怎样的，对于180°的弧（即整个直径），以及对100°, 60°, 10°, 2°, 0.5°或4′的弧都是一样的。当然我们理解这些弧都终止在圆与水平面相切的最低点。

现在如果我们考虑沿着弧而不是沿着它们的弦线下落，假设这些弧不超过90°，那么实验显示它们都在相等的时间内通过；但是通过弦的时间大于通过弧的时间，这是一个更值得注意的现象，因为乍一看人们会以为相反的情形是真实的。因为既然两个运动的终点是相同的，并且两点之间直线最短，那么沿着这根直线的运动用最短的时间似乎是合理的；但事情不是这样的，最短的时间从而最快的运动都是沿着以这根直线为弦的弧的运动。

至于以不同长度的线悬挂的物体振动的时间，它们之间的比例是悬线长度的平方根之比；或者可以说长度之比是时间的平方之比；因此如果一个人想使一个摆的振动时间是另一个摆的2倍，他就应当使其悬线长度是后者的4倍。类似地，如果一个摆的悬线长度是另一个的9

倍，则第二个摆将在第一个摆振动一次的时间内振动 3 次；由此得出，悬线长度与同一时间内振动次数的平方成反比。

萨格：那么，如果我正确地理解了你，我就能够很容易地测量一根弦的长度，其上端系于任何高度甚至这个端点是看不见的，而我只能看见下端。如果我能触及这根弦下端的一个相当重的物体，并且给它一个往返的运动，如果我请一位朋友对它的振动计数，而同时在同一时间间隔内我对一个长度准确地是 1 库比特的摆的振动计数，则在知道每一个摆在给定时间间隔内的振动次数后，我们就可以确定弦的长度。例如假设我的朋友数得长的弦振动 20 次，而在同一时间内我对长度为 1 库比特的摆的计数为 240；把两个数 20 平方和 240 平方，即 400 和 57600，那么我说，长的线包含长度的 57600 个单位，而我的摆包含 400 个单位；因为我的弦长是 1 库比特，我用 400 去除 57600 得 144。由此我会称这根弦的长度是 144 库比特。

萨耳：特别如果你观察一个大数目的振动，你的误差不会超过一掌宽。

萨格：每当你从这类普通的甚至是平凡的现象导出一些不仅是新的和惊人的而且经常是出乎我们想象之外的事实时，你常常给我赞美大自然丰富和慷慨的机会。我曾经上千次地观察振动现象，特别是在教堂中以长绳悬挂的灯随意地进入运动；但是从这些观察中我最能够推断出的是那种认为这类摆动是由于介质而保持的观点是非常不可能的：因为，在那种情形

下，空气必然需要有相当的判断力，并且除了花费时间完全有规律地来回推动悬挂的重物外，很少做其他的事。但是我从不妄想获悉，当以一根 100 库比特长的细线悬挂那个完全相同的物体，并把它拉到一边通过 90° 或者甚至是 1° 或 0.5° 的弧时，通过这些弧中的最大弧和最小弧需要一样多的时间；并且这确实一直让我认为不太可能。现在我等待听到为什么这些相同的简单现象能够提供声学问题的解答，这种解答至少部分地是满意的。

萨耳：首先必须观察到每一个摆都有它自己的明确和确定的振动时间，以至于不可能使它以异于自然界已经给定的周期（altro periodo）做任何的其他周期运动。要是让任何人用手抓住系有重物的绳子，并且试图以他想要的大小增加或减少它的振动频率（frequenza），那就是浪费时间。另外，即使是很重的静止的摆也可以简单地由吹风而使它运动；以一个与摆相同的频率反复吹风能够引起相当大的运动。假设第一阵风后我们把摆从铅垂位置移动到比方说 0.5 英寸处，那么如果在摆已经返回并且大约开始第二次摆动后，我们再吹第二阵风，我们会获得附加的运动；用多次吹风使之继续，只要这些风吹得恰到好处，而不是当摆正好向着我们的时候，因为在这种情形下风会阻止而不是帮助运动。如此继续多次推动（impulsi），我们给予摆这样的动量（impeto），以至于需要一次比单独的吹风更大的推力（forza）停止它。

萨格：我观察到单独一个人，甚至是一个

小孩在恰当的时刻给予这些冲击能够去敲响一只钟，晃动是如此之大，使得当四个或者甚至六个男人抓住绳子企图阻止它时，他们被从地面上提起，他们全体一起也不能够平衡由一个人适时牵引所给予它的动量。

萨耳：你的说明使我的意思更清晰并且也是十分得体的，就像我刚才说过的，解释了令人惊奇的西特琴（cetera）或者斯平纳琴（cimbalo）上弦的现象，即，一根振动的弦会使另一根弦运动并引起它发声，而这不仅当后者是同度时而且甚至当它与前者的区别是八度或五度时亦如此。一根被击的弦开始振动，并且持续这种振动与人们听到声音（risonanza）的时间一样长；这些振动立刻引起周围的空气振动和颤动；随后这些空气中的波动扩散到远处空间，并且不仅冲击同一乐器上所有的弦，而且甚至冲击那些邻近的乐器。因为那根被调到同度的弦拨一下就能够以同一频率振动，在第一次冲击时获得一个轻微的摆动，在受到第二、第三、第四……第二十次，或更多次在适当的时间间隔里发出的冲击后，它最终积累起一个与被拨动的弦等同的振动，可以清晰地以它们的振幅相等来表示。这种波动通过空气传播出去，并且不仅使弦而且使任何其他与拨动的弦具有同一周期的物体振动。因此，如果我们在一件乐器的侧面贴上一些毛发或其他柔韧物体的小片，我们会观察到当一把小竖琴发声时，只有那些与被拨动的弦具有相同周期的小片响应；其余的小片不响应这根弦的振动，前面那些小片也不响应任何其他的音调。

如果一个人重重地用弓拉中提琴上的低音弦，并且把它靠近一只精美的酒杯，薄的杯子和弦具有相同的音调（tuono），这只酒杯就会振动并可听见它发出回声。介质的波动在发声物体的周围广泛地传播被以下的事实证明：只要用手指尖摩擦杯子的边缘，水杯就会发出一个音调；因为水中产生了一系列规则的波。同一现象能被更好地观察到，通过把那个酒杯的基部固定在一个相当大的充满水的容器底部，水满得几乎到杯子的边缘；如果和以前一样，我们用手指的摩擦使杯子发声，会看到波纹以极为规则和极快的速度传播到离杯子很远的距离外。我经常注意到，在使这样一个相当大的充满水的杯子发声时，首先水波非常均匀地分布，其后，有时杯子的音调会跃升一个八度，我留意到在这一瞬间每一前面所述及的波分为两个；这一现象清晰地显示包含在八度（forma dell' ottava）里的比例是 2。

萨格：我不止一次地观察到这同样的事情，这使我很快乐也获益不少。长时间以来被这些谐波弄得很困惑，因为那些迄今从音乐中学到的解释给我留下的印象还不足以下结论。它们告诉我们，和谐，即八度音程涉及的比例为 2，我们称之为五度的五度音程涉及的比例是 3：2，等等；因为若一架单弦琴的空弦发声后把一个琴马置于弦中间，这半弦长发出的声能听出是高八度；而如果把琴马置于弦长的 1/3 处，首先拨空弦然后再拨 2/3 长的空弦，就给出高五度的音；因此他们说八度是依赖于 2 与 1（contenuta tra'l due e 1'uno）的比例，而五度依赖于 3 与 2 的比例。这种解释给我的印象是不足以把 2 和 3/2 分别作为八度和五度固有的比例；而我对这一问题的思考是这样的：有三种不同的方法使一根弦上的音调变高，即，把弦缩短，把它拉紧和使它变细。如果弦的张力和粗细不变，使其长度缩短到一半可以得到高八度，即首先让空弦发声然后让它的半长弦发声；但是如果长度和粗细保持不变而想用张力产生高八度，会发现张力加 1 倍是不够的，必须是 4 倍；也就是说，如果基本音符是由 1 磅张力产生的，高八度就要求 4 磅。

最后，如果长度和张力不变，而改变弦的粗细，就会发现为了产生高八度，粗细必须减小到所给基音的1/4。我关于高八度所说的结论，即由弦的张力和粗细得到的比例是由长度得到的比例的平方，也同样适用于其他音程（intervalli musici）。因此，如果想以改变长度产生一个五度，会发现长度的比例必须是 3 : 2，换句话说，开始使空弦发声，然后用它的2/3长发声；但是如果想以增加张力或把弦变细得到相同的结果，那么就必须把比例3/2取平方，即取 9/4（dupla sesquiquarta）；因此如果基音要求 4 磅，高音符就不是由 6 磅而是由 9 磅产生的；对于粗细也是同样，给出基音的弦比产生高五度的弦粗细所增加的比例是 9 : 4。

考虑到这些事实，我看，那些聪明的哲学家没有理由要用 2 而不用 4 作为高八度的比例，

或者在五度的情形下他们用 3/2，而不用 9/4。因为考虑到它的高频，对一根发声的弦的振动计数是不可能的，我一直拿不准一根发出高八度音的弦的振动次数是否为同时间内发出基音的弦的 2 倍，我不再疑惑是由以下的事实，即，在音调跃升到高八度的瞬时，持续地伴随着振动的玻璃杯的波动分裂出较小的一个，其长度准确地是前者的一半。

萨耳：这是一个漂亮的实验，它使我们能够逐个地区分波，这些波是由一个能发出洪亮声音的物体振动产生的，又通过空气把被意识解释为声音的刺激传到耳朵的鼓膜。但是既然这些在水中的波仅当手指的摩擦继续时才能维持，并且即使那样，它也并非不变的而总是在形成和消失，如果我们有能力产生持续很长时间的波，甚至几个月和几年，以至于易于对其测量和计数，那不是一桩很美好的事吗？

萨格：我向你保证，这种发明会博得我的称赞。

萨耳：这个构想是我灵机一动产生的；我所做的仅是对它的观察和对它的价值进行正确评价，就如同我对某些经过深刻考虑的事情进一步确认；而这个发明本身是相当普通的。当我为了除去黄铜板上的某些污点而用一个尖锐的铁凿子刮它，而且使凿子快速地在其上运动，在多次磨刮中，我曾一次或两次听到这块板发出一种相当强的和清晰的哨音；更仔细地审视这块板，我注意到一长排精细的条纹，彼此之间平行地和等距离地排列着。用凿子一次又一

次地磨刮，我注意到仅当这块黄铜板唑唑地发出噪声时所有的标记才都留在上面；当磨刮没有伴随唑唑声时就没有丝毫这种标记的痕迹。重复这种把戏若干次并且使磨刮的速度时而快时而慢，哨音的声调相应地就时高时低。我还注意到当音调较高时形成的标记更紧密，而当音调较低沉时它们就分离得较远。我还观察到，在一次磨刮期间，速度向着极限增加时声音就变得更尖锐并且条纹变得更密，但总是以这种方式保持一定的尖锐程度和等距。此外一旦磨刮伴随有唑唑声，我就感觉到凿子在我紧握中颤抖并且有一种战栗通过我的手。简单地说，在凿子的情形下我们看到和听到的就和在一种低语紧跟着高声的情形下看到和听到的完全一样；因为，当没有音调产生的呼吸进行时，与发声时在喉和咽喉上部的感觉相比，特别是与使用又低又强的音调相比，人感觉不到喉咙或口有任何讲话的运动。

有几次我还在小竖琴的弦中观察到有两根与由上述磨刮产生的两个音调同度；并且在那些音调最不同的弦中，我找到两根弦被一个准确的五度间隔分开。在测量由两次磨刮产生的标记的距离时，我们发现一次磨刮产生标记的45格包含了另一次磨刮产生标记的30格。

但是现在在进一步讨论之前，我想引起你们对这个事实的注意，在把一个音调变高的三种方法中，你提到的把弦加细的方法应当归结于重量，只要弦的材料不变，粗细和重量是以同一比例变化的。因此对肠线弦的情形，通过

把一根弦做成是另一根的4倍粗，我们将得到低八度音；对于黄铜丝弦的情形也是一样，一根必须是另一根的4倍；但是如果我们想用铜丝得到肠线弦的低八度音，我们必须把它做得是重量为肠线弦的4倍，而不是粗细，因此关于粗细，金属弦不是大小的4倍而是重量的4倍。因此金属丝甚至比肠弦细，尽管事实上后者给出较高的音调。所以如果两把小竖琴都张上弦，一把用黄金丝而另一把用黄铜丝，并且对应的每一根弦都具有相同的长度、相同的直径和相同的张力，于是张黄金弦的乐器的音高将比另一件的音高低1/5，因为黄金的密度几乎是黄铜的密度的2倍。这里注意到，是运动物体的重量而不是其大小提供了改变运动（velocità del moto）的阻力，不是像乍一想可能得到的相反结论。相信大而轻的物体在把介质推到一边的运动中比起小而重的物体会经受更大的减速运动，看来似乎是合理的；然而恰好其反面是正确的。

现在回到原先讨论的主题，我断言音程的比例不是立即由弦的长度、粗细或张力确定的，更确切地说是由它们的频率比决定的，也就是说，是由空气波动冲击耳鼓的脉冲次数决定的，这些冲击引起耳鼓以同一频率振动。由这一确定的事实我们可以解释为什么某些音调不同的两个音符产生愉快的感觉，而另外的两个音符就较少产生愉快的效果，而有的甚至引起不愉快的感觉。这一解释或多或少是等价于对完全谐和音和不谐和音的解释。我想，由后者产生

的不愉快的感觉来自于两个不同音调的不和谐振动，它们不适时地（sproporzionatamente）冲击耳朵。特别刺耳的是频率不可通约的两个音符的不谐和音；当两根同度的弦，其中之一以空弦发声而另一根以一部分发声，其部分与全长的比例等于正方形的边长与对角线的比例时，这种情况会发生；这就产生了类似于增四度或减五度（tritono o semidiapente）的不谐和音。

令人愉快的和声是一些音符对，它们以某种规律性冲击耳鼓，这种规律性在于两个音符在同一时间间隔内传递的脉冲在数目上是相称的，以至于不会使耳鼓不断地被折磨，为了适应持续不和谐的脉冲而在两个不同的方向上弯曲。

于是，第一位的最令人愉快的和声是八度，因为低音弦每给耳鼓一次脉冲时高音弦给两次；因此，在高音弦振动时两次脉冲同时被送到低音弦上，以至于送去的全部脉冲的一半是同音的。但是当两根弦是同度时，它们的振动总是和谐的，因而其效果和单根弦是一样的；所以我们不把它归入谐和音之中。五度也是一种令人愉快的音程，因为低音弦每振动两次高音弦振动三次，因此，考虑高音弦全部脉冲的次数，其 1/3 会是同度的，即，在每两次和谐振动之间插入两次单一的振动；并且当四度音程时，有三个单一的振动插入。在二度音程的情形，比率是 9/8，仅当高音弦每 9 次振动时低音弦少一次振动到达耳朵；其余的都是不谐和的从而对接受的耳朵产生刺耳的效果，耳朵认为它们是不谐和音。

辛普： 你能不能把这一论点解释得更清楚一点？

萨耳： 令 AB 表示由低音弦发出的波的波长（lo spazio e la dilatazione d'una vibrazione），CD 是高音弦的波长，它是 AB 的高八度；把 AB 在点 E 分开，如图 1-13 所示。如果这两根弦在 A 和 C 开始它们的运动，很清楚的是，当高音弦的振动达到端点 D 时，另一根弦的振动将仅行进到 E 那样远，它不是一个端点，将不发出脉冲；但是在 D 有一个冲击送到。因此，当一个

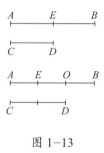

图 1-13

波从 D 返回 C 时，另一个波从 E 到 B 继续前进；所以从 B 和 C 发出的两个脉冲同时敲击耳鼓。看到这些振动以相同的方式一再重复，我们得出结论，每一个来自 CD 的交替的脉冲都与来自 AB 的一个脉冲同音。但是在终点 A 和 B 的每一次脉动总是不变地为一个离开 C 或离开 D 的波所伴随。这是清楚的，因为如果我们设定波是同时达到 A 和 C 的，那么，当一个波从 A 行进到 B，另一个波将从 C 到 D 并返回到 C，从而波在 C 和 B 同时敲击；在波从 B 返回到 A 的过

程中，在 C 的扰动行进到 D 又返回到 C，于是在 A 与 C 又一次是同时的。

接下来令振动 AB 和 CD 隔开一个五度音程，即以比例 3/2 分开；选择点 E 和 O 使得低音弦的波长被分割为三等分，并且设想振动是在每一个端点 A 和 C 同时开始的。显然当脉冲传到端点 D，在 AB 上的波仅行进到 O 那样远；于是耳鼓仅收到从 D 来的脉冲。之后当一个振动从 D 返回到 C，另一个将从 O 到 B 通过然后返回到 O，在 B 产生了一个孤立的脉冲，即一个在时间之外而必须考虑进来的脉冲。

现在因为我们已经假定第一个脉冲是从端点 A 和 C 同时开始的，由此得出孤立在 D 的第二个脉冲在一个等于从 C 到 D 通过所要求的时间间隔之后产生，或者，同样地，从 A 到 O 所要求的时间间隔；但是下一个脉冲，即在 B 的那一个，和前一个脉冲被这个间隔的一半隔开，即从 C 到 D 通过要求的时间。另外，当一个振动从 O 行进到 A，另一个从 C 行进到 D，结果是两个脉冲在 A 和 D 同时产生。这种循环一个跟着另一个，即一个低音弦上的孤立脉冲在高音弦上的两个孤立脉冲之间插入。让我们现在设想时间被分割为非常小的间隔；那么如果我们假定，在这些间隔的前两个中，在 A 和 C 同时产生的扰动已经行进到 O 和 D 那样远，并且在 D 产生一个脉冲；随后如果我们假设在第三个和第四个间隔中的一个扰动从 D 返回到 C，在 C 产生一个脉冲，这时，另一个从 O 到 B 继续行进并返回到 O，在 B 产生一个脉冲；并且

如果最终在第五个和第六个间隔中扰动从 O 和 C 行进到 A 和 D，在后两点的每一点都产生一个脉冲，那么脉冲敲击耳鼓的顺序应当是，如果我们从任何两个脉冲是同时的那个时刻开始计时，则在所说的两个时间间隔过去后耳鼓接收到一个孤立的脉冲；在第三个间隔的末尾接收到另一个孤立的脉冲；在第四个间隔的末尾也是如此；而在两个间隔之后，即在第六个间隔的末尾，会听到两个同度的脉冲。至此结束了一个所谓的无规则循环，它一次又一次地重复自己。

萨格：我不能再保持沉默；因为在我听到关于长期以来我一直不明白的现象的如此完美的解释之后，我必须向你表明我的巨大的愉快。现在我了解了为什么同音和一个单一的音调没有区别；我了解了为什么八度是主和声，而它与同音是如此相像以至于它常被弄错，并且我了解了它和其他和声是怎样发生的。它类似于同音，因为在同音时弦的脉动总是同时发生的，那些八度的低音弦的脉动总是与那些高音弦的脉动相伴随；并且在相等的时间间隔内以好像没有扰动产生的方式在后者中插入一个孤立的脉冲；结果是这种和声有些过于柔和而缺少激情。但是五度的特点是它的被取代的节拍，以及在每对同时发生的脉冲之间插入高音弦的两个孤立的节拍和低音弦的一个孤立的节拍；这三个孤立的脉冲被时间间隔分开，这些间隔等于这样的时间间隔的一半，它将每一对同时发生的节拍与高音弦孤立的节拍分开。于是五度

在耳鼓上产生了欢快的效果，它的柔和被修改为活泼轻快，同时给人以温和地亲吻一次和咬一下的印象。

萨耳： 看到你们由这些新鲜的事情获得如此的愉悦，我必须给你们介绍一种用眼睛可以与用耳朵享受同一游戏的方法：即用不同长度的弦悬挂三个用铅或别的重材料制成的球，要求当悬线最长的球摆动两次时，悬线最短的摆动四次，而长度居中的摆动三次；以手掌的宽度为单位或者用其他单位，当最长的线测得是16，中间的线是9，而最短的线是4，上述结果就会产生，这些都是以同一单位测量的。

现在把这些摆从铅垂位置拉到一旁并在同一瞬时放开；你会看到系着球的细线以不同的方式奇特地彼此相互影响，不过这些都是在最长的摆每摆动四次的过程中完成的，所有三个摆将同时达到同一终点，从此它们又开始重复相同的循环。当这种摆动的组合发生在弦上时，会产生八度音程和居中的五度音程。如果我们用同一配置的仪器，但改变线的长度，并且总按照这样一种方式，使得它们的摆动对应于那些令人愉快的音乐间隔，我们就会看到这些线的一种不同的交错，但总是在一定的时间间隔和一定数目的摆动之后，所有的线，不管是三根还是四根，会在同一时刻到达同一个终点，然后重复开始一个循环。

然而，如果两根或更多的弦是不可公度的，则它们永不会在同一瞬时完成一个确定数量的摆动，或者如果弦虽是可公度的，它们只有在一个长的时间间隔和多次的摆动之后才返回，于是眼睛被交错的线的无序交替扰乱。同样，耳鼓被一系列不规则的空气波动弄得很痛苦，这些波动无任何固定规律地敲击鼓膜。

但是，先生们，我们是否在这数小时的闲谈中被各式各样的问题所迷惑并且意想不到地离题了？这一天已经过去了，而我们还几乎没有接触到提出讨论的正题。确实，我们已经偏离得太远了，以至于我仅困难地记起我们早先的引入，以及为了后面证明的需要用假设和原理的方法所得到的少许进展。

萨格： 那么让我们今天到此为止，我们的头脑会在睡眠后感到清醒，如果你们乐意，我们可以明天再来，重新开始讨论主要的问题。

萨耳： 我将会在明天的同一时间来这里，希望不仅报答你们的服务而且享受你们的陪伴。

第一天结束

第二天

· *The Second Day* ·

真理就是具备这样的力量，你越是想要攻击它，你的攻击就越加充实了它并证明了它。

——伽利略

当我历数了人类在艺术上和文学上所发明的那许多神妙的创造，然后再回顾一下我的知识，我觉得自己简直是浅陋之极。

——伽利略

17世纪，威尼斯的兵工厂正在建造一艘帆桨战船。

伽利略在帕多瓦是一位与众不同的教授，他认为物理学定律应当以实验为基础，所以他亲自去兵工厂观察一种机械，因为这种机械是他授课内容的一部分。这在伽利略时代是难以想象的，当时人们普遍认为，大学教授不应该去关注这类生产和生活的实际问题。

萨格：当辛普里修和我在等待你的时候，我们试图回忆上次你提出来作为你打算得到结果的原则和基础的想法；这一想法涉及所有固体对断裂的抗力，并且依赖于某种黏合剂，它把各部分粘接在一块，以至于只有在相当大的拉力（potente attrazzione）之下这些部分才能屈服和发生分离。后来我们试图寻求对这种黏合性的解释，主要是在真空中寻找；这就是我们多次离题的原因，它占用了一整天并使我们远离原来的问题，如我已经说过的，原来的问题是思考固体对断裂的抗力（resistenza）。

萨耳：我全都记得非常清楚。大概说一下我们讨论的线索，无论固体对大的牵引力（violenta attrazzione）所给出的抗力的本质是什么，至少这种抗力的存在是没有疑问的；虽然这种抗力在直接受拉的情形下是非常之大，可以发现，作为一种规律，在弯曲力（nel-violentargli per traverso）的情形下抗力是较小的。于是，例如，一根钢杆或玻璃杆可以承受 1000 磅的纵向拉力，而如果这根杆与铅垂的墙成直角且一端紧固在墙内，则 50 磅的重量就足以使它折断。这第二种类型的抗力我们必须讨论，以发现同样材料的圆柱和棱柱应该具有怎样的大小，不管在形状、长度和粗细上是不是相同。在这一讨论中我当然要遵从众所周知的力学原则，它们已经被证明是决定棒（我们称之为杠杆）的行为的，即，力与抗力之比等于力与抗力各自与支点的距离的反比。

辛普：最初这是由亚里士多德在他的《力学》中证明的。

萨耳：是的，就时间上来说我承认他的优先权；至于严格的证明，第一的位置应当让给阿基米德，因为在他的关于平衡的书[①]中证明了一个命题，不仅杠杆原理是基于这个命题，而且大多数别的机械装置也与之有关。

萨格：既然现在这个原则对于你提出要讨论的所有论证都是基本的，那么给我们这个命题的一个完整的和周全的证明好不好？除非它需要占用过多的时间。

萨耳：对，这是十分恰当的，但是，我想最好是以与阿基米德所用的略有不同的方式来处理我们的主题，即，首先只假设放在一架等臂天平两边相等的重量将平衡——这也是阿基米德假定的一个原理，然后证明当天平的臂长与它们悬挂的重量成反比时不相等的重量将平衡也是对的；换句话说，不管是相等的重量其距离相等，还是不等的重量其距离与重量成反比，都可归结为平衡。

为了把这件事说得更清楚，设想一根棱柱或固体圆柱 *AB* 悬挂在梁 *HI* 的两个端点，而且用两根线 *HA* 和 *IB* 悬挂着，如图 2-1 所示；显然，如果在平衡的梁 *HI* 的中点 *C* 系一根线，按

---

① *The works of Archimedes with the method of Archimedes*. Trans. by T. L. Heath，pp. 189—220. ——英译者注

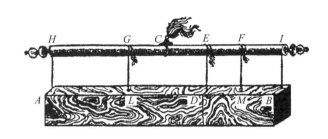

图 2-1

照假设的原则，整个棱柱 AB 将平衡地下垂，因为它的一半重量在悬挂点 C 的一边，而另一半重量在 C 的另一边。现在假设这根棱柱被一过 D 的平面分为不相等的两部分，并令 DA 部分较大而 DB 部分较小；在这样分割以后，设想有一根线 ED 系在点 E 处并且悬挂着 AD 和 DB 两部分，以使这两部分相对于线 HI 保持在同一位置；因为棱柱和梁 HI 的相对位置保持不变，棱柱无疑维持其以前的平衡状态。但是，如果棱柱在端点被线 AH 和 DE 挂着的那部分现在在其中点 G 处单独由线 GL 悬挂着，则情况也保持相同；同样，另一部分 DB 在其中点 M 处如果被线 FM 悬挂着，则它也不会改变位置。现在假设线 HA，ED 和 IB 被移去，仅留下两根线 GL 和 FM，那么只要悬挂在点 C 处，还会保持平衡。让我们考虑，此处有关于点 C 保持平衡的情形，天平的梁 GF 上的两个重物 AD 和 DB 悬挂在端点 G 与 F，于是 CG 是从点 C 到重物 AD 悬挂点的距离，同时 CF 是另一个重物 DB 悬挂的距离。现在剩下的仅仅是要证明这些距离与它们自身的重量成反比，即距离 GC 与距离 CF 之比等于棱柱 DB 与棱柱 DA 之比——这一命题我们将证明如下：因为 GE 是 EH 的一半，并且因为 EF 是 EI 的一半，GF 的全长将是 HI 全长的一半，因此等于 CI；现在如果减去公共部分 CF，余量 GC 将等于余量 FI，即等于 FE，而如果它们中的每一段都加上 CE，我们就有 GE 等于 CF；所以 GE : EF=FC : CG。但是 GE 和 EF 分别与它们两倍的 HE 和 EI 具有相同的比例，也即，与棱柱

AD 和 DB 有相同的比例。因此，经过转换，由比例相等我们有，两距离 GC 与 CF 之比和两重量 BD 与 DA 之比相等，这就是我们要证明的。

如果以上这些都已清楚，我想，你们对棱柱 AD 和 DB 关于中点 C 是平衡的不会再犹豫了，因为 AB 的一半在悬挂点的右边而另一半在左边；换句话说，两个相等的重量处于相等的距离，这种配置是平衡的。如果把两棱柱 AD 和 DB 换成立方体、球或其他不管什么形状，并且如果 G 和 F 保持为悬挂点，那么它们关于点 C 应当保持平衡，因为十分显然，只要质量（quantità di materia）不变，形状的变化就不会引起重量的改变，我看对这不应该还有什么怀疑。由此，我们可以得出一般结论，任何重量与距离成反比的两个重物是平衡的。

在建立了这个原理之后，我想在讨论任何其他的论题前引起你们注意一个事实，即这些力、抗力、力矩、图形等，既可以抽象地脱离物质来看

待，也可以具体地联系于物质来看待。因此当我们对这些图形充以物质时，纯粹是几何的和非物质的图形的性质就必须予以修改而给它们以重量。例如，取静止在支点 E 上用于撬起石头 D 的杠杆 BA，如图 2-2 所示。利用刚才证明的原理即可很清楚地说明，一个作用在端点 B 的力刚好足以平衡由重物 D 给出的抗力，倘若

图 2-2

这个力（momento）与在点 D 处的力（momento）之比和距离 AC 与距离 CB 之比相等；只要我们仅考虑在 B 处的单个力的力矩和在 D 处的抗力的力矩，而把杠杆看作没有重量的、非物质的，这就是正确的。但是如果计入杠杆本身的重量——一种由木头或铁做成的工具，则显然，当这个重量附加在点 B 处的力上，比值就会改变，从而必须以别的关系来表示。所以在往下讨论之前，我们必须区分这两种观点：当我们抽象地看待一种工具，即，不考虑它自身的材料的重量，我们将说"在绝对意义下对待它"（prendere assolutamente）；而如果我们给这些简单的和抽象的图形充以物质从而给它以重量，我们就认为，这种充以物质的图形是一种"力矩"或"复合力"（momento o forza composta）。

萨格：我必须违反我不想使你离题的决心，因为疑问不从我的头脑中消除我不可能集中我的注意力，我的疑问是，你好像把在 B 处的力与石头 D 的总重量做对比，它的一部分——可能是较大的部分，位于水平面上，所以……

萨耳：我完全了解，你无须再往下讲。然而请注意，我并没有提到石头的总重量；我说过的只是它在杠杆 BA 端点 A 处的力（momento），这个力永远小于石头的总重量，并随它的形状和高度而变化。

萨格：好，但是又使我产生了另外一个令我好奇的问题。为了完全理解这一问题，如果可能的话，请你说明人们怎样才能决定总重量的哪一部分是被下面的平面支撑着，而哪一部分是被杠杆的端点 A 支撑着。

萨耳：这个解释不会耽误我们太久，因此我很乐意满足你的请求。在所附的图 2-3 中，我们已知，重心为 A 的重量与端点 B 都位于水平面上，另一端点位于杠杆 CG 上。令 N 是杠杆的支点，力（potenza）作用在杠杆的 G 处，从重心 A 和端点 C 分别引铅垂线 AO 和 CF。那么我说，全部重量（momento）的大小与作用在点 G 处的力（momento della potenza）的大小之比是

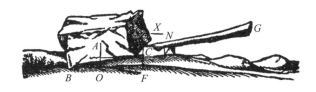

图 2-3

两个距离 GN 和 NC 之比与 FB 和 BO 之比的复合比[①]。画出距离 X，使得它与 NC 之比和 BO 与 FB 之比相等；那么，因为总重量被在 B 点的和在 C 点的两个力平衡，这就得出作用在点 B 的力和点 C 的力之比等于距离 FO 和距离 OB 之比。所以，综合以上所述，在点 B 和 C 处的力之和，即 A 的总重量（momenta di tutto peso A），与在点 C 处的力之比等于 FB 与 BO 之比，即等于 NC 与 X 之比；但作用在点 C 的力（momento della potenza）与作用在点 G 的力之比和两距离 GN 与 NC 之比相等；所以由撬动比例的比例等式（ex aequali in proportione perturbata）[②] 得出，整个重量 A 与作用在点 G 的力之比和距离 GN 与 X 之比相等。但是 GN 与 X 之比是 GN 与 NC 之比和 NC 与 X 之比的复合比，即，和 FB 与 BO 的复合比；所以重量 A 与在 G 点的平衡力之比等于 GN 与 NC 之比和 FB 与 BO 之比的复合比。证毕。

现在让我们返回到我们起初的论题；如果以上所说的都已很清楚，就易于理解以下命题。

命题 1

设有一由玻璃、钢、木头或其他易碎材料制成的棱柱或固体圆柱，在纵向加载时它们能够承受非常大的重量，如前所说，在横向加载时则易断裂，这两个重量之比要比柱体的长与其粗细之比小得多。

让我们设想一固体棱柱 ABCD 的 AB 端紧固在墙中，另一端承受重量 E，如图 2-4 所示；墙为垂直的，棱柱或圆柱与墙成直角紧固。显然，如果该柱体被折断，其断裂将发生在 B 点，

图 2-4

---

① 复合比即两个比例之比。——中译者注
② 关于撬动比例的比例等式见第 34 页注①。——中译者注

此处是榫眼的边界，起着受力杠杆 *BC* 的支点的作用；固体 *BA* 的粗细是杠杆的另一臂，沿着它分布着抗力。这一抗力反抗处于墙外的 *BD* 部分与处于墙内部分的分离。从上面所说的即可得出，作用在点 *C* 处的力的大小（momento）与沿棱柱截面——在其基底 *BA* 与邻近部分连接处——分布的抗力大小（momento）之比，等于长度 *CB* 与长度 *BA* 的一半之比；如果现在我们定义断裂的绝对抗力为纵向拉力（在这一情形下，拉力作用在物体移动的同一方向），就可推出，棱柱 *BD* 的绝对抗力与作用于杠杆 *BC* 一端的破坏载荷之比等于长度 *BC* 与在棱柱的情形为 *AB* 的半长之比，或在圆柱情形为半径之比。这就是我们的命题 1[①]。注意，这里所说固体 *BD* 本身的重量在讨论中被略去了，或者说，棱柱是被假定为没有重量。但是如果连同载荷 *E* 考虑棱柱的重量，我们必须把棱柱 *BD* 重量的一半加到重量 *E* 上去：例如，如果棱柱的重量为 2 磅而重量 *E* 为 10 磅，则我们必须把重量 *E* 看作 11 磅。

辛普：为什么不是 12 磅？

萨耳：亲爱的辛普里修，悬挂在端点 *C* 处的重量 *E* 以它的全部 10 磅的力矩作用在杠杆 *BC* 上；如果固体 *BD* 也悬挂在相同的点，也将施加它的全部 2 磅的力矩的压力；但是，如你所知，这个固体是均匀分布在它的整个长度 *BC* 上的，所以其接近于 *B* 点的部分比起那些远离 *B* 点的部分作用要小。

因此，如果我们把两者做一个对比，全部棱柱的重量可以看作集中于杠杆 *BC* 中间其重心处。但是悬挂在 *C* 处的重量相当于施加一个悬挂在中部的两倍力矩；因此如果我们把两种力矩都放在端点 *C* 处，我们必须于重量 *E* 上附加以棱柱的一半重量。

辛普：我完全理解；而且，如果我没有弄错的话，这样两个如此配置的重量 *BD* 和 *E*，与以 *BD* 的全部重量再加上重量 *E* 的两倍同时作用在杠杆 *BC* 的中部，两者将施加同样的力矩。

萨耳：完全是这样，并且是一个值得记住的事实。现在我们就能易于理解下面的命题 2。

命题 2

设有一宽度大于厚度的杆，或者说一棱柱，力沿它的宽度方向作用与沿它的厚度方向作用时相比，将以怎样的比例给出更大的抗断裂

---

① 隐含在此命题中且贯穿在整个第二天讨论中的一个基本错误，是没有看出在这样的一根梁中，任何横截面上拉力和压力之间必须是平衡的。正确的观点是 1680 年由埃·马略特（E. Mariotte）首先发现的，随后 1713 年阿·帕雷恩特（A. Parent）也发现了。幸好这一错误没有影响后面的命题结论，因这些命题只讨论梁的张力之比，而不是实际张力的大小。根据克·皮尔逊（K. Pearson）《弹性力学和材料力学史（*Todhunter's History of Elasticity and of the Strength of Materials*）》，可以说伽利略的错误是由于假设变形梁的纤维是不可伸长的；或者，承认是那个时代的错误，即把梁最下面的纤维误认为是中性轴。——英译者注

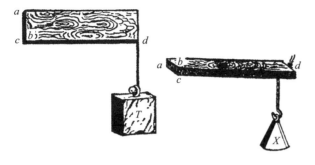

图 2-5

图 2-6

的力？

为清楚起见，取一根直尺 ad，其宽度为 ac，而厚度是比宽度小很多的 cb，如图 2-5 所示。现在的问题是为什么直尺如图 2-5 的左图所示竖着放时，可以承受大的重量 T，而当它如图 2-5 的右图所示平放时，却承受不住比 T 还小的重量 X？只要我们记住第一种情形支点是在线段 bc 上，而第二种情形支点是在 ca 上，两种情形的力皆作用于相同的距离，即长度 bd，则答案是显然的，但是第一种情形抗力与支点的距离，即线段 ca 的一半，大于另一种情形，后者只有 bc 的一半。因此重量 T 大于 X，与宽度 ca 大于厚度 bc 的比例相同，因为前者是把 ca 作为杠杆的臂而后者是把 cb 作为杠杆的臂，但它们受到相同的抗力，也就是横截面 ab 上全部纤维的强度。于是，我们有以下结论：任何给定的直尺或棱柱，其宽度超过它的厚度，竖立要比放平时其断裂的抗力更大，而两者之比就是宽度与厚度之比。

命题 3

考虑一个在水平方向加长的棱柱或圆柱，需要求出，与它对断裂的抗力相比，其自重力矩将以什么比例增加。我的结论是这一力矩是按长度的平方比增加的。

为了证明这一点，令 AD 是一水平放置的棱柱或圆柱，其一端点 A 固定在一面墙上，如图 2-6 所示。令棱柱的长度由于补充了 BE 部分而增加。显然如果我们忽略杠杆的重量，只将它的长度从 *AB* 变为 *AC*，则在点 *A* 处断裂的抵抗力的力矩也按 *CA* 与 *BA* 的比例增加。但是，此外，附加于固体 *AD* 重量上的固体 *BE* 的重量也增加了总重量的力矩，其增加的比例是棱柱 *AE* 的重量与棱柱 *AB* 的重量之比，它等于长度 *AC* 与 *AB* 之比。

于是，由此得出，当长度与重量同时以任意给定的比例增加时，力矩（它等于两者的乘积）以前一比例的平方增加。因此结论是：对于粗细相同而长度不同的棱柱或圆柱，由其重量引起的弯曲力矩之比等于它们长度之比的平方，或者说，等于它们长度的平方之比。

下面我们将说明，当棱柱和圆柱的长度保持不变时，对断裂（弯曲强度）的抗力是以什么比例随着粗细的增加而增加的。这里我想说的是下面的命题 4。

命题 4

在长度相等但粗细不同的棱柱或圆柱中，其断裂抗力是按其粗细，即其底面直径的立方比增加的。

令 *A* 和 *B* 是两个具有相等长度 *DG*，*FH* 的圆柱（见图 2-7）；令其底面是两个不等的圆，直径分别为 *CD* 和 *EF*。那么我说，圆柱 *B* 与 *A* 所给出的断裂抗力之比等于直径 *FE* 的立方与直径 *DC* 的立方之比。因为如果我们考虑到对纵向拉伸的断裂抗力依赖于它的底面，即依赖于圆

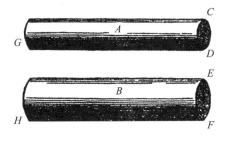

图 2-7

EF 和 *CD*，那么没有任何人会怀疑，圆柱 *B* 的强度是以圆 *EF* 的面积与 *CD* 的面积之同一比例而大于圆柱 *A* 的强度的；因为这一比例恰好是一个圆柱中使固体的各部分结合在一起的纤维数目超过另一个圆柱中纤维数目的比例。

不过在横向作用力的情形，必须记住我们用的是两根杠杆，力是作用在距离 *DG* 和 *FH* 上，而支点是位于点 *D* 和 *F* 的；但是抗力是分别作用在与圆 *DC* 和 *EF* 的半径相等的距离处，因为分布在整个截面上的这些纤维的作用就如同集中在中心处一样。记住这些以及杠杆臂 *DG* 和 *FH* 是相等的，力 *G* 和 *H* 通过它们的作用也是相等的，我们就可以理解，作用于底面 *EF* 中心、反抗 *H* 处力的抗力，比起作用于底面 *CD* 中心、反抗 *G* 处力的抗力效果要更大（maggiore），其增大的比例就是半径 *FE* 与半径 *DC* 之比。因此由圆柱 *B* 给出的断裂抗力大于由圆柱 *A* 给出的断裂抗力，两者之比等于圆 *EF* 和圆 *CD* 面积之比与它们的半径之比（亦即与它们的直径之比）的复合比，但是圆面积是它们直径的平方。于是作为上面两个比例之乘积的抗力之比等于直径的立方之比。这就是我要证明的。而且因为

一个立方体的体积以其边长的三次方变化，我们可以说一个长度保持不变的圆柱的抗力（强度）以其直径的三次方变化。

由上所述，可以得出如下结论，即

推论

长度不变的棱柱或圆柱的抗力（强度）是以其体积的 3/2 次方的比例而变化。

这是显然的，因为高度不变的棱柱或圆柱的体积是随它的底面积，即其底面的边长或直径的平方而变化的；但是，如刚才所证明的，抗力（强度）是随底面的边长或直径的三次方而变化。所以抗力是以固体本身的体积（从而也是固体本身的重量）的 3/2 次方的比例而变化。

辛普：在继续讨论之前我希望能除去我的一个难点。至此为止你未曾考虑另一类抗力，在我看来，这类抗力是随固体长度的增加而减小，这在弯曲的情况如同在拉伸时一样是十分真实的；如一根绳子的情形正好是这样，我们观察到，一根非常长的绳子比起短绳子所能支持的重量要小。由此，我相信一根短的木头或铁的棍棒比起长棍棒能够支持更大的重量，如果力总是纵向而不是横向作用，并且考虑到绳子本身随长度而增加的重量。

萨耳：我担心，辛普里修，如果我正确地理解了你的意思，则在这一特例中像其他许多问题一样，你犯了同样的错误；假如你的意思是，一根长的、比如 40 库比特长的绳子，不能支持像一根较短的、例如 1 库比特或 2 库比特长的同样的绳子所能支持的重量。

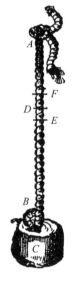

图 2-8

辛普：这正是我的意思，就我看来，这个命题很可能是对的。

萨耳：恰恰相反，我认为这不仅是不可能的，而且是错误的；并且我想我能很容易使你信服你自己的错误。令 AB 表示这根绳子，如图 2-8 所示，在其上端 A 点将其系住；下端系着重量 C，这个重量恰好足以使这根绳子断开。现在，辛普里修，请你指出，绳子断开的准确位置。

辛普：我说在 *D* 点。

萨耳：为什么？

辛普：因为在这一点，绳子支持不住其下端悬挂的石头 *C* 和绳子 *DB* 部分所构成的重量，比如说 100 磅。

萨耳：因此只要绳子在点 *D* 被 100 磅的重量拉伸，它就在那里断开。

辛普：我想是这样的。

萨耳：但是请你告诉我，如果不是把重量系在绳子的端点 *B* 处，而是把它拴牢在 *D* 邻近的一点，例如说在点 *E*；或者，如果绳子的上端不是固定在点 *A*，而是把它拴牢在点 *D* 上方的某一点 *F*，绳子在点 *D* 难道不是同样受 100 磅的拉力吗？

辛普：倘若你在石头 *C* 的重量中包含了绳子 *EB* 段重量，就会是这样的。

萨耳：因此让我们假设绳子在点 *D* 被 100 磅的重量拉伸，那么按照你的看法，绳子将断开；但 *FE* 仅是 *AB* 的一小部分；你怎么能坚持说长绳子比短绳子更不结实？放弃这种你和许多非常有知识的人所共有的错误观点，然后让我们再继续往下进行讨论。

前面已经证明了粗细不变的棱柱或圆柱在均匀受载的情形下，发生断裂的力的力矩（momento sopra le proprie resistenze）随长度的平方变化；并且同样证明了，当长度不变而粗细改变时，断裂抗力是随底面的边长或直径的立方而变化。现在我们来研究长度和粗细同时变化的固体的情形。这里我注意到以下命题：

命题 5

棱柱和圆柱在长度和粗细都不相同时，其断裂抗力（即在其端部能承受的载荷）与它们的底面直径的三次方成正比，并和它们的长度成反比。

令 *ABC* 和 *DEF* 是两个如图 2-9 所示的圆柱；那么圆柱 *AC* 与 *DF* 的抗力（弯曲强度）之比等于直径 *AB* 与 *DE* 的立方之比和长度 *EF* 与 *BC* 之比的乘积。令 *EG* 等于 *BC*；令 *H* 是线段 *AB* 与 *DE* 之比的第三项；令 *I* 是比例的第四项（即 *AB/DE=H/I*），并令 *I : S=EF : BC*。因为圆柱 *AC* 的抗力与圆柱 *DG* 的抗力之比等于 *AB* 的立方与 *DE* 的立方之比，即长度 *AB* 与长度 *I* 之比；并且因为圆柱 *DG* 的抗力与圆柱 *DF* 的抗力之比等于长度 *FE* 与 *EG* 之比，即 *I* 与 *S* 之比。由此得出，长度 *AB* 与 *S* 之比等于圆柱 *AC* 的抗力与圆柱 *DF* 的抗力之比。但是线段 *AB* 与 *S* 之比等于

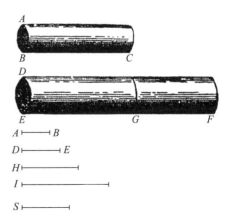

图 2-9

AB/I 与 I/S 的乘积，所以圆柱 AC 的抗力（弯曲强度）与圆柱 DF 的抗力之比等于 AB/I（即 AB^3/DE^3）与 I/S（即 EF/BC）的乘积。这就是我要证明的。

证明了这个命题之后，让我们接下来考虑棱柱和圆柱相似的情形。涉及这些问题，我们将证明下面的命题。

命题 6

在圆柱与棱柱相似的情形下，其力矩（拉伸力）之比等于它们底面抗力之比的 3/2 次方。这里的力矩等于它们的重量与长度的乘积（即等于它们自身的重量和长度产生的力矩，此处长度看作一根杠杆的臂）。

为了证明这个命题，让我们将两根相似的圆柱记为 AB 和 CD，如图 2-10 所示。那么在圆柱 AB 中反抗底面 B 上抗力的力（momento）的大小与 CD 中反抗底面 D 上抗力的力的大小之比等于底面 B 上的抗力与底面 D 上的抗力之比的 3/2 次方。而且因为固体 AB 和 CD 在抵抗它们底面 B 和 D 上的抗力是有效的，其效益之比分别等于它们的重量之比及它们杠杆臂的机械效益（forze）之比，还因为杠杆臂 AB 的机械效益（forze）等于杠杆臂 CD 的机械效益

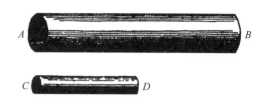

图 2-10

（forze）（这一点成立是因为，由于圆柱的相似性，长度 AB 与底面 B 的半径之比等于长度 CD 与底面 D 的半径之比），由此得出，圆柱 AB 的总力（momento）与圆柱 CD 的总力（momento）之比等于圆柱 AB 的净重与圆柱 CD 的净重之比，即圆柱 AB 的体积（l'istesso cilindro AB）与 CD 的体积（l'istesso cilindro CD）之比；但是这等于它们底面 B 和 D 的半径的立方之比；而底面的抗力之比等于它们的面积之比，从而等于它们的直径的平方之比。由此，两圆柱间的力（momenti）之比就等于它们底面抗力之比的 3/2 次方。[①]

辛普： 这个命题以其新颖和令人惊奇打动了我；乍一看，它与我自己所有可能的猜测都非常不同，因为这些图形的所有其他方面都是相似的，所以我确信，这些圆柱的力（momenti）和抗力之间保持着相同的比例。

萨格： 这就是我们最初讨论时我所说的不完全了解的命题的证明。

---

① 紧接命题 6 下面的一段是很有趣的，说明在伽利略时代流行的术语上的混淆。翻译是按原义译的，除非把这些字用意大利文写出。在伽利略头脑中所想的事实是很清楚的，但是很难看出他为什么把"力矩"解释为"反抗其底面的抗力"的力，另外把"杠杆臂 AB 的力"解释为"杠杆由臂 AB 与底面 R 的半径所做的机械效益"，类似的有"杠杆臂 CD 的力"。——英译者注

萨耳：辛普里修，有一阵，同你一样，我也习惯于认为相似固体的抗力也是相似的；但是一次偶然的观察向我表明，相似固体的强度并不与它们的尺寸成比例，较大者更经不起粗野的对待，这就如同高个子的大人比起小孩在下落时更容易跌伤。并且，如我们在开始谈及的，一根大的梁或柱子从一个给定的高度下落会跌得粉碎，而在相同的情形下，一块小木料或小的大理石圆柱将不破裂。正是这一观察引导我研究了将向你说明的如下事实：这是一件很值得注意的事情，在无数各式各样的彼此相似的固体中，不存在两个这样的固体，这些固体的力（momenti）和抗力具有相同的比例。

辛普：你使我现在想起亚里士多德的《力学中的问题》，他企图解释为什么木头的梁在其长度增加时变得更弱，更易于弯曲，即使短梁更细而长梁更粗也是这样；如果我没有记错的话，他是用简单的杠杆来解释它的。

萨耳：很对，但是因为这种解答好像仍留下了怀疑的余地，格瓦拉主教以其真正博学的译注大大丰富和弘扬了这一工作，他总是用另外的聪明的思索去克服所有的困难；但是甚至他对于这一特殊的问题也是困惑的，即，当这些固体外形的长度和粗细以同一比例增加时，它们的强度和断裂抗力以及弯曲抗力是否保持不变。在关于这个论题作更多的思考以后，我得到了下面的结果。首先我要说明下面的命题。

命题 7

在形状相似的重棱柱和重圆柱中，有一个而且只有一个在它自重的应力下刚好处于断裂和不断裂之间的极限状态；使得每一个较大者不能支持其自重载荷而断裂，而每一个较小者都能够承受欲使之断裂的附加力。

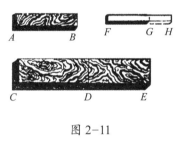

图 2-11

令 AB 是一个重棱柱（见图 2-11），具有刚好能支持其自重的可能的最大长度，以至于增长一小点它就会断裂。那么，我说，这个棱柱是所有与之相似的无限多个棱柱中唯一的一根，它处于断裂和不断裂的交界线上，任何稍大的棱柱在自重下将断裂，任何较小的棱柱将不会断裂，而能够承受它自重之外的某些附加力。

令 CE 是一个相似于但大于 AB 的棱柱，如图 2-11 所示。那么我说，它在自重下将断裂而不能保持完整。取出长度等于 AB 的部分 CD。并且由于 CD 的抗力（弯曲强度）与 AB 的抗力之比等于 CD 的厚度的立方与 AB 的厚度的立方之比，亦即棱柱 *CE* 的厚度与相似的棱柱 *AB* 的厚度之比，由此得出 *CE* 的重量是与棱柱 *CD* 等长的棱柱所能承受的极限载荷；但是 *CE* 的长度更大，因此棱柱 *CE* 会断裂。现在取另一根棱柱 *FG*，它比 *AB* 小。令 *FH* 等于 *AB*，则用类似的方法可以说明 *FG* 的抗力（弯曲强度）与 *AB* 的抗力之比等于棱柱 *FG* 与棱柱 *AB* 之比，如果距离 *AB*，即 *FH*，等于距离 *FG*；但是 *AB* 大于 *FG*，于是棱柱 *FG* 作用在 *G* 处的力矩不足以使棱柱 *FG* 断裂。

萨格：证明是简短的和清楚的；乍一看这个命题好像是不可能的，现在看来是真实的，必然的。因此为了使此棱柱处于那种区分断裂和不断裂的极限条件下，必须改变其厚度和长度之间的比例，要么增加厚度，要么减少长度。我相信，对这种极限状态的研究一样是要求独创性的。

萨耳：不仅如此，甚至要求得更多，因为这个问题是更困难的。我知道这一点是因为我曾花费不少时间去发现它，现在我想与你们共享。

命题 8

给定一在其自重下不断裂的最大长度的圆柱或棱柱；并且给定一个更大的长度，试另求一具有这一更大长度的圆柱或棱柱的直径，使它正好是能够支持其自重的唯一且最大的那一根。

令 *BC* 是能够支持其自重的最大圆柱（见图 2-12）；并令 *DE* 的长度大于 *AC*，现在的问题是，寻求具有长度 *DE* 的圆柱的直径，使这个圆柱是刚好能够支持其自重的最大圆柱。令 *I* 是长度 *DE* 和 *AC* 的比例第三项；又令直径 *FD* 与直径 *BA* 之比等于 *DE* 与 *I* 之比，画出圆柱 *FE*。则在所有具有同一比例的圆柱中，该圆柱就是能够支持其自重的最大且唯一的圆柱。

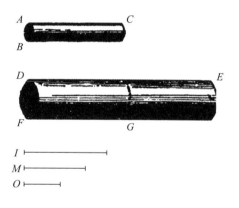

图 2-12

令 *M* 是 *DE* 和 *I* 的比例第三项；令 *O* 是 *DE*，*I* 和 *M* 的比例第四项；取 *FG* 等于 *AC*。因为直径 *FD* 与直径 *AB* 之比等于长度 *DE* 与 *I* 之比，并且因为 *O* 是 *DE*，*I* 和 *M* 的比例第四项，由此得出 $FD^3 : BA^3 = DE : O$。但是圆柱 *DG* 的抗力（弯曲强度）与圆柱 *BC* 的抗力之比等于 *FD* 的立方与 *BA* 的立方之比，所以圆柱 *DG* 的抗力与圆柱 *BC* 的抗力之比等于长度 *DE* 与 *O* 之比。并且因为圆柱 *BC* 的力矩与它的抗力相平衡（e equale alla），如果我们指出圆柱 *FE* 的力

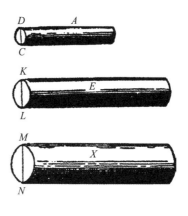

图 2-13

矩与圆柱 BC 的力矩之比等于 DF 的抗力与 BA 的抗力之比，也就是 FD 的立方与 BA 的立方之比，或者是长度 DE 与 O 之比，即达到了我们要求证的目的（即证明了圆柱 FE 的力矩等于 FD 处的抗力）。圆柱 FE 的力矩与圆柱 DG 的力矩之比等于 DE 的平方与 AC 的平方之比，即长度 DE 与 I 之比；但是圆柱 DG 的力矩与圆柱 BC 的力矩之比等于 DF 的平方与 BA 的平方之比，即 DE 的平方与 I 的平方之比，或者是 I 的平方与 M 的平方之比，或者是 I 与 O 之比。因此，由这些相等的比例可得到圆柱 FE 的力矩与圆柱 BC 的力矩之比等于长度 DE 与 O 之比，即 DF 的立方与 BA 的立方之比，或者是底面 DF 的抗力与底面 BA 的抗力之比；这就是要证明的。

萨格： 萨耳维亚蒂，这个证明相当长，单听你讲很难记住。因此，你是不是最好再重复一下？

萨耳： 就照你说的做，但是我宁愿给出一个更直接和更短的证明，但是这需要另外一个图形。

萨格： 我更喜爱这样，但是请你让我把刚才给出的论点记下来，以便我在空闲时进行研究。

萨耳： 我会乐意这样做的。令 A 表示一根直径为 DC 的圆柱（见图 2-13），并且是能够支持其自重的最大的圆柱。现在的问题是需要确定一更大的圆柱，它同时是最大且唯一的能够支持其自重的圆柱。

如图 2-13 所示，令 E 是与 A 相似的这样的圆柱，具有设定的长度，且直径为 KL；令 MN 是两个长度 DC 与 KL 的比例第三项；还令 MN 是另一根圆柱 X 的直径，它与 E 具有相同的长度，那么我说，X 就是所要找寻的圆柱。现在因为在底面 DC 上的抗力与底面 KL 上的抗力之比等于 DC 的平方与 KL 的平方之比，亦即等于 KL 的平方与 MN 的平方之比，或者等于圆柱 E 与圆柱 X 之比，这也就是力矩 E 与力矩 X 之比；并且因为底面 KL 上的抗力（弯曲强度）与底面 MN 上的抗力之比等于 KL 的立方与 MN 的立方之比，亦即等于 DC 的立方与 KL 的立方之比，或者等于圆柱 A 与圆柱 E 之比，也就是等于力矩 A 与力矩 E 之比；由于调动比例的比例等式（ex aequali in proportione perturbata），所以得出力矩 A 与力矩 X 之比等于底面 DC 上的抗力与底面 MN 上的抗力之比；因此在柱体 X 中力矩和抗力之间的关系正好是它们在柱体 A 中的关系。

现在让我们推广这个问题，将它按如下的形式叙述：

设给定了一圆柱 AC，其中的力矩和抗力（弯曲强度）之间的关系是任意的；令 DE 是另一圆柱的长度；然后确定它的粗细，使得该圆柱的力矩和抗力之间的关系与圆柱 AC 中的关系完全相同。

同上面一样，利用图 2-12。我们可以说，因为圆柱 FE 的力矩与其部分 DG 的力矩之比等于长度 ED 的平方与 FG 的平方之比，即等于长度 DE 与 I 之比；并且因为圆柱 FG 的力矩与圆柱 AC 的力矩之比等于 FD 的平方与 AB 的平方之比，或者等于 ED 的平方与 I 的平方之比，或者等于 I 的平方与 M 的平方之比，也就是等于长度 I 与 O 之比。由相等性得出，圆柱 FE 的力矩与圆柱 AC 的力矩之比等于长度 DE 与 O 之比，即等于 DE 的立方与 I 的立方之比，或者等于 FD 的立方与 AB 的立方之比，也就是等于底面 FD 上的抗力与底面 AB 上的抗力之比。这就是要证明的。

从已经证明了的结果，你们能够明白地看出，不管是人工还是在自然界，把结构的大小增加到巨大尺寸的不可能性，就像在建造巨大尺寸的船、宫殿或庙宇时，将它们的桨、桅杆、梁、铁栓等，简言之，所有其他的零件，都结合在一起的不可能性一样；在自然界也不可能

产生超常尺寸的树，因为树枝会在它们的自重下折断；同样，如果人、马或其他动物增大到非常的高度，要构造它们的骨骼结构，把这些骨骼结合在一起并且执行它们的正常的功能也是不可能的；因为这种高度的增大只能通过采用一种比通常更硬和更强的材料，或者增大骨骼的尺寸，这样就改变了它们的外形，以至于动物的形状和外貌呈现一种畸形。这些也许我们聪明的诗人在他的大脑中早已很清楚，如他在描写大象时说：

"无能计其高，
无法度其大。"[1]

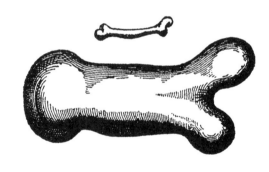

图 2-14

简单说来，我曾经画过一根骨头（见图 2-14），它的长度比自然长度增加了三倍，它的粗细放大到这样的大小，使之对于对应的大动物所承担的功能，与小骨头对小动物承担的

功能一样。从这张图你们可以看到，放大的骨头是多么不成比例。于是显然，如果想要一个巨人保持与一个常人同样的肢体比例，或者必须寻找一种更硬和强度更大的材料来构造他的骨骼，或者必须认可他的骨骼强度要比中等身材的人减小，因为如果他的高度不寻常地增加，他就会在自重下跌倒和摔坏。鉴于如果身体的尺寸减小，其身体的强度不是按比例地减小；的确，身体愈小，它的相对的强度就愈大。因此一只小狗也许能够在它的背上携带和它一样大的两只或三只小狗，但是我相信一匹马甚至驮不起和它大小一样的一匹马。

辛普：可能是这样的。但是这使我产生怀疑，考虑到某些鱼能达到的巨大尺寸，例如鲸鱼，我听说它有一头象的 10 倍大，但它们仍然能够支持住它们自己。

萨耳：辛普里修，你的问题涉及另一个原理。该原理迄今还没有引起我的注意，即巨人或其他巨大动物能够支持它们自己并且和小动物一样运动。这个结果可通过以下方式得到：要么增加骨骼和其他部分的强度使之不仅能够支持其体重，还能支持压在其身上的载荷；要么保持骨结构比例不变，以适当的比例减小骨材料、肌肉和骨骼必须携带的其他东西的重量，这样骨骼就会以相同的方式维持在一起，甚至会更容易些。后者即第二个原则被大自然应用于鱼的结构，使其骨骼和肌肉不仅轻，而且完全没有重量。

辛普：萨耳维亚蒂，你的论据的倾向是明

显的。因为鱼生活在水中，水的密度（corpulenza），或者如别人所说的，水的重量（gravità）减小了沉没在水中的鱼身体的重量，你的意思是说，由于这个理由，鱼的身体会失去重量并能够无伤害地被它们的骨骼支持着。但这不是全部；因为虽然鱼的身体的其余部分可能没有重量，这不会有问题，但是它们的骨骼本身还是有重量的。我们就鲸鱼的肋骨来说，它具有一根梁的尺寸；谁能否认鲸鱼的巨大重量或当它在水里时它游往水底的倾向性？因此，很难预期这样巨大的质量能支持住它们自己。

萨耳：这是一个非常精明的反驳！我来回答，现在请告诉我，你是否看到过鱼能随意地在水下静止不动，既不下沉到水底，也不浮到上面，无须奋力地游泳？

辛普：这是一种众所周知的现象。

萨耳：鱼能够在水下保持不动的事实是想到鱼身体的材料与水有相同的比重的一个决定性的理由；因此，如果它们的某些部分是由比水重的材料组成，那么必然有其他部分比水轻，否则它们就不能平衡。所以，如果骨头较重，肌肉或身体的其他成分必然较轻，才能使它们的浮力平衡骨头的重量。因而水生动物的情况正好与陆生动物相反，原因是后者的骨头不仅支持它们自身的重量，而且还支持肌肉的重量，而前者是它们的肌肉不仅支持自身的重量，还要支持其骨头的重量。因此我们不必奇怪，为什么这些庞大的动物存在于水中而不是在陆地上，或者说不是在空气中。

辛普： 我确信这一点，但我想补充说，我们所谓的陆生动物实际上应当称为空气动物，因为它们生活在空气中，被空气包围着，并且呼吸空气。

萨格： 我已经享受了同辛普里修讨论的乐趣，包括发问和回答两方面。进而，我能够很容易地了解如果把一头这种巨型鱼拉到岸上，它多半不能长时间支持，一旦其骨骼之间的联结松垮，它就会被自己的质量压碎。

萨耳： 我倾向你的意见；并且，我确实想到对于非常大的船也会发生这种情形，它在货物与武器装备的载荷下漂浮在海上而不会分离为碎片，但是在干燥的陆地上和空气中就可能崩裂开。现在我们来说明这是怎么回事：

设给定一棱柱或圆柱，并给定它们的自身重量和能够支持的最大载荷，就可能找到一个最大的长度，超过这个长度，圆柱在自重下不能没有破坏地伸长。

令 *AC* 表示棱柱及其自重，令 *D* 表示棱柱能够无破坏地支承在端部 *C* 的最大载荷（见图2-15）；要求求出最大长度，使所说的棱柱的长度可以增加到这一最大长度而不被破坏。画出 *AH*，如图2-15所示，它是这样一个长度，使棱

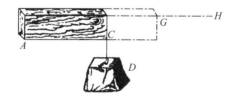

图2-15

柱 *AC* 的重量与 *AC* 重量再加上 *D* 重量的两倍之比等于长度 *CA* 与 *AH* 之比，并令 *AG* 是 *CA* 与 *AH* 的比例中项，则我说，*AG* 就是所求的长度。因为系在点 *C* 的重量（momento gravante）*D* 的力矩等于把 *D* 的两倍置于 *AC* 中点的力矩，棱柱 *AC* 的重量作用于该点，由此得出，棱柱 *AC* 在点 *A* 的抗力的力矩等于重量 *D* 的两倍加上 *AC* 的重量，它们两者都作用在 *AC* 的中点。因为我们已经同意，这样放置的重量的力矩，即两倍的 *D* 加上 *AC*，与力矩 *AC* 之比等于长度 *HA* 与 *CA* 之比，并且因为 *AG* 是这两个长度的比例中项，就得出 *D* 的两倍的力矩加上 *AC* 与 *AC* 之比等于 *GA* 的平方与 *CA* 的平方之比。但是由棱柱 *GA* 的重量（momento premente）产生的力矩与 *AC* 的力矩之比等于 *GA* 的平方与 *CA* 的平方之比，由此得出 *AG* 是所求的最大长度，也就是说，棱柱可以加长到这个长度仍能支持它自己，但超过它就会断裂。

至此我们已经考虑了一端固定、另一端作用有重量的棱柱和固体圆柱的力矩和抗力；讨论了三种情形，即：只有一个作用力、作用力之外还计入棱柱的自重，以及只考虑棱柱的自重。现在让我们再讨论这些棱柱和圆柱在两端都有支撑或者在端点之间的某一点有支撑的情形。首先，我要谈到，若一个圆柱仅承受它自己的重量，且具有最大的长度，超过这个长度就会断裂，当它支撑在中间或者两端时，其长度是用榫眼固定在墙上且只有一端支撑时的两倍。这是很明显的，因为，如果我们用 *ABC* 表

示圆柱，如图 2-16 所示，并且如果假定它的一半 AB 是在一端 B 固定时能够支持自重的最大可能的长度，则如同圆柱是在 G 点系住一样，前一半将被另一半平衡。对于圆柱 DEF 的情形也是这样，如果它的长度使得当端点 D 固定时，它仅支持长度的一半，或者当 F 端固定时，它仅支持另一半，那么显然，当支撑，例如 H 和 I，分别位于端点 D 和 F 之下时，任何置于 E 的附加的力或重量的力矩将使得柱体在这一点产生断裂。

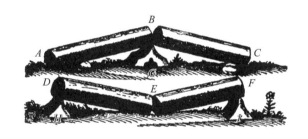

图 2-16

一个更复杂和难以理解的问题是：和前面一样略去固体的重量，要求出当圆柱在两个端点被支撑时，作用于圆柱中点而使圆柱发生断裂的同样的力或重量，当作用于某个靠近一个端点的其他点时是否也会使圆柱断裂。

例如，如果想使一根棒断裂，人们就用手抓住棒的两头，而用膝盖顶在棒的中部，如果膝盖的力不是作用在中部，而是在靠近端点的某一点，要以同样的方式使棒断裂是不是要用同样的力呢？

萨格：我相信这一问题亚里士多德已经在他的《力学中的问题》中讨论过。

萨耳：可是他的研究是很不同的；因为他只是要去寻求为什么双手在棒的两端抓着棒时，也就是双手远离膝盖时比起双手靠近膝盖时棒更容易被折断。他给出了一种一般的解释，把它归结于手放在棒的两端使杠杆臂延长。我们的研究涉及的要多些：我们想了解的是，当两手保持在棒的端部，不管膝盖在什么地方，要把它折断是否需用同样的力。

萨格：一眼看来，好像是这样，因为两个杠杆臂以一定的方式给出同样的力矩，似是一个臂变短而另一个相应地伸长了。

萨耳：你看，多么容易犯错误，这就要求我们细心和慎重以避免错误。刚才你所说的事一眼看上去是很可能的，但仔细考查，原来它离事实甚远；正如从以下事实将看到的，不管膝盖——两个杠杆的支点放置在中间与否，都存在这样一种差别，如果断裂发生在其他点而不是中点，则甚至把中点的断裂力乘以 4 倍、10 倍、100 倍或者 1000 倍都是不够的。开始我们要提供一些一般的考察，然后再去确定为了使断裂发生在一点而不是在另一点，断裂力必须改变的比例。

如图 2-17 所示，令 AB 表示一个木质的圆柱，它在作为支点的中点 C 处折断，并令 DE 代表一个同样的圆柱，它在不是中点的支点 F 处折断。首先，显然，因为 AC 和 CB 是相等的，作用在端点 B 和 A 的力也必须是相等的。其次，

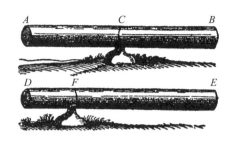

图 2-17

因为距离 DF 小于距离 AC，作用在点 D 的任何力的力矩小于在点 A 的，即作用在距离 CA 上的同一力的力矩；而且力矩之比小于长度 DF 与 AC 之比；因此，一方面，为了克服或者平衡在点 F 处的抗力，必须增加在点 D 处的力（momento）；但是与长度 AC 相比，距离 DF 可以无限制地减小，于是为了平衡在点 F 处的抗力，必须无限制地增加作用在点 D 处的力（forza）。另一方面，为了平衡在点 F 处的抗力，我们必须按所增加的距离 FE 与距离 CB 的比例减小在点 E 处的力；但是用 CB 度量的距离 FE 不能通过向端点 D 滑动支点 F 来无限制地增加；确实，它甚至不能达到长度 CB 的两倍。因此作用在点 E 处以平衡在点 F 的抗力的力将永远大于作用在点 B 的力的二分之一。于是当支点 F 趋于端点 D 时，为了平衡或克服在 F 点的抗力，我们必须无限制地增加作用于点 E 和点 D 的力的总和，这是很清楚的。

萨格： 辛普里修，我们还能说什么呢？难道我们不该承认几何是所有使得思维敏捷和训练头脑正确思索的手段中最有力的吗？难道柏拉图想让他的学生首先打好数学基础不是完全

正确的吗？至于说到我自己，我十分了解杠杆的性质以及怎样通过增加和减小它的长度来增加和减少抗力与力的力矩；尽管如此，在目前需要解决的问题上，我曾经是大大地被骗了。

辛普： 确实，我开始体会到，虽然逻辑在论述方面是一种极好的指导，而对于促使人们去发现来说，它比不上几何的显赫威力。

萨格： 逻辑，在我看来，它教我们如何去检验任何已经发现和完成了的论据或论证的最终确定性；但我不相信它能教我们去发现正确的论据和论证。不过萨耳维亚蒂最好能给我们说明，当支点沿着完全相同的木棒从一点移动到另一点时，为了发生断裂，力必须以怎样的比例增加。

萨耳： 你要求的比例是这样按下述原则确定的：

如果在一个圆柱上标记了发生断裂的两点，则这两点的抗力之比与由对应的点到圆柱的端点的距离所形成的矩形成反比。

如图 2-18 所示，令 A 和 B 表示使圆柱在点 C 处断裂的最小的力；同样，E 和 F 是使这根圆柱在点 D 处断裂的最小的力。则，我说，力 A，B 之和与力 E，F 之和的比等于矩形 $AD. DB$ 的面积与矩形 $AC. CB$ 的面积之比。因为力 A，B

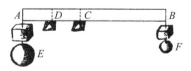

图 2-18

之和与力 *E*，*F* 之和的比是下列三个比例的乘积，即（*A*+*B*）/*B*，*B/F*，与 *F*/（*F*+*E*）；但是长度 *BA* 与长度 *CA* 之比等于力 *A*，*B* 之和与力 *B* 之比，也等于长度 *DB* 与长度 *CB* 之比，因此也等于力 *B* 与力 *F* 之比，还等于长度 *AD* 与 *AB* 之比，所以等于力 *F* 与力 *F*，*E* 之和之比。所以得出力 *A*，*B* 之和与力 *E*，*F* 之和之比等于下面三个比例的乘积，即 *BA/CA*，*BD/BC* 和 *AD/AB*。但是 *DA/CA* 等于 *DA/BA* 与 *BA/CA* 的乘积。于是力 *A*，*B* 之和与力 *E*，*F* 之和之比等于 *DA*：*CA* 与 *DB*：*CB* 的乘积。但是矩形 *AD. DB* 与矩形 *AC. CB* 之比等于 *DA/CA* 与 *DB/CB* 的乘积。因此力 *A*，*B* 之和与力 *E*，*F* 之和之比等于矩形 *AD. DB* 与矩形 *AC. CB* 之比，也就是说，在点 *C* 达到断裂的抗力与在点 *D* 达到断裂的抗力之比等于矩形 *AD. DB* 与矩形 *AC. CB* 之比。证毕。

另一个相当有趣的问题可以作为这个定理的推论来解决，即

给定一个圆柱或棱柱在其中点能支持的最大重量，在这点抗力最小；另给定一个更大的重量，试求位于圆柱何处的一点，在此点处可以支持的最大载荷即为这一更大的重量。

设一个给定的大于圆柱 *AB* 中点最大载荷的重量与这个更大载荷之比等于长度 *E* 与长度 *F* 之比，如图 2-19 所示。问题是求圆柱上的一点，使得在这点处这个较大的重量成为它可以支持的最大载荷。令 *G* 是长度 *E* 和长度 *F* 之间的比例中项，画出 *AD* 与 *S*，使它们相互之比等于 *E* 与 *G* 之比；因此 *S* 将小于 *AD*。

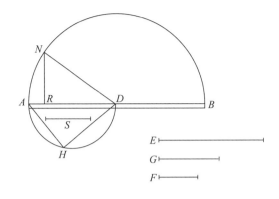

图 2-19

令 *AD* 是半圆 *AHD* 的直径，在其上取 *AH* 等于 *S*；连接点 *H* 和 *D* 并令 *DR* 等于 *HD*。则点 *R* 即是所求的点，即，在这一点给定的大于作用于圆柱 *D* 中点的最大载荷的重量就是另一更大的重量。

以 *AB* 为直径画出半圆 *ANB*；作垂线 *RN* 并连接点 *N* 与 *D*。现在因为 *NR* 与 *RD* 的平方和等于 *ND*，亦即 *AD* 的平方，或者是 *AH* 与 *HD* 的平方和；并且因为 *HD* 的平方等于 *DR* 的平方，就得出 *NR* 的平方即矩形 *AR. RB*，等于 *AH* 的平方，从而还等于 *S* 的平方；但是 *S* 的平方与 *AD* 的平方之比等于长度 *F* 与长度 *E* 之比，也就是等于在点 *D* 处的最大载荷与所给的两个重量中较大者之比。所以后者将是在点 *R* 的更大重量，这就是所求的解。

萨格：现在我完全理解了；我在想，既然当载荷移动离中点愈来愈远时棱柱 *AB* 对载荷压力的抗力增长得愈来愈强，对于巨大而沉重的梁我们就可以在端部附近砍去相当大的部分，这会显著地减轻重量，并且对于在巨大房屋上

的梁会非常有用和方便。如果能够找到固体的合适的形状使它每一点的抗力都相等，这将是一件好事，在这一情形下一个处于中点的载荷将不比任何其他点的载荷更容易产生断裂。[1]

萨耳： 我刚好对这一点要提到一桩涉及这个问题的有趣的和值得注意的事实。如果画一张图，如图 2-20，我的意思就会更清楚。令 DB 代表一个棱柱；则正如我们已经说明的，当载荷加在端点 B 时，它在端面 AD 对断裂（弯曲强度）的抗力将小于在 CI 的抗力，减小的比例是长度 CB 与 AB 之比。现在设想沿着对角线段 FB 把这根棱柱切开，使得两个相对的面是三角形；面向我们的侧面是△FAB。这样一个固体与棱柱有不同的性质，因为如果载荷加在点 B 处，在

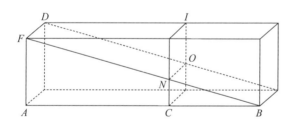

图 2-20

C 处的断裂抗力（弯曲强度）将比在 A 处的小，减小的比例为长度 CB 与长度 AB 之比。这很容易证明：如果 CNO 表示一个平行于 AFD 的截面，则在△FAB 中长度 FA 与长度 CN 之比等于长度

AB 与长度 CB 之比。于是，如果我们设想 A 和 C 是支点所在之处，在 BA，AF 与 BC，CN 的两种情形下杠杆臂将是成比例的（simili）。所以加在 B 处、通过 BA 臂作用、反抗距离 AF 上抗力的任何力的力矩将等于加在 B 处、通过 BC 臂作用、反抗距离 CN 上同一抗力的同一力的力矩。但是现在，如果力仍然加在点 B，当支点在 C 处时，要克服的以 CN 为臂作用的抗力要小于支点在 A 处的抗力，其减小的比例和矩形横截面 CO 小于矩形横截面 AD 的比例相同，即长度 AD 小于 AF 的比例或者 CB 小于 BA 的比例。

因此由 OBC 部分给出的在 C 处的断裂抗力小于由整个块体 DAB 给出的在 A 处的断裂抗力，其减小的比例和长度 CB 小于长度 AB 的比例相同。

用这种对角线切割，我们现在从梁或棱柱 DB 上除去了一部分，即一半，而留下这个楔子或三棱柱 FBA。我们于是有具有相反性质的两块固体；一块因缩短而被增强了，另一块变弱了。这看来不仅合理，而且是必然的，即存在一条线段，使得由它划定的多余材料被除掉后，留下这样形状的固体，在它所有的点给出相同的抗力（强度）。

辛普： 从较大过渡到较小，显然必须遇到相等。

萨格： 但现在的问题是，在切割时锯子应

---

① 请读者注意这里涉及两类不同的问题。萨格利多最后提出的问题是：寻求一根梁，当一个常载荷从梁的一端向另一端移动时其最大应力具有相同的值。第二个问题是萨耳维亚蒂要解决的，即：寻求一根梁，在固定位置作用一个常载荷，在其所有截面上的最大应力相同。——英译者注

当沿着什么路径走。

辛普： 看来这对我应当不是一个困难的任务：因为如果沿着对角线锯棱柱并且除去材料的一半，剩下的一半获得的特性正好与整个棱柱相反，使得在后者增加强度的每一点处前者变弱了，于是在我看来可以取一种中间的途径，即除去前一半的一半，或者是整个的 1/4，剩下的形体的强度将在所有那些点不变，在这些点处上述两个形体中一个获得的等于另一个所失去的。

萨耳： 辛普里修，你没有说到点子上。因为，如我现在要给你说明的，你能够从这个棱柱上除去而不减弱棱柱的量不是 1/4 而是 1/3。正如萨格利多所建议的，现在剩下的问题是要去寻找锯子行进的路径，我要证明，它必然是一条抛物线。但是首先必须证明下面的引理：

如果在两根杠杆或两个天平下安置支点，使得力通过其作用的两臂之比等于抗力通过其作用的两臂的平方比，并且如果这些抗力之比等于通过其作用的臂之比，则这些力相等。

令 *AB* 和 *CD* 表示两根杠杆（见图 2-21），其长度被它们的支点分开，使得距离 *EB* 与距离 *FD* 之比等于距离 *EA* 与 *FC* 之比的平方。令

位于 *A* 与 *C* 的抗力之比等于 *EA* 与 *FC* 之比。那么我说，为了平衡在 *A* 和 *C* 处的抗力而必须作用在 *B* 和 *D* 处的力是相等的。令 *EG* 是 *EB* 和 *FD* 之间的比例中项。则我们有 *BE：EG=EG：FD=AE：CF*。但这最后一个比例准确地等于我们已假设其存在的点 *A* 和 *C* 的抗力之比。因为 *EG：FD=AE：CF*，由调动比例得出 *EG：AE=FD：CF*。考虑到距离 *DC* 与 *GA* 被点 *F* 与 *E* 分割为相同的比例，就得出同一个力当作用于 *D* 时，将平衡 *C* 的抗力，而如果作用于 *G*，那么平衡与 *C* 的抗力相等的 *A* 的抗力。但是问题的前提是在 *A* 处的抗力与在 *C* 处的抗力之比等于距离 *AE* 与 *CF* 之比，或者等于 *BE* 与 *EG* 之比。因此作用在 *G*，或者说作用在 *D* 处的力，当作用在 *B* 时，将刚好与作用在 *A* 的抗力平衡。证毕。

在棱柱 *DB* 的侧面 *FB* 上画抛物线 *FNB*（见图 2-22）。设棱柱沿这条抛物线被锯开，其顶点为 *B*。留下的固体将包含在底面 *AD*、矩形平面 *AG*、直线 *BG* 和表面 *DGBF* 之间，这个表面的曲率与抛物线 *FNB* 的曲率相同。我说，这块固体在每一点将有同样的强度。令这块固体被平行于平面 *AD* 的平面 *CO* 切开。设想点 *A* 与

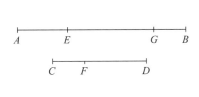

图 2-21

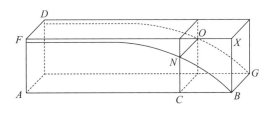

图 2-22

关于两门新科学的对话（彩图珍藏版）

C 是两根杠杆的支点，其中一根有臂 BA 和 AF，另一根有臂 BC 和 CN，则因对于抛物线形 FBA，有 $BA:BC=AF^2:CN^2$，显然一根杠杆的臂 BA 与另一根杠杆的臂 BC 之比等于臂 AF 的平方与另一臂 CN 的平方之比。因为被杠杆 BA 平衡的抗力与被杠杆 BC 平衡的抗力之比等于矩形 DA 与矩形 OC 之比，即等于长度 AF 与长度 CN 之比，这两个长度是两根杠杆的另两个臂，由已经证明的引理得出，同一力当作用在 BG 上时将平衡在 DA 的抗力，也将平衡在 CO 的抗力。对于别的截面结论也同样成立。于是这块抛物固体到处是等强度的。

现在可以证明，如果棱柱是沿着抛物线 FNB 被锯开，就去掉了它的 1/3；因为矩形 FB 与被抛物线界定的表面 $FNBA$ 是包含在两张平行平面之间，即矩形 FB 与 DG 之间的两个固体的底面；因此这两个固体的体积之比等于它们的底面之比。但是矩形的面积是抛物线下 $FNBA$ 面积的 1.5 倍；所以沿抛物线切割的棱柱，被除掉了 1/3 的体积。由此可看到怎样才能减少一根梁的 33% 的重量而不减小其强度；这在构造巨大的舰船时是极为有用的，特别是对于支撑甲板的结构中，轻是头等重要的。

萨格：由这一事实引出的好处是大量的，以至于要提及所有这些好处是乏味的和不可能的；不过把这件事搁在一边，我想知道以上述比例减少重量为什么是可能的。我能够容易地理解，

当沿着对角线做截面时，一半的重量被除去了；但是，对于抛物线截面除去棱柱的 1/3，我只能接受萨耳维亚蒂说的，他说的总是靠得住的；可是我还是宁愿要第一手的知识，而不是别人的说辞。

萨耳：你想要棱柱超出我们称之为抛物线固体的体积是整个棱柱的 1/3 的这一事实的证明，我在前面已给出过；现在我们回忆那个证明，其中我曾应用阿基米德《论螺线》一书中的某引理 [①]，即，给定任何数目的不同长度的线段，它们之间的公差等于其中最短的长度；再给定相等数目的线段，每一线段的长度都等于上述线段系列中最长的长度；则这第二组线段的平方和将小于第一组线段的平方和的三倍，但大于第一组线段除去最长线段后平方和的三倍。

这样假定的同时，在矩形 $ACBP$ 中画抛物线 AB，如图 2-23 所示。现在我们要证明边为 BP 和 PA、底边为抛物线 BA 的"混合三角形" BAP 是整个矩形 BP 的 1/3；如果这是不对的，则要么大于 1/3，要么小于 1/3。设它小于 1/3，其小于的面积以 X 表示。画一些平行于 BP 和 CA 边的线，我们可以把矩形 CP 分为相等的部分；如果继续这个过程，我们最后将得到一种分割，其各部分是如此之小，以至于其每一部分都小于面积 X；令矩形 O/B 表示这些小部分之一，通过其他平行线与抛物线的交点画平

---

① 请参阅：*The works of Archimedes with the method of Archimedes.* Trans. by T. L. Heath，pp. 107，162.——英译者注

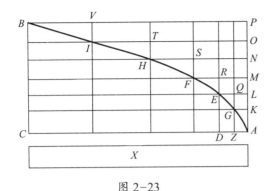

图 2-23

行于 AP 的线。现在让我们用一些由矩形构成的图形来描述我们的"混合三角形"，如矩形 BO，IN，HM，FL，EK 和 GA 等；这个图形也是小于矩形 CP 的 1/3 的，因为这个图形超出"混合三角形"的面积比矩形 BO 小得多，而我们已经假定 BO 是比 X 小的。

萨格：请慢点，因为我看不出为什么这个图形超出"混合三角形"的部分比矩形 BO 小得多。

萨耳：矩形 BO 的面积不是等于所有抛物线经过的小矩形面积之和吗？我的意思是矩形 BI，IH，HF，FE，EG 和 GA，它们仅仅一部分在"混合三角形"之外。我们不是取矩形 BO 小于面积 X 吗？因此如果像我们的反对者可能要说的那样，三角形加上 X 等于这个矩形 CP 的 1/3，则由这个三角形加上一个小于 X 的面积构成的外接图形将仍然保持小于矩形 CP 的 1/3。但是这是不可能的，因为这个外接图形大于面积的 1/3。所以我们的"混合三角形"小于矩形的 1/3 这一结论是不对的。

萨格：你已经消除了我的困难；但是尚待证明外接图形大于矩形 CP 的 1/3，我相信这是不容易证明的一件事。

萨耳：这不是十分困难的。因为在抛物线上 $DE^2 : ZG^2 = DA : AZ =$ 矩形 KE：矩形 AG，注意到这两个矩形的高 AK 和 KL 是相等的，就得出 $ED^2 : ZG^2 = LA^2 : AK^2 =$ 矩形 KE：矩形 KZ。以完全相同的方式可以证明，其他矩形 LF，MH，NI，OB 彼此之间之比等于线段 MA，NA，OA，PA 的平方比。

现在让我们考虑外接图形，其组成面积之间的比例等于这样的线段系列的平方比，线段长度的公差等于系列中的最短长度；还注意到矩形 CP 是由相同数目的面积构成的，每一个都等于最大面积且等于矩形 OB。因此，按照阿基米德引理，外接图形大于矩形 CP 的 1/3；但是它又小于矩形的 1/3，这是不可能的。所以"混合三角形"不小于矩形 CP 的 1/3。

同样，我说，它也不可能大于。因为，假设它大于矩形 CP 的 1/3，并且令面积 X 代表三角形比矩形 CP 的 1/3 超出的值；把矩形分割为相等的矩形，并且继续此过程，直到这些分割成的小部分比面积 X 小为止。令 BO 表示这种小于 X 的矩形。利用上面的图形，我们在"混合三角形"中有一个内接图形，它由矩形 VO，TN，SM，RL 和 QK 组成，且不会小于大矩形 CP 的 1/3。

"混合三角形"超过内接图形的量小于"混合三角形"超过矩形 CP 的 1/3 的量；为了说

明这是正确的，仅需记起三角形大于矩形 CP 的 1/3 的部分是等于面积 X 的，而 X 是小于矩形 BO 的，BO 比起三角形超过内接图形的部分又要小很多。因为矩形 BO 由小矩形 AG，GE，EF，FH，HI 和 IB 组成；并且三角形超过内接图形的部分是小于这些小矩形之和的一半的。因为三角形超过矩形 CP 的 1/3 部分为 X，而 X 大于三角形超过内接图形的部分，所以内接图形也超过矩形 CP 的 1/3。但是，由已经假定的引理，它是较小的。因为作为最大矩形之和的矩形 CP 与组成内接图形的矩形之比等于与最长线段相等的所有线段的平方和与具有公差的线段的平方减去最长线段的平方后所得到的量之比。

于是，如同正方形的情形，最大矩形的总和，即矩形 CP，大于那些具有公差的矩形之和减去最大者后的三倍；但是后者组成内接图形。所以"混合三角形"既不大于，也不小于矩形 CP 的 1/3；因而只有等于它。

萨格：这是一个漂亮的、聪明的证明；尤其是它讨论了抛物线的求积，证明了它是内接三角形的 4/3，这一事实阿基米德曾以两个不同的但令人赞赏的命题系列给予证明[①]。这同一定理近来也被当代的阿基米德——卢卡·瓦勒里奥[②]所建立，他的证明可在他的关于固体的重心的书中找到。

萨耳：这的确是一本不能排在现代和过去最著名的几何学家的任何著作之后的书；是一本一旦到达我们的院士手中就能使他放弃沿着这一方向的研究的书；因为他会高兴地看到每件事情都被瓦勒里奥讨论和证明过了。

萨格：当我从院士本人那里获悉这件事时，我求他向我说明在他看到瓦勒里奥的书之前的证明，不过我没有成功。

萨耳：我有这些证明的复本，并且我会给你看的；因为你会欣赏这两位作者在探求和证明同一结论时所使用的方法的多样性；你还会发现某些结论被以不同的方式解释，虽然事实上两者是同样正确的。

萨格：我会非常高兴看到它们，并且如果你能把它们带到我们定期的聚会上来，我将把它看作一桩幸事。但同时，考虑用一个抛物面截一个棱柱形成的固体的强度，由于这个结果有希望在很多机械操作中是令人有兴趣的和有用的，如果你能够给出某种快速的和简便的规则，使一位机械师按照它可以在平面上画出一条抛物线，那不是一件很好的事吗？

萨耳：这种曲线有许多画法；我将仅仅提到所有方法中最快的两种。其中的一种是真正值得注意的；因为使用它我可以很光滑和准确地画出 30 条或 40 条抛物线，所用的时间比另一个人用圆规在纸上熟练地画大小不同的 4 个

[①] 需小心区别这里的二角形和上面提到的"混合三角形"。——英译者注
[②] 卢卡·瓦勒里奥是与伽利略同时代的杰出的意大利数学家。——英译者注

或 6 个圆还要短。我取一枚核桃大小的无瑕的黄铜圆球，然后沿着几乎保持垂直的金属镜子表面投掷它，于是这个球在运动时会轻微地压在镜子上并且画出一条完美清晰的抛物线；在仰角增加时这条抛物线会变得愈来愈狭长。上面这个实验提供了清晰而实在的证据，说明抛体的路径是一条抛物线；这是由我们的朋友首先观察到，并且在他的关于运动的书中论述的一个事实，下次聚会的时候我们就要谈到它。在实行这种方法时，建议用在手中滚动的办法把球稍微加热和弄潮，以便它在镜子上的轨迹更明显。

另一种在棱柱面上画所要求的曲线的方法是：在墙上高度适当的同一水平线上钉两枚钉子；使这两枚钉子之间的距离是一个矩形宽度的两倍，在此矩形上我们要绘出半抛物线。在这两枚钉子上悬挂一根长的轻链条，使它的垂度等于棱柱的长度。设想这根链条形成了一条抛物线①，如果用点在墙上标记其形状，我们就可以绘出整条抛物线，它可以被从两枚钉子的中点所引的垂线分为相等的两部分。把这条曲线转换成棱柱相对的两个面是不困难的；任何普通的技工都知道怎样做。

用我们朋友的圆规画的几何线②可以容易地把处于同一曲线上的那些点转移到棱柱的同一面上。

迄今我们已经证明了关于固体对断裂的抗力的许多结论。作为这门科学的一个出发点，我们假设固体对于轴向拉伸的抗力是已知的；由这一基础出发人们可以发现许多其他的结果及其证明；在自然界中，要寻求的这些结果是不计其数的。但是，为了结束我们的日常讨论，我想讨论有空洞的固体的强度，在上千种工作中为了大大增加强度而不增加重量，它被应用在技术中——更经常地用在自然界中；其例子可以在鸟的骨头和许多种类的芦苇中找到，它们轻且对弯曲和断裂都有非常大的抗力。如果一根麦秆携带一枝比整根茎秆还重的麦穗，麦秆是由实心形状的同样多的材料构成的，它对弯曲和断裂将有较小的抗力。这是被实践证实了的经验，人们发现一根中空的长杆、一根木头或金属的圆管比具有相同长度和重量的实心的长杆（它必然会细些）要强得多。人们已经发现，为了使长杆强而轻，必须使它是空心的。我们现在将证明如下结论：

在两个圆柱的情形下，一个是空心的，另一个是实心的，但其体积和长度皆相等，则它们的抗力（弯曲强度）之比等于它们的直径之比。

令 *AE* 表示一个空心的圆柱，*IN* 表示一个有相同重量和长度的实心圆柱（见图 2-24）；那么我说，圆管 *AE* 与实心圆柱 *IN* 抵抗断裂的

① 现在众所周知，这条曲线不是抛物线而是悬链线，其方程是在伽利略逝世 49 年后由詹姆斯·伯努利（James Bernoulli）首先给出的。——英译者注
② 伽利略所说的几何的和军用的圆规在《伽利略全集》（国家版）第二卷中有描述。——英译者注

图 2-24

抗力之比等于直径 AB 与直径 IL 之比。这是非常明显的；因为圆管与实心圆柱 IN 具有相同的体积和长度，圆柱底 IL 的面积与圆管 AE 的环形底面 AB 的面积相等。（环形面的面积即两个不同半径的同心圆之间的面积。）所以它们对轴向拉伸的抗力是相等的；但当考虑横向拉伸所产生的断裂时，在圆柱 IN 的情形，我们将长度 LN 当作一个杠杆臂，点 L 当作支点，而将直径 LI 或其半当作反向的杠杆臂；而在圆管的情形，起着第一个杠杆臂作用的长度 BE 等于 LN，支点 B 一边的反向杠杆臂是直径 AB 或其一半。那么，显然圆管的抗力（弯曲强度）按直径 AB 超过直径 IL 的比例超过实心柱的抗力，这就是所要求的结果。

于是空心圆管的强度超过实心圆柱的强度，其比例等于它们的直径之比，只要两者是由相同的材料做成的，且有相同的重量和长度。

接下来研究具有固定长度的圆管和实心圆柱的一般情形也许是适当的，不过它们的重量和空心部分是变化的。首先我们要证明以下命题：

给定一根空心圆管，要确定一个实心圆柱

与之相等（eguale）。

方法非常简单。令 AB 表示圆管的外直径，CD 表示圆管的内直径（见图 2-25）。在大圆上引线段 AE，其长度等于直径 CD；把点 E 和 B 连接起来。现在因为 E 点在半圆上，∠AEB 是直角，因而直径为 AB 的圆的面积等于直径分别为 AE 和 EB 的两个圆的面积之和。但是 AE 是圆管空心部分的直径。于是直径为 EB 的圆的面积和圆环 ACBD 的面积是相同的。所以圆底直径为 EB 的实心圆柱与具有同样长度的圆管壁有相同的体积。

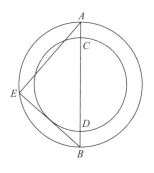

图 2-25

利用上述定理，易得下述结论：

求等长的任何圆管与任何圆柱抗力（弯曲强度）之比。

令 ABE 表示一圆管，而 RSM 表示一与之等长的圆柱（见图 2-26）；需求它们的抗力之间的比例。应用前述的命题，确定一根圆柱 ILN，它与圆管 ABE 有相同的体积和长度。画一线段 V，如图 2-26 所示，使得它与 IL 和 RS（圆

柱 *IN* 和 *RM* 之底的直径）之间的关系为：$V : RS = RS : IL$。那么，我说，圆管 *AE* 的抗力与圆柱 *RM* 的抗力之比等于线段 *AB* 的长度与长度 *V* 之比。

因为圆管 *AE* 的体积和长度都与圆柱 *IN* 相同，所以圆管的抗力与圆柱的抗力之比等于线段 *AB* 与 *IL* 之比；但是圆柱 *IN* 的抗力与圆柱 *RM* 的抗力之比等于 *IL* 的立方与 *RS* 的立方之比，即长度 *IL* 与 *V* 之比；于是，由同样的理由，圆管 *AE* 的抗力（弯曲强度）与圆柱 *RM* 的抗力之比等于长度 *AB* 与 *V* 之比。证毕。

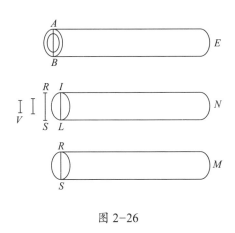

图 2-26

第二天结束

德国浪漫主义画家郝斯曼（Fredrich K. Hausmann，1825—1886）作品——《审判会上的伽利略》，作于 1861 年。

第三天

· *The Third Day* ·

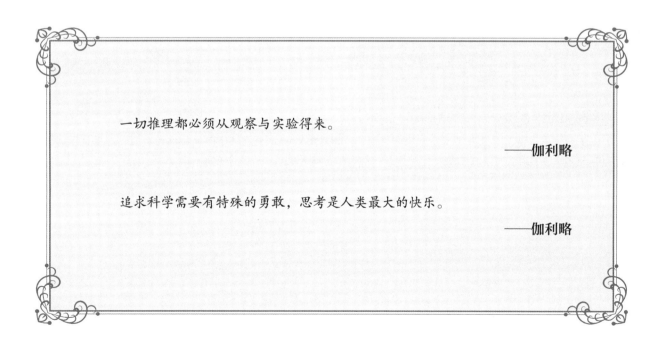

一切推理都必须从观察与实验得来。

——伽利略

追求科学需要有特殊的勇敢，思考是人类最大的快乐。

——伽利略

伽利略被判终身监禁，后来在自己家中服刑。因此，伽利略回到了自己位于阿切特里的别墅，别墅位于山上，中间有个院子，从窗户可以看到整个佛罗伦萨。伽利略在这里度过了一生中最后的时光。

位置的变化（De Motu Locali）

我的目的是着手建立一门非常新的涉及一个古老课题的科学。在自然界，也许没有比运动更古老的了，关于它，哲学家们写了为数不少的书；不过我借助于实验发现了它的某些性质，这些性质是值得知道的，并且是迄今为止还没有被观察和论证的。人们做过某些表面的观察，例如重物的自由落体（naturalem motum）① 运动是不断加速的；但是并没有告诉我们这种加速度发生到什么程度；因为就我所知，还没有人指出在相等的时间间隔内，一个从静止开始的落体经过的距离之间的比例等于从 1 开始的奇数。

人们观察到了子弹和抛体描绘出某一类曲线路径；可是没有人指出这种路径就是抛物线。但是我已经成功地证明了这样和那样的事实，它们数量不少并且不是不值得知道的；并且我认为更重要的是，这门广阔的和最优美的科学已经开始了，对于它，我的工作仅仅是个开头，比我更敏锐的头脑将会用我的方法和手段去探究它的遥远的角落。

这里的讨论分为三部分：第一部分涉及的运动是定常的或匀速的；第二部分论述我们在自然界发现的加速运动；第三部分涉及所谓的猛烈运动和抛射运动。

匀速运动

说到定常的或匀速的运动，需要一个简单的定义，我定义为：

定义　对定常的或匀速的运动，我指的是这样的运动：在任何相等的时间间隔内，运动质点走过的距离是相等的。

注意　我们必须在旧定义（它简单地定义定常运动为在相等的时间内通过相等的距离）中补充"任何"这个词，意思是指所有相等的时间间隔；因为有可能运动物体在相等的时间间隔内通过相等的距离，但是在这些时间间隔的某些小部分上通过的距离不相等，即使这些小时间间隔是相等的。

从以上的定义出发，可得到以下四条公理。

---

① 作者所用的术语"natural motion"这里翻译为"自由落体（free motion）"，因为这是现今用的术语，以将"natural"运动与文艺复兴时期的"violent"运动相区别。——英译者注

公理 1　在同一匀速运动中，在较长时间间隔中通过的距离比在较短时间间隔中通过的距离大。

公理 2　在同一匀速运动中，通过较长距离所需的时间比通过较短距离所需的时间长。

公理 3　在同一时间间隔内，以大速度通过的距离比以小速度的通过的距离长。

公理 4　在相同的时间间隔内，通过一段较长的距离比通过一段较短的距离要求较大的速度。

定理 1，命题 1

如果一个始终以常速度运动的质点通过两段距离，则所需要的时间间隔之比等于这两段距离之比。

设一个质点始终以常速度运动，通过了两段距离 AB，BC，且设通过 AB 需要的时间为 DE；通过 BC 需要的时间为 EF，如图 3-1 所示。则我说距离 AB 与 BC 之比等于时间 DE 与 EF 之比。

令距离和时间沿两边向 G，H 和 I，K 延伸；令 AG 被分割为任意数目的空间部分，每一部分都等于 AB，且以相同的办法将 DI 分割为同样数目的时间间隔，每一间隔都等于 DE。再将 CH 分割为任意数目的距离部分，每部分都等于 BC；且将 FK 分割为同样数目的时间间隔，每一间隔都等于 EF；则距离 BG 和时间 EI 是距离 BA 和时间 ED 的相等的和任意的倍数；同样距离 HB 和时间 KE 是距离 CB 和时间 FE 的相等的和任意的倍数。

既然 DE 是通过 AB 所需要的时间，整个时间 EI 也是通过整段距离 BG 所需要的时间，并且当运动是匀速的，在 EI 中等于 DE 的时间间隔的数目与在 BG 中等于 BA 的距离的数目相等；同样可得出 KE 代表通过 HB 需要的时间。

可是，因为运动是匀速的，如果距离 GB 等于距离 BH，则时间 IE 也必然等于时间 EK；如果 GB 大于 BH，则 IE 也大于 EK；如果 GB 小于 BH，则 IE 也小于 EK。[①]

有四个量，第一个 AB，第二个 BC，第三个 DE 和第四个 EF；距离 GB 和时间 IE 分别是

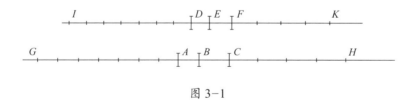

图 3-1

[①] 伽利略此处所用的方法是欧几里得在他的《几何原本》第 5 卷著名的定义 5 中提出的方法，请参阅《大英百科全书》第 11 版中"几何学"词条。——英译者注

第一个量和第三个量的任意倍数，即距离 AB 和时间 DE 的任意倍数。但是已经证明了这后面的两个量分别是等于、大于或者小于空间 BH 和时间 EK 的，它们分别是第二个量和第四个量的任意倍数。于是第一个量与第二个量之比，即距离 AB 与距离 BC 之比，等于第三个量和第四个量之比，即时间 DE 与时间 EF 之比。证毕。

定理 2，命题 2

如果运动的质点在两个相等的时间间隔内通过两段距离，则这两段距离之比和速度之比相等。相反地，如果距离之比与速度之比相等，则时间相等。

在图 3-1 中，令 AB 和 BC 表示在相等时间间隔内通过的距离，例如距离 AB 是以速度 DE 通过而距离 BC 是以速度 EF 通过的。那么我说，距离 AB 与距离 BC 之比等于速度 DE 与速度 EF 之比。因为如果和前面一样，距离和速度两者取同样的倍数，即分别取每部分等于 AB 与 DE 的 GB 与 IE，并且以同样的方式，分别取每部分等于 BC 与 EF 的 HB 与 KE，则与上面一样可以推出，GB 与 IE 的倍数分别小于、等于或大于 BH 与 EK 的相等的倍数。定理证毕。

定理 3，命题 3

在不等速的情形下，通过一段给定的距离所需的时间与其速度成反比。

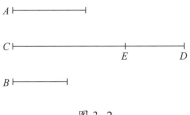

图 3-2

令不相等速度中较大者为 A，较小者为 B；且令两个运动通过给定的距离 CD，如图 3-2 所示。则我说，以速度 A 运动通过 CD 所需的时间与以速度 B 运动通过同样距离所需的时间之比等于速度 B 与速度 A 之比。令 CD 与 CE 之比等于 A 与 B 之比；则由前面可知，以速度 A 完成距离 CD 所需的时间与以速度 B 完成距离 CE 所需的时间相等；但是以速度 B 通过距离 CE 所需的时间与以同样速度通过 CD 所需的时间之比等于 CE 与 CD 之比；于是以速度 A 走完 CD 的时间与以速度 B 走完 CD 的时间之比等于 CE 与 CD 之比，也就是等于速度 B 与速度 A 之比。证毕。

定理 4，命题 4

如果两个质点以匀速但不同的速度运动，则在不等的时间间隔内走过的距离之比等于速度与时间间隔的复合比。

令做匀速运动的两个质点分别为 E 和 F，且令物体 E 的速度与物体 F 的速度之比等于 A 与 B 之比；而令 E 的运动耗费的时间与 F 的运动耗费的时间之比等于 C 与 D 之比，如图 3-3

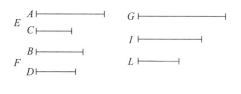

图 3-3

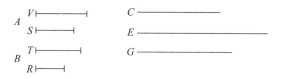

图 3-4

所示。则我说，E 以速度 A 在时间 C 内走过的距离与 F 以速度 B 在时间 D 内走过的距离之比等于速度 A 与速度 B 之比和时间 C 与时间 D 之比的乘积。因为如果 G 是 E 以速度 A 在时间间隔 C 内走过的距离，且 G 与 I 之比等于速度 A 与速度 B 之比；并且如果时间间隔 C 与时间间隔 D 之比等于 I 与 L 之比，则可得出 I 是 F 在 E 通过距离 G 的相同的时间内通过的距离，这是由于 G 与 I 之比和速度 A 与速度 B 之比相等。并且因为 I 与 L 之比等于时间间隔 C 与 D 之比，如果 I 是 F 在时间间隔 C 内通过的距离，则 L 将是 F 在时间间隔 D 内以速度 B 所通过的距离。但是 G 与 L 之比等于 G 与 I 之比和 I 与 L 之比的乘积，也就是速度 A 与速度 B 之比和时间间隔 C 与时间间隔 D 之比的乘积。证毕。

定理 5，命题 5

如果两个质点以匀速但不同的速度运动，并通过不等的距离，则所耗费的时间间隔之比等于距离之比和速度反比的乘积。

令 A 和 B 表示两个运动质点，且令 A 的速度与 B 的速度之比等于 V 与 T 之比；同样令通

过的距离之比等于 S 与 R 之比，如图 3-4 所示。则我说 A 运动的时间间隔与 B 运动的时间间隔之比等于速度 T 与速度 V 之比和距离 S 与距离 R 之比的乘积。

令 C 是 A 运动所占用的时间间隔，且令时间间隔 C 与时间间隔 E 之比等于速度 T 与速度 V 之比。

因为 C 是 A 以速度 V 通过距离 S 所用的时间间隔，并且 B 的速度 T 与速度 V 之比等于时间间隔 C 与时间间隔 E 之比，则 E 就是质点 B 通过距离 S 所需的时间。现在如果我们令时间间隔 E 与时间间隔 G 之比等于距离 S 与距离 R 之比，则得出 G 是 B 通过距离 R 所需的时间。因为 C 与 G 之比等于 C 与 E 之比和 E 与 G 之比的乘积（同时还有 C 与 E 之比等于 A 和 B 对应的速度的反比，即 T 与 V 之比）；并且 E 与 G 之比等于对应的距离 S 与 R 之比，命题得证。

定理 6，命题 6

如果两个质点做匀速运动，则其速度之比将等于所通过距离之比和所需时间间隔之比的乘积。

令 A 和 B 是两个做匀速运动的质点；且令它们各自通过的距离之比为 V 比 T，再令时间间隔之比为 S 比 R，如图 3-5 所示。则我说 A 的速度与 B 的速度之比等于距离 V 与距离 T 之比和时间间隔 R 与时间间隔 S 之比的乘积。

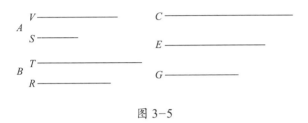

图 3-5

令 C 是 A 在时间间隔 S 内通过距离 V 的速度；令速度 C 与另一个速度 E 之比等于 V 与 T 之比；则 E 将是 B 在时间间隔 S 内通过距离 T 的速度。现在如果速度 E 与另一个速度 G 之比等于时间间隔 R 与时间间隔 S 之比，则 G 将是质点 B 在时间间隔 R 内通过距离 T 的速度。于是我们有使质点 A 在时间 S 内走过距离 V 的速度 C 和使质点 B 在时间 R 内走过距离 T 的速度 G。C 与 G 之比等于 C 与 E 之比和 E 与 G 之比的乘积；C 与 E 之比按照定义等于距离 V 与距离 T 之比；并且 E 与 G 之比等于 R 与 S 之比。所以命题成立。

萨耳：上面是我们的作者对匀速运动所写的内容。现在我们转到对自然加速运动的新的和更富洞察力的讨论，重落体的运动就属于这种运动；下面是标题和引论。

自然加速运动

上一节讨论了匀速运动的性质；现在讨论加速运动。

首先似乎需要寻求和解释一种最适合自然现象的定义。因为任何人能够发明一种任意类型的运动并讨论它的性质；例如有些人想象出在自然界没有遇到过的螺旋线和蚌线所描述的运动，并且还很好地建立了这些曲线由于它们的定义而具有的性质；不过我们决定去讨论在自然界实际发生的具有加速度的落体现象，并且使这一加速运动的定义能展现所观察到的加速运动的本质特性。经过一再的努力，我们相信我们成功了。我们这种信心，主要是被如下的考虑证实了，即看到实验的结果准确地和一个又一个为我们所证实的性质相符合和一致。最后，在研究自然加速运动时，我们遵循自然本身的习性和习惯，在各种方法中，仅仅使用了那些最普通和最简易的手段。

因为我想没有人认为游泳或飞翔能够用比鱼和鸟本能地使用的方法更简单或更易行。因此，当我观察一块石头由静止开始从高处下落，并且速度不断增加时，为什么我不相信这种增加是以对任何人都非常简单的和相当明显的方式发生的呢？现在如果我们仔细考察事物，我们发现没有比总是以同一方式重复它自己更简单的了。当我们考虑时间和运动的内在关系时，这是易于理解的；因为恰如匀速运动是以相等时间和相等距离来定义和设想的（因而，我们称在相等的时间间隔中通过相等距离的运动为匀速运动），我们可以以类似的方式通过相等的时间间隔来设想附加速度而不使事情复杂化；这样，我们可以在我们的脑子中描绘一种运动是均匀地和连续地被加速，只要在任意相等的时间间隔内给它以相等的速度增量。于是，如果任何相等的不管怎样的时间间隔流逝，时间由运动物体离开它静止位置下落开始计数，在头两个时间间隔内获得的速度将是第一个时间间隔内的两倍，所以在三个这样的时间间隔内将增加到三倍；而在四个时间间隔末速度是第一个时间间隔末的四倍。把事情弄得更清楚些，如果一个物体以在第一个时间间隔内获得的同样的速度继续它的运动，并保持均匀的速度，则它的运动将会比以两个时间间隔中获得的速度运动慢两倍。于是，看来，如果取速度的增量与时间的增量成比例，我们就不会弄错；所以我们要讨论的运动的定义可以叙述为：如果一个运动由静止开始，它在相等的时间间隔中获得相等的速度增量，则说这个运动是匀加速的。

萨格： 尽管我对这个或者任何别的由不管哪位作者想出的定义拿不出合理的反驳，因为所有的定义都是任意的，然而我可以不带攻击性地怀疑像上面这种以一种抽象的形式建立的定义能否符合和描述我们在自然界中遇到的自由下落物体的那类加速运动。并且因为作者显然坚持在他的定义中描述的运动是自由落体的运动，我愿意从某些困难中使我的头脑清晰，以便后面能更认真地投入命题和它们的证明中。

萨耳： 你和辛普里修产生这些困难是合理的。我想起当我最初看到这本论著时也发生过相同的情形，后来困难消失是由于和作者本人讨论或者是在我自己的脑子里事情发生转变。

萨格： 当我想到一个重物体由静止即零速度开始下落，而后获得与从运动开始算起的时间成比例的速度；例如，这种运动是，在八次脉搏时间中得到八度的速度，在第四次脉搏末得到四度，在第二次末得到二度，在第一次末得到一度；因为时间是无限可分的，从所有这些考虑得出，如果物体早先的速度是以不变的比例小于现在的速度，则在那时物体无论多小的速度都没有（或者，可以说，无论多大的慢度都没有），我们就不可能发现物体以这个速度从无限慢即从静止开始的运动。这样一来，如果在第四次脉搏末有速度1，此后保持匀速，物体在1小时中通过2英里，并且如果保持第二次脉搏末的速度，物体在1小时中通过1英里，我们必然得出，当愈来愈接近开始的瞬时，物体的运动是如此慢，以至于如果它保持这种运动的速率，它在一小时、或者一天、或者一年、或者一千年中不会通过1英里；确实，即使在更长的时间中它也不会通过一拃远；这是一种困惑着想象力的现象，而我们的感觉告诉我们一个重的落体会突然获得大的速度。

萨耳：这是我在开始时经历过的困难之一，但是不久就消失了；而消失是由于受到引起你的困难的实验的影响。你说这实验显示重物从静止起动后马上就获得了非常可观的速度；而我说这同一个实验使这样一个事实变得更清楚了，即不管落体有多重，它最初的运动都是慢的和平缓的。把一个重物放置在一块柔软的材料上，把它留在那里，除了它自己的重量之外没有任何压力；显然如果把这个物体提升 1 或 2 库比特，再让它下落到这块材料上，它将以这一冲击，施加一个新的比起仅由它的重量产生的压力更大的压力；并且这一效果是由落体的自重和它下落期间获得的速度引起的，是一种随其下落高度的增加而愈来愈大的效果，随之下落物体的速度也变得更大。于是从冲击的量和强度我们能够精确地估计落体的速度。但是，先生们，请告诉我，如果一块石头从一个 4 库比特的高度落在一根树桩上，并把它打进地里，比方说打进四指宽的距离，而来自一块 2 库比特高的石头打进的距离要小得多，来自 1 库比特高的石头将打进更小的距离；最后，如果石头只被提到一指宽的高度，它比石头只放在树桩顶端而不敲击会多打进多少呢？显然非常小。如果仅提升到相当于一片树叶厚度的高度，其效果将完全觉察不到。并且因为打击的效果依赖于打击物体的速度，每当打击的效果难于觉

察时，任何人能怀疑运动是非常慢且其速度非常小吗？现在来看看真理的力量；同一实验乍一看好像说明一回事，当更仔细地考察时，就使我们确信是与之相反的。

但是无须依赖于上面无疑是结论性的实验，在我看来，单凭推理来确定这种事实应当是没有困难的。想象把一块重石头静止地放在空气中，撤去支撑使石头下落，开始时很缓慢，随后不断加速。现在因为速度可以无限制地增加和减小，有什么理由相信这一运动的物体从无限慢开始，即从静止开始，马上就会获得一个 10 度的速度，而不是 4 度、2 度、1 度、1/2 度、1/100 度，或者是无数小量呢？请听好。我很难想象你会拒绝承认，当石头被强迫力抛到它以前的高度时，石头从静止下落所获得的速度与其速度的减小和损失遵从同一个序列；但是即使你不认可这一点，我也看不出你怎能怀疑上升的石头其速度减小，在达到静止前必然经过每一种可能的慢度①。

辛普：但是如果这种愈来愈大的慢度的量是没有限制的，它们将是永无穷尽的，于是这样一个上升的重物将永远达不到静止，而是永远以一种很慢的速率不断没有限制地运动，但这不是观察到的事实。

萨耳：辛普里修，如果运动的物体在任意长的时间内对每一个速度保持它的速率，这是可能发生的；但它通过每一个点没有比一个瞬

①慢度等于速度的倒数。——中译者注

时更长的延迟；并且因为每一段无论多小的时间间隔都可以被分割为无数个瞬时，这些瞬时将总是足以对应于速度的无限减小。

这一上升的重物在任意长的时间内不停留在任一给定的速度上，由于以下事实是显然的：因为如果指定某个时间间隔，物体在这一时间间隔的最后瞬时和最初瞬时以同一速度运动，如同它从第一个高度上升到第二个高度一样，它就能从这第二个高度以同样的方式上升一个同等的高度，而依照同样的推理它还会从第二个高度转移到第三个高度，最后继续以匀速永远运动下去。

萨格： 从这些讨论，在我看来，我们可能对哲学家们讨论的问题，即是什么引起重物自然运动的加速得到一个正确的解答。依我看，是因为迫使物体向上的力（virtù）不断地减小，这个力只要大于相反的重力，仍迫使物体向上；当两者平衡时物体停止上升并达到静止状态，这时强迫性推力（impeto）并没有消失，而仅仅是超过物体重量的部分——引起物体上升的超过部分被消耗掉了。然后，当外部的推力（impeto）持续减小，而重力占了上风，下降就开始了，但是由于相反的推力（virtù impressa），在最初下降是缓慢的；但推力愈来愈多地被重力克服而继续减少，所以运动就持续加速。

辛普： 这个想法是聪明的，比听上去还要微妙；即使论据是决定性的，它只能解释一个自然运动之前有一个猛烈运动的情形，这时仍然留有一部分有效的外力（virtù esterna）作用；

但是在没有这种遗留外力且物体是从先前静止的状态开始运动的情形，整个论证的说服力就差了。

萨格： 我相信你是错的，你说的一些情况之间的这种差别是多余的或者是不存在的。不过，请告诉我，一枚炮弹不能从抛射器那里得到或大或小的力（virtù），使它被扔到100库比特高，甚至是20、4或者1库比特高吗？

辛普： 无疑是能够的。

萨格： 因此这一强迫力（virtù impressa）可以超过重力的抗力如此之少，以至于它仅仅上升一指宽；最后抛射器的力（virtù）可能大到刚好足以准确地平衡重力的抗力，使得物体完全不上升而仅仅保持不动。当一个人在手中拿着一块石头，他除给它一个迫使其向上的力（virtù impellente）——此力等于向下拉它的重力（facolta）——之外还做了什么呢？并且只要你在手中拿着它，你不就持续地对石头施加了这个力（virtù）吗？当一个人拿着石头时，这个力可能随时间减小吗？

不管阻止石头下落的支撑是一个人的手、一张桌子或者是一根吊着它的绳子，这种支撑是怎么一回事呢？这些不同的方法肯定是无关紧要的。辛普里修，于是你必然得出结论，不管石头在下落之前是经过一个长的、短的或者瞬间的静止，这些都没有差别，只要石头被一个与重力反向的力（virtù）作用着并足以保持它静止，下落就不会发生。

萨耳： 看来现在不是研究自然运动加速原

因的合适时候，对这个问题不同的哲学家表达了各式各样的意见，有些人解释为向心的吸引力，另一些人解释为物体非常小的部分之间的斥力，而还有些人归诸周围介质的某些压力，这些介质随后包围落体且驱赶它从一个位置到另一个位置。现在，所有这些和其他的离奇的想法都应当受到考察；但是实在不值得花时间。目前作者的目的仅是研究和证实某些加速运动的性质（不管这种加速的原因可能是什么）——它指的是一种运动，它的速度的动量（i momenti delta sua velocità）在脱离静止后与时间成简单比例地继续增加，它等同于在相等的时间间隔内得到相等的速度增量；并且如果我们发现加速运动的性质（在后面我们要论证它们）在自由下落和加速的物体的情况实现了，我们就可以得出结论说，所假设的定义包含了这种落体的运动，并且它们的速度（accelerazione）随时间和运动持续而增加。

萨格：到现在就我所知，这个定义可以稍微改得清晰一点而无须改变基本的想法，即，匀加速运动是这样的运动，其速度与通过的距离成比例地增加；于是，例如，一个物体在下落 4 库比特时获得的速度会是下落 2 库比特时的速度的两倍，而且后者的速度会是下落 1 库比特获得的速度的两倍。因为无疑一个重物体从 6 库比特的高度下落（和冲击）会有一个两倍于在 3 库比特末的动量（impeto），后者三倍于在 1 库比特末的动量。

萨耳：我以有这样一位犯错误的伙伴颇感欣慰；并且让我告诉你，你的命题很有可能被我们的作者认可，当我把这个观点向他提出时，他有时也落入同一谬误中。但是令我最惊奇的是，我看到两个天生就可能成立的命题，以至于把它们提到任何人面前都会被认可，而他却以简短的几句话就证明了它们不仅是错的而且是不可能的。

辛普：我就是那些接受这个命题的人中的一个，并且相信一个落体在下落时获得力（vires），它的速度与距离成比例地增加，并且从双倍高度下落时，物体的动量（momento）也应当加倍；这些命题在我看来应当被毫不犹豫和毫无争议地承认。

萨耳：不过它们依然是错误的和不可能的，就好像运动应在瞬时完成的一样；而这里是一个对它非常清晰的证明。如果速度和通过的或者将要通过的距离成比例，那么这些距离是在相等的时间内通过的；于是，如果落体通过一段 8 英尺距离的速度是它通过最初 4 英尺时（刚好一段距离是另一段的两倍）的两倍，则通过这些路径所需的时间间隔应当是相等的。但是完全相同的物体在同一时间内下落 8 英尺和 4 英尺只有在瞬时（discontinuous）运动的情形才是可能的；而观察告诉我们落体运动通过 4 英尺所占据的时间比通过 8 英尺的时间短；于是速度与距离成比例地增加是不对的。

另一个命题的错误可以同样清晰地说明。如果我们考虑一个单独的冲击物体，在它冲击时动量之差可以只依赖于速度之差；如果从一个两倍高度下落的冲击物体给出两倍动量的冲击，这个物体就需要以两倍的速度冲击；但是要具有这两倍速度就需要在相同的时间间隔内通过两倍的距离；然而观察说明从较高的位置下落需要较长的时间。

萨格： 你把这些深奥的事情弄得太显而易见了；这种极大的简易性与更深奥的形式相比使它们受到的欣赏减少了。依我看，与通过长时间的和模糊的讨论所获得的知识相比，人们更不尊重那些他们以很少劳动获得的知识。

萨耳： 如果那些以简明方式论证许多流行信念的谬误的人被轻视而不是被尊重，这种伤害还是能够忍受的；但在另一方面，当看到一些人声称是某个研究领域里的上等人，他们认为是当然的某些结论，随后很快且很容易地被别人证明是错误的，那才是不愉快的和尴尬的。我不想把这种感觉描述为一种嫉妒，这通常会堕落为对那些发现这种谬误的人的仇恨和愤怒；我把它称为维持旧错误而不接受新真理的强烈的欲望。这种欲望不时使他们联合起来反对这些尽管在心里已相信的真理，其目的纯粹是为了降低对这些真理的尊重，而不动脑筋的一伙人却保持了对另一些事情的尊重。确实，我曾经从我们的院士那里听到许多这种被视为真理却很容易被驳倒的谬误；我记住了其中一些。

萨格： 不必对我们隐瞒它们，而要在适当的时机告诉我们，即使这需要一次额外的聚会。但是现在，继续我们谈话的思路，似乎到现在为止我们已经建立了匀加速运动的定义，它被表述为：

一个运动被称为是等加速的或匀加速的，是指当它从静止开始，其动量（celeritatis momenta）在相等的时间内得到相等的增量。

萨耳： 为了建立这一定义，作者做了一个假设，即：

相同的物体沿着有不同倾角的平面向下运动，当这些平面的高度相等时，物体所获得的速度是相等的。

我们说的斜面高度指的是从平面上端下落到经过这一平面下端的水平线所通过的垂直距离。如图 3-6 所示，令线段 AB 是水平线，平面 CA 和 CD 是倾斜于它的；则作者称垂线 CB 为平面 CA 和 CD 的"高"；他料想同一物体沿着平面 CA 和 CD 下落到端点 A 和 D 所获得的速度是相等的，因为这些平面的高度即 CB 相同；还应当了解，这一速度就是同一物体从 C 下落到 B 所获得的速度。

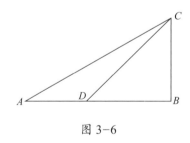

图 3-6

萨格： 你的设想在我看来是这样合理，以至于应当毫无问题地接受，当然要以没有偶然的或外部的阻力为前提，平面是硬的和光滑的，而且运动物体的外形是理想的圆形，使得平面和运动物体都不是粗糙的。所有的阻力和反作用力都被除去后，我的理智立即告诉我，一个重的沿着线段 CA，CD，CB 下落的理想圆球，在达到端点 A，D，B 时具有相等的动量（impeti eguali）。

萨耳：你说的话是似是而非的；但是我想用实验在某种程度上增强可能性而没有太多严格的证明。设想这页纸是一面垂直的墙，其上钉进一枚钉子；从钉子上以一根铅直细线 AB，比方说 4 或 6 英尺长，悬挂 1 或 2 盎司的铅弹，在这面墙上画一条水平线 DC，与铅直线 AB 成直角，而铅直线 AB 离墙大约有两指宽，如图 3-7 所示。现在把线 AB 与所系的球移到 AC 的位置然后使其自由；首先观察到它沿着弧 CBD 下落，通过点 B，然后沿着弧 BD 运动直到几乎达到水平线 CD，稍有偏差是由于空气与弦的阻力造成的；由此我们可以正确地推断，球沿着弧 CB 下落，在达到点 B 时获得了一个动量（impeto），它刚好足以使球沿着一段类似的弧 BD 到

达相同的高度。多次重复这一实验后，让我们现在在墙上靠近垂线 AB 钉入一枚钉子，比方说在 E 或 F 处，要让它突出五或六指宽，以便拴着子弹的线沿弧 CB 达到 B 时，可以碰着钉子 E 然后迫使它沿以 E 为圆心的弧 BG 运动。由此我们能够看到，以前由点 B 开始沿着弧 BD 达到水平线 CD 的同一物体以同样的动量（impeto）能够做些什么。现在，先生们，你们将会高兴地观察到这个球摆动到水平线上的点 G，并且如果障碍安置在下方的点，比方说在点 F，你们会看到相同的事情，绕着它球会描出弧 BI，球总是准确地终止于 CD 线上。不过当钉子安置得如此之低，以至于线下面的剩余部分不足以达到高度 CD 时（假如钉子放在距离 B 比距离 AB 与水平线 CD 的交点更近的地方，就是这种情形），则线跳起越过钉子并缠绕它。

这一实验无可置疑地证实了我们推断的真实性；因为 CB 和 DB 两段弧是相等的并且被相似地放置，沿着弧 CB 下落获得的动量（momento）与沿 DB 弧下落获得的动量是相同的；但是沿弧 CB 下落在 B 处获得的动量（momento）能够把同一物体（mobile）提升以通过弧 BD；于是，沿弧 BD 下落获得的动量就等于提升同一物体通过从 B 到 D 的同一弧的动量；所以，一般地说，每一次下落通过一段弧获得的动量等于能提升同一物体通过同一弧的动量。不过所有这些引起沿弧 BD，BG 和 BI 上升的动量（momenti）都相等，因为它们是由相同的动量产生的，如实验所示，这个动量是由于沿弧 CB

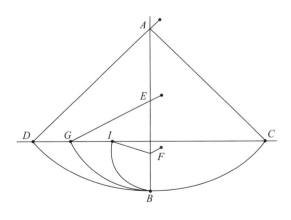

图 3-7

下落而得到的。因此，所有沿弧 *BD*，*BG*，*BI* 下落获得的动量是相等的。

萨格：这个论证在我看来是如此具有结论性，并且实验对确立推断是如此合适，以至于我们确实可以把它看作证明。

萨耳：萨格利多，关于这一事情我不想过多地自找麻烦，因为我们打算把这个原理主要应用于发生在平面上的运动，而不是在曲线上的运动，沿着曲线加速度变化的方式大大不同于我们对平面的情形所假定的方式。

所以，虽然上面的实验向我们表明运动物体沿着弧 *CB* 下落所给予的动量（momento）刚好足以使它通过弧 *BD*，*BG*，*BI* 中的任何一条而把它带到同样的高度，我们还是不能够以类似的方式来说明这件事是与下面的情况完全相同的，即一个理想的圆球沿倾斜平面下落，平面的倾角分别等于这些弧的弦的倾角。另一方面，很可能是由于这些平面在 *B* 点形成角度，它们对沿弦 *CB* 下落然后沿弦 *BD*，*BG*，*BI* 上升的球会形成一种障碍。

在撞击这些平面时，它的一些动量（momento）会损失掉，之后它就不能够上升到线段 *CD* 的高度；不过一旦干扰实验的这一障碍除去，（由下降力得到的）动量（impeto）就能够把物体带到同样的高度。让我们暂且把它作为一个假定，当我们发现由它得到的推论与实验符合并且完全一致时，它的绝对真实性就会被确立。作者在假设这个原理后过渡到下面他清晰地证明了的一些命题，其中第一个是：

定理 1，命题 1

物体从静止开始以匀加速通过任何距离的时间等于同一物体以一匀速运动通过同一距离的时间，该速度的值是最大速度和刚开始加速之前的速度的平均。

让我们以线段 *AB* 表示一个物体在 *C* 处从静止开始以匀加速运动通过距离 *CD* 的时间；在间隔 *AB* 中获得的最终和最大速度值以线段 *EB* 表示，将它画成与 *AB* 垂直；画线段 *AE*，则所有在 *AB* 上平行于 *BE* 的等距离线段将代表由瞬时 *A* 开始速度增加的值，如图 3-8 所示。令点 *F* 把线段 *EB* 分为两等分；画 *FG* 平行于 *BA*，*GA* 平行于 *FB*，于是就形成一个平行四边形 *AGFB*，它的面积等于△*AEB* 的面积，因为边 *GF* 在点 *I* 将边 *AE* 二等分；如果将△*AEB* 中的平行线延长

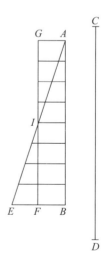

图 3-8

到 GI，则所有包含于四边形内的平行线之和等于包含在△AEB 内的平行线之和，因为在△IEF 内的平行线等于在△GIA 内的平行线，同时那些在不等边梯形 AIFB 内的平行线是公共的。因为在时间间隔 AB 内每一个瞬时都对应于它在线段 AB 上的一个点，从这点画出的平行线限定在△AEB 内的部分代表增长速度的增加值，并且因为包含在矩形内的平行线代表一个不增加的常速度值，看来，以同样的方式在加速运动的情形下，运动物体的动量（momenta）也可以用△AEB 内渐增的平行线段来表示，并且对于匀速运动的情形，用在矩形 GB 内的平行线段来表示，因为，动量在加速运动第一部分所缺的部分（所缺的动量以△AGI 内的平行线段表示）是由△IEF 内的平行线段所表示的动量构成的。

所以很清楚，两个物体在相等时间内通过相等的距离，其中一个由静止开始以匀加速运动，而另一个则以匀速运动，其动量是加速运动的最大动量的一半。证毕。

定理 2，命题 2

从静止开始下落的物体以匀加速运动所通过的距离之比等于通过这些距离所用时间的平方之比。

令直线段 AB 表示从任何时刻 A 开始的时间，在其中取任何两个时间间隔 AD 和 AE；令 HI 表示物体在点 H 由静止开始以匀加速下落通过的距离，如图 3-9 所示。如果 HL 表示在时间间隔

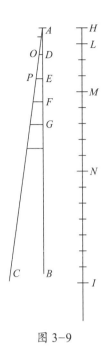

图 3-9

AD 内通过的距离，HM 表示在间隔 AE 内所通过的距离，则距离 HM 与距离 HL 之比等于时间 AE 与时间 AD 之比的平方；或者我们可以简单地说，距离 HM 与 HL 之间的关系等于 AE 平方与 AD 平方之间的关系。

画与线段 AB 成任何角度的线段 AC；并且从点 D 和 E 出发画平行线段 DO 和 EP；在这两条线段中 DO 表示在间隔 AD 内获得的最大速度，而 EP 表示在间隔 AE 内获得的最大速度。就通过的距离而言，刚才我们已证明了，一个物体从静止开始以匀加速下落准确地等同于该物体在相等的时间间隔内以常速度下落，其速度等于加速运动所达到的最大速度的一半。因此距离 HM 和 HL 分别等于在时间间隔 AE 和 AD 内，其速度等于以 DO 和 EP 表示的速度的一半的匀

速运动所通过的距离。因此，如果能够证明距离 HM 与 HL 之比等于时间间隔 AE 与 AD 的平方之比，我们的命题就被证明了。

不过在"匀速运动"部分中的命题 4（见第 99 页）已经证明了以匀速运动的两个质点，它们所通过的距离之比等于速度之比和时间之比的乘积。但是在现在的情形其速度之比与时间间隔之比是相同的（因为 AE 与 AD 之比等于 EP/2 与 DO/2 之比或 EP 与 DO 之比）。所以通过的距离之比等于时间间隔平方之比。证毕。

显然距离之比等于末速度之比的平方，即线段 EP 与 DO 之比的平方，因为它们之比等于 AE 与 AD 之比。

推论 1 显然，如果我们从运动开始计时，取任意相等的时间间隔，比方说 AD，DE，EF，FG，在这些时间间隔中通过的距离分别是 HL，LM，MN，NI（见图 3-9），这些距离之间的比例将和奇数序列 1，3，5，7 之间的比例相同；因为这是（表示时间的）线段平方差之间的比例，一个超出另一个的差是相等的量，这个差等于最小的线段（即代表单个时间间隔的线段）；或者我们可以说（这个比例等于）从 1 开始的自然数的平方差之比。

因此，在相等的时间间隔内速度的增加和自然数一样，在这些相等时间间隔内通过的距离的增量之比等于从 1 开始的奇数之比。

萨格：请让我们的讨论中断一会儿，因为我刚刚产生了一个想法，为了使你们和我更清楚，我想借助于一幅图来说明。

令线段 AI 表示从初瞬时 A 算起的时间；过 A 画与之成任何角度的直线段 AF；连接端点 I 和 F；以 C 把时间 AI 分为两半；画 CB 平行于 IF，如图 3-10 所示。让我们将 CB 看作速度的最大值，它是从零开始增长的，以简单的比例画出平行于 BC 的线段在 △ABC 上的截距；或者同样是，让我们假设速度与时间成比例地增加；由于前面的论证，我会毫无疑问地认为，落体按照前述方式描出的距离将等于同一物体以均匀速度 EC（即 BC 的一半）在同样长的时间内通过的距离。进而让我们设想作加速运动的落体在瞬时 C 具有速度 BC。显然如果物体以同一速度 BC 没有加速地继续下落，在下一时间间隔 CI 内通过的距离将等于在间隔 AC 内以速度 BC 的一半（即 EC）做匀速运动所通过距离的两倍；但是因为落体在相同的时间增量内获得相等的速度增量，在下一个时间间隔 CI 内速度

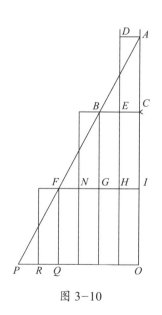

图 3-10

BC 将增加一个以△BFG 的平行线表示的量，这个三角形是等于△ABC 的。那么，如果在速度 GI 上添加速度 FG 的一半（FG 是加速运动获得的最大速度并由△BFG 的平行边确定），就得到可在时间 CI 内描绘出相同距离的均匀速度；并且因为这个速度 IN 三倍于 EC，就得出在时间间隔 CI 内描绘的距离三倍于在间隔 AC 内所描绘的距离。让我们设想运动被延伸到另一个相等的时间间隔 IO，且三角形延伸到△APO；则显然，如果在时间间隔 IO 内运动持续以在时间 AI 内加速所获得的速度 IF 为常速率，则在间隔 IO 内所通过的距离将四倍于在第一个间隔 AC 内所通过的距离，因为速度 IF 四倍于速度 EC。但是如果这样来扩大我们的三角形使之包括等于△ABC 的△FPQ，还假定加速度是不变的，则我们对均匀速度添加了一个等于 EC 的增量 RQ；这样在时间间隔 IO 内等价的均匀速度的值将五倍于第一个时间间隔 AC 内的值；于是所通过的距离将五倍于第一个间隔 AC 内所通过的距离。这样一来，显然，由简单的计算可知，从静止开始运动并且获得与时间成比例的速度的物体在相等的时间间隔内通过的距离之间的比例就等于由 1 开始的奇数 1，3，5，……之间的比例①，或者考虑在两倍时间内通过的整个距离，它将是单位时间内通过距离的四倍；在三

倍时间内的距离九倍于单位时间内所通过的距离。在一般情形下，通过的距离与时间成二重比，也就是与时间的平方成比例。

辛普：说实在的，与作者的证明相比，我在萨格利多的这一简单和清晰的论证中得到更多的愉快，作者的证明对我来说是含糊的，这使得我一旦接受了匀加速运动的定义，就确信事情正如其所述。但是，关于这种加速运动是不是在自然中所遇到的落体的情形，我仍然是怀疑的；不仅对于我自己，也是对于那些和我有相同想法的人来说，好像是引进实验的合适的时候了——我了解有许多这种实验，它们用几种方法说明所得到的结论。

萨耳：作为一个研究科学的人，你的要求是非常合理的，因为在那些数学证明用于自然现象的科学中，这是传统——并且这样是恰当的，就如在透镜、天文、力学、音乐以及其他领域所看到的，一旦借助很好选择的实验建立了原则，这些原则就变成整个上层结构的基础。因此，我希望这不是浪费时间，假如花相当长的时间于一个首要的和最基本的问题，这一问题关系着众多结论，而我们在这本书中只看到作者放在其中的少数结论，他为了给迄今封闭在纯理论倾向中的思想打开一条通路已经做得够多的了。说到实验，我们的作者并未忽略它

①用现代分析的方法可以更简单明了地得到命题 2 的结果，即只要从基本方程
$$s=g\,(t_2^2-t_1^2)\,/2=g\,(t_2+t_1)\,(t_2-t_1)\,/2$$
就可以直接得到。其中 g 是重力加速度，s 是在瞬时 t_1 与 t_2 之间的位移。如果现在 $t_2-t_1=1$，即 1 秒，则 $s=g\,(t_2+t_1)\,/2$，这里 t_2+t_1 必须是一个奇数，可看作是自然数中两个顺序数之和。——英译者注

们；我经常在他的陪伴下试图以下面的方式使自己确信落体的实际加速运动是如上所述的。

取大约 12 库比特长、半库比特宽、三指厚的一个木制模件或一块木料，在上面开一条比一指稍宽的槽，把它做得非常直、平坦和光滑，并且用羊皮纸给它画上线，羊皮纸也是尽可能地平坦和光滑，我们沿着它滚动一个硬的、光滑的和非常圆的黄铜球。把这块木板放在倾斜的位置，使一端比另一端高出 1 或 2 库比特，照我刚才说的把球沿着槽滚下，并用马上将要描述的方法记录下落所需的时间。我们不止一次地重复这个实验，为的是精确地测量时间，以使两次观测的偏差不超过 1/10 次脉搏。在完成这种操作并且确认它的可靠性之后，我们现在仅在槽的 1/4 长度上滚这个球；在测得它下降的时间后，我们发现它精确地是前者的一半。接下去我们尝试别的距离，把球滚过整个长度的时间与 1/2，2/3，3/4 或者任何分数长度上的时间作对比，在成百次重复的这种实验中，我们总是发现通过的距离之比等于时间的平方之比，并且这对于平面，即我们滚球的槽所在平面的所有倾角都是对的。我们还观察到对于平面不同倾角的下落时间相互之间的精确比例，我们下面会知道，作者曾经对它预测并且做了证明。

为了测量时间，我们用一个大的盛水的容器，把它放在高处；在容器的底部焊上一根小直径的能给出细射流的水管，在每一次下落的时间内，我们把射出的水收集在一个小玻璃杯

内，不管是对槽的整个长度还是它的部分长度，在每一次水下落后，这样收集的水都在非常精密的天平上被称量；这些重量的差别和比例给了我们时间的差别和比例，我们以这样的精度重复操作了许多许多次，结果没有可以感知的差别。

辛普：我愿意参与这些实验；还可以感受你细心实现它们时的信心和你对待它们的求真态度，对此我感到满意并承认它们是真实和有效的。

萨耳：那么我们可以进行下去，无须讨论了。

推论 2 其次，我们得出，从任何初始点开始，如果我们取在任意时间间隔内通过的任意两段距离，则这些时间间隔之比等于一段距离与两段距离的比例中项之比。

因为如果我们取两个从初始点 S 起测量的距离 ST 和 SY（见图 3-11），它们的比例中项是 SX，则下落通过 ST 的时间与下落通过 SY 的时间之比等于 ST 与 SX 之比；或者可以说通过 SY 的时间与通过 ST 的时间之比等于 SY 与 SX 之比。

图 3-11

现在因为已经证明了通过的距离之比等于时间之比的平方；并且距离 SY 与距离 ST 之比等于 SY 与 SX 之比的平方，由此下落通过 SY 与 ST 的时间之比等于对应的距离 SY 与 SX 之比。

注释 上面的推论在垂直下落的情形已经得到了证明；但它对于以任何角度倾斜的平面也是成立的；因为假定了沿着这些平面的运动速度是以同样的比例增加的，即增加量与时间成比例，如果你乐意换一种说法的话，它是以自然数序列的比例增加的。[①]

萨耳：萨格利多，如果辛普里修不感到过分乏味的话，在这里我想把现在的讨论打断一会儿，以便在已经证明的结果和我们已经从我们的院士那里学到的力学原理的基础上做一些补充。我做这一补充是为了较好地建立我们已经在上面讨论过的原理的逻辑和实验基础；并且在首先证明一个运动（impeti）科学中基本的单独的引理之后，更重要的是为了从几何上导出它。

萨格：如果你建议去作的推进是要巩固和完全建立这些运动科学，我高兴花随便多长的时间。实际上，我不仅很高兴你进行下去，而且请你马上满足我被你唤醒的关于你的命题的好奇心；我想辛普里修和我有同样的想法。

辛普：完全正确。

萨耳：既然得到你们的允许，让我们首先

考虑这一引人注目的事实，即相同运动物体的动量或速度（i momenti o le velocità）随平面倾角而变化。

速度沿垂直方向达到最大，而对其他方向，当平面偏离垂直方向时速度变小。于是运动物体下降的动力、能力、能量（l'impeto, il talento, l'energia），或者可以说动量（il momento），随着支持它并且沿它滚动的平面倾角而减小。

为了更清晰起见，垂直于水平线 AC 画一条线段 AB；随后画 AD，AE，AF，等等，它们与水平线有不同的倾角，如图 3-12 所示。那么我说落体的全部动量是沿着垂直方向的，并且沿这个方向下落时动量最大；沿着 DA 方向动量较小，沿着 EA 方向更小，而沿着更斜的平面 FA 方向还要小。最后在水平面上动量完全消失；物体在处于一种运动和静止无差别的条件下，它没有沿任何方向运动的内在趋势，也不提供对运动的阻力。恰如重物或物体系统不能自己向

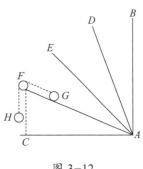

图 3-12

① 在注释与下面定理之间的对话是按照伽利略的意思由维维亚尼精心安排的。参阅《伽利略全集》（国家版），VIII，23。——英译者注

上运动，或者不能使自己远离所有重物都趋向的共同的中心（comun centro），任何物体除了朝上述共同中心靠近的运动以外，不可能主动地有任何其他运动。所以，沿着水平线，我们把它理解为面，在其上的任何一点都与这一共同中心是等距离的，物体不会有任何的动量。

动量的这种变化是清楚的，在这里我必须解释我们的院士在帕多瓦曾经写过的一些事，他把它们包含在仅为他的学生们预备的力学教材中，并且当考虑那种了不起的机械（即螺丝）的起源和性能时，他给出了篇幅很长的决定性的证明。他证明的是动量（impeto）随平面倾角而变化的方式，例如平面 FA 的一端被抬起一段垂直距离 FC。FC 是沿它重物体的动量变为最大的方向；让我们来寻求这一最大动量与同一重物沿着倾斜平面 FA 运动的动量之间的比例。我说，这一比例是与前面所说的长度成反比的。这就是稍后我要证明的定理的引理。

显然作用在一个下落物体上的冲力（impeto）等于阻力或者足以在静止时支持它的最小的力（resistenza o forza minima）。为了测量这一冲力和阻力（forza e resistenza），我打算使用另一个物体的重量。让我们在平面 FA 上放一物体 G，借助一根经过点 F 的绳索将它与重量为 H 的物体连起来；则物体 H 会沿垂直方向上升或下降，物体 G 也沿着倾斜的平面 FA 上升或下降同样的距离；但是这一距离并不等于 G 沿垂直方向上升或下落的距离，G 和其他物体一样沿垂直方向施加了力（resistenza）。这是很清楚的。如果我们考虑物体 G 从 A 到 F，在由一个水平分量 AC 和一个垂直分量 CF 构成的 △AFC 中的运动，并且记得物体沿着水平方向不经受对运动的阻力（因为这种运动既不获得，也不损失重物与共同中心的距离），由此得出阻力只有在物体通过垂直距离 CF 上升时才会遇到。于是因为物体 G 从 A 到 F 的运动提供阻力仅由于它上升了垂直距离 CF，同时另一物体 H 必须通过整个距离 FA 垂直下落，并且两个物体被不可伸长地连接着，这一比例不管运动是大是小都被保持着，我们能够肯定地断言，在平衡的情形（物体处于静止）下，动量、速度或者它们的运动趋向（propensioni al moto），即在相等的时间内它们通过的距离，必然与它们的重量成反比。这是对机械运动中的每一种情形都已经证明了的[①]。于是为了保持物体 G 静止，必须按距离 CF 小于 FA 的比例给 H 一个较小的重量。如果我们做到这一点，FA : FC = 重量 G : 重量 H，就会实现平衡，即，重量 H 与 G 将有相同的冲力（momenti eguali），并且两个物体会处于静止状态。

既然我们同意一个运动物体的推力、能量、动量或运动的趋向是和力或足以使它停止的最小阻力（forza o resistenza minima）一样大的，并且我们已经发现重量 H 能够阻止物体 G 运动，

---

① 一种接近于虚功原理的方案，是由约翰·伯努利（John Bernoulli）于 1717 年提出的。——英译者注

由此得出较小的重量 H（它的全部力（momento totale）是沿着垂直方向 FC 的）是较大的重量 G 沿平面 FA 施加的力的分量（momento parziale）的准确度量。但是在物体 G 上总的力（total momento）的度量是它自己的重量，因为要阻止它下落只需以一个相等的重量去平衡它，倘若这第二个重量在垂直方向的运动是自由的；于是，G 沿着斜面 FA 的力的分量（momento parziale）与同一物体 G 沿着垂直方向 FC 的总的力之比等于重量 H 与重量 G 之比。由此，这一比例又等于斜面的高度 FC 与长度 FA 之比。在这里我们就有了我提出要证明的引理，正如你们将看到的，我们的作者已经决定在下面的命题 6 中采用它。

萨格：从你向我们陈述的，在我看来可以说，由比例等式论证了（arguing ex aequali con la proportione perturbata）同一物体沿着倾角不同但有同样垂直高度的平面（如 FA 和 FI）运动其趋向（momenti）是与平面长度成反比的。

萨耳：完全正确。在这一点确定后，我要转去证明下面的定理：

如果物体沿着不管以任何角度倾斜但有相同高度的平面自由下滑，它达到底部时的速度是相同的。

首先我们必须记起的事实是，在任何斜面上物体从静止开始获得的速度或者动量（la qlantitá dell'impeto）与时间成正比，这是与作者对自然加速运动所给的定义是一致的。所以，如同他已经在上一个命题中所表明的，物体通

过的距离与时间的平方成比例，从而与速度的平方成比例。这里的速度关系与开始研究的运动（即垂直运动）是相同的，因为在每一种情形获得的速度是与时间成比例的。

令 AB 是一斜面，它在水平面 BC 上方的高是 AC（见图 3-13）。如同上面已看到的，一物体沿着垂线 AC 下落的推力（impeto）与同一物体沿着斜面 AB 运动的推力之比等于斜面 AB 与

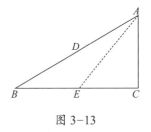

图 3-13

AC 之比。在斜面 AB 上，令 AD 是 AB 与 AC 的比例中项；则引起沿着 AC 运动的力与沿着 AB（即沿着 AD）运动的力之比等于长度 AC 与长度 AD 之比。因此在与下落垂直距离 AC 所用的相同时间内，物体将沿着斜面 AB 通过距离 AD（因为这些力（momenti）和这些距离有相同的比例）；同样，在 C 处的速度与在 D 处的速度之比等于距离 AC 与距离 AD 之比。但是，按照加速运动的定义，同一物体在 B 处的速度与在 D 处的速度之比等于通过 AB 所需的时间与通过 AD 所需的时间之比；并且，按照前面命题 2 的推论 2，通过距离 AB 的时间与通过 AD 的时间之比等于距离 AC（AB 与 AD 之间的比例中项）与距离 AD 之比。因此在 B 和 C 处的两个速度

中的每一个与在 D 处的速度有相同的比例，即距离 AC 与 AD 之比；所以它们是相等的。这就是我要证明的定理。

由上所述，我们能够更好地证明下面由作者给出的命题 3，其中他应用了以下原理：通过斜面所需的时间与通过斜面的垂直高度下落所需的时间之比等于斜面的长度与其高度之比。

按照命题 2 的推论 2，如果 BA 表示通过距离 BA 所需的时间，则通过距离 AD 所需的时间将是这两段距离之间的比例中项，以线段 AC 表示；但是如果 AC 表示通过 AD 所需的时间，它还表示通过距离 AC 下落所需的时间，因为距离 AC 和 AD 是在相同的时间内通过的；于是，如果 AB 表示通过 AB 所需的时间，则 AC 将表示通过 AC 所需的时间。所以通过 AB 与 AC 所需的时间之比就等于距离 AB 与 AC 之比。

以同样的方式可以证明，通过 AC 下落所需的时间与通过任何斜面 AE 所需的时间之比等于长度 AC 与长度 AE 之比；于是，由等式（ex aequali）可知，沿着斜面 AB 与 AE 下落的时间之比等于距离 AB 与 AE 之比，等等[①]。

正如萨格利多易于看出的，应用这同一定理，立即可证明作者的命题 6；但是让我们在这里结束这一问题，萨格利多对它可能已经感到有些乏味了，不过我认为它对运动理论是十分重要的。

萨格：相反地，它给了我很大的满足，并且

我发现它对完全理解这一原理确实是必需的。

萨耳：我将重读这段文字。

定理 3，命题 3

如果同一物体由静止开始分别沿着斜面和垂直面下落，两者有相同的高度，则下落的时间之比等于斜面与垂直面的长度之比。

令 AC 是斜面，而 AB 是垂面，它们在水平面上有相同的垂直高度，即 BA，如图 3-14 所示，则我说同一物体沿平面 AC 下落的时间与沿垂直面 AB 下落的时间之比等于长度 AC 与长度 AB 之比。令 DG，EI 和 FL 是任何平行于水平线 CB 的任意线段，则从前面的讨论可以得出，一个从 A 出发的物体在 G 和在 D 处会获得相同的速度，因为在每一种情形垂直下落的距离是相同的；同样，在 I 和在 E 处的速度也是相同的，在 L 和在 F 处也是如此。并且一般地说，从 AB 上的任意点到 AC 上对应的点画平行线，其两个

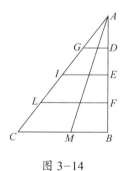

图 3-14

---

① 这一点需要演算。——英译者注

端点处的速度将是相等的。

于是 *AC* 和 *AB* 两段距离是以相同的速度通过的。但是我们已经证明如果一个物体以相等的速度通过两段距离，则下落的时间之比等于它们的距离之比；从而，沿着 *AC* 下落的时间与沿着 *AB* 下落的时间之比等于平面 *AC* 的长度与垂直距离 *AB* 之比。证毕。

萨格： 在我看来，在已经证明的命题的基础上，上面的命题可以清楚地和简短地被证明，那个已证明的命题是：在加速运动的情形，沿着 *AC* 或 *AB* 所通过的距离与由一个速度值为最大速度 *CB* 一半的匀速运动所通过的距离相等；*AC* 和 *AB* 两段距离在相同的匀速运动下通过，则显然，由命题 1 可知，下落的时间之比将等于距离之比。

推论 所以我们可以推断，沿着具有不同倾角但有相同垂直高度的平面下落所需的时间之比等于平面的长度之比。考虑从 *A* 延伸到水平线段 *CB* 的任何平面 *AM*；则可以以相同的方式证明，沿 *AM* 下落的时间与沿 *AB* 下落的时间之比等于距离 *AM* 与距离 *AB* 之比，但是因为沿 *AB* 下落的时间与沿 *AC* 下落的时间之比等于长度 *AB* 与长度 *AC* 之比，由此得出，同样（ex aequali），*AM* 与 *AC* 之比等于沿 *AM* 下落的时间与沿 *AC* 下落的时间之比。

定理 4，命题 4

沿着具有同样长度而有不同倾角的平面

下降所需的时间之比等于平面高度的平方根的反比。

从点 *B* 画具有相同长度但有不同倾角的平面 *BA* 和 *BC*；令 *AE* 和 *CD* 是与垂直线相交的水平线段；令 *BE* 表示平面 *BA* 的高度，*BD* 表示 *BC* 的高度；还令 *BI* 是 *BD* 和 *BE* 的比例中项（见图 3-15）。则 *BD* 与 *BI* 之比等于 *BD* 与 *BE* 之比的平方根。现在我说，沿着 *BA* 和 *BC* 下落的时间之比等于 *BD* 与 *BI* 之比；所以沿 *BA* 下落的时间与另一个平面 *BC* 的高度相关，即 *BD* 作为沿 *BC* 下落的时间与高度 *BI* 相关。现在必须证明，沿 *BA* 下落的时间与沿 *BC* 下落的时间之比等于长度 *BD* 与长度 *BI* 之比。

画 *IS* 平行于 *DC*，如图 3-15 所示。因为已经证明沿 *BA* 与沿垂线 *BE* 下落的时间之比等于 *BA* 与 *BE* 之比；沿 *BE* 下落的时间与沿 *BD* 下落的时间之比等于 *BE* 与 *BI* 之比；并且类似地，沿 *BD* 下落的时间与沿 *BC* 下落的时间之比等于 *BD* 与 *BC* 之比，或者 *BI* 与 *BS* 之比；由等式（ex aequali）推出，沿 *BA* 下落的时间与沿 *BC* 下落的时间之比等于 *BA* 与 *BS* 之比，或者 *BC* 与 *BS*

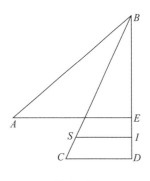

图 3-15

之比。然而，BC 与 BS 之比等于 BD 与 BI 之比；所以我们的命题成立。

定理 5，命题 5

沿着具有不同长度、斜率与高度的平面下落的时间之比等于长度之比和高度之反比的平方根的乘积。

画具有不同倾角、长度和高度的平面 AB 与 AC，如图 3-16 所示。则我的定理是沿 AC 下落的时间与沿 AB 下落的时间之比等于 AC 与 AB 之比和它们的高度反比平方根的乘积。

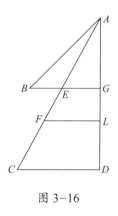

图 3-16

令 AD 是一条垂直线段，向它画水平线段 BG 和 CD；还令 AL 是高度 AG 与 AD 的比例中项；由点 L 画一条水平线与 AC 相交于 F；由此 AF 将是 AC 和 AE 之间的比例中项。现在因为沿 AC 下落的时间与沿 AE 下落的时间之比等于长度 AF 与长度 AE 之比；并且沿 AE 下落的时间与沿 AB 下落的时间之比等于 AE 与 AB 之比，

显然沿 AC 下落的时间与沿 AB 下落的时间之比等于 AF 与 AB 之比。

这样，剩下的是要证明 AF 与 AB 之比等于 AC 与 AB 之比和 AG 与 AL 之比的乘积，后者是高度 DA 与 GA 的平方根的反比。现在显然，如果我们考虑与 AF 和 AB 有关的线段 AC，AF 与 AC 之比等于 AL 与 AD 之比，或者等于 AG 与 AL 之比，后者等于高度 AG 与 AD 之比的平方根；但是 AC 与 AB 之比等于它们的长度之比。所以定理成立。

定理 6，命题 6

如果从一个垂直的圆的最高点或最低点画任何斜面与圆周相交，则沿着这些弦下落的时间是彼此相等的。

在水平线 GH 上作一垂直的圆，从其最低点——与水平线的切点——画直径 FA，并从最高点 A 至圆周上的任意点 B 和 C 画斜面（见图 3-17）；则沿这些斜面下降的时间是相等的。画 BD 和 CE 垂直于直径；作平面的高 AE 和 AD 之间的比例中项 AI；因为矩形 $FA. AE$ 和 $FA. AD$ 分别等于 AC 和 AB 的平方，同时矩形 $FA. AE$ 与矩形 $FA. AD$ 之比等于 AE 与 AD 之比，由此得出 AC 的平方与 AB 的平方之比等于长度 AE 与长度 AD 之比。但是因为长度 AE 与 AD 之比等于 AI 的平方与 AD 的平方之比，由此，线段 AC 与 AB 的平方之比等于线段 AI 与 AD 的平方之比，所以长度 AC 与长度 AB 之比等于 AI 与 AD 之比。

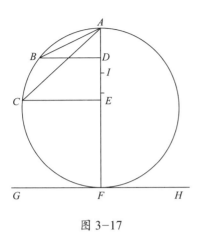

图 3-17

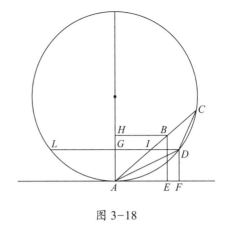

图 3-18

但是前面已证明沿 *AC* 下落的时间与沿 *AB* 下落的时间之比等于 *AC* 与 *AB* 之比和 *AD* 与 *AI* 之比的乘积；而这后一个比例等于 *AB* 与 *AC* 之比。于是沿 *AC* 与沿 *AB* 下落的时间之比等于 *AC* 与 *AB* 之比和 *AB* 与 *AC* 之比的乘积。因此这些时间的比是 1。我们的命题成立。

利用力学（ex mechanicis）原理可以得到相同的结果，即，落体通过距离 *CA* 和 *DA* 将需要相等的时间，如图 3-18 所示。取 *BA* 等于 *DA*，并令物体沿着垂线 *BE* 和 *DF* 下落，由力学原理得出，沿斜面 *ABC* 作用的动量（momentum ponderis）的分量与总动量（即物体自由下落的动量）之比等于 *BE* 和 *BA* 之比；类似地，沿平面 *AD* 的动量的分量与总动量（即物体自由下落的动量）之比等于 *DF* 与 *DA* 或 *BA* 之比。所以这同一物体沿平面 *DA* 的动量与沿平面 *ABC* 的动量之比等于长度 *DF* 与长度 *BE* 之比；因此，根据本书第 109 页命题 2，这同一物体在相等的时间内沿着平面 *CA* 与 *DA* 通过的距离之比等于

长度 *BE* 与 *DF* 之比。但可以证明，*CA* 与 *DA* 之比等于 *BE* 与 *DF* 之比。所以落体将在相等的时间内通过路径 *CA* 和 *DA*。

进而，*CA* 与 *DA* 之比等于 *BE* 与 *DF* 之比的事实可以证明如下：连接 *C* 和 *D*；通过 *D* 画线段 *DGL* 平行于 *AF* 并与 *AC* 相交于 *I*；通过 *B* 画线段 *BH*，也平行于 *AF*（见图 3-18）。则 ∠*ADI* 等于 ∠*DCA*，因为它们所张的弧 $\overset{\frown}{LA}$ 与 $\overset{\frown}{DA}$ 相等，并且因为 ∠*DAC* 是公共角，与其相关的 △*CAD* 和 △*DAI* 的边之间是成比例的；相应地，*CA* 与 *DA* 之比等于 *DA* 与 *IA* 之比，即 *BA* 与 *IA* 之比，也即 *HA* 与 *GA* 之比，也就是 *BE* 与 *DF* 之比。证毕。

同一命题可以更简单地证明如下：如图 3-19 所示，在水平线 *AB* 上画一个圆，其直径 *DC* 是铅垂的。从这一直径的上端画一个斜面 *DF*，延长至与圆周相交；则我说，一个物体沿平面 *DF* 和沿直径 *DC* 下落将需要相同的时间。画 *FG* 平行于 *AB* 并且垂直于 *DC*；连接 *FC*；并

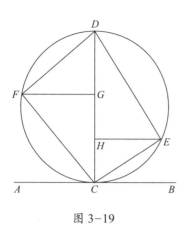

图 3-19

且因为沿 DC 下落的时间与沿 DG 下落的时间之比等于 CD 和 GD 的比例中项与 GD 自身之比；并且因为 DF 是 DC 与 DG 的比例中项，半圆所对的 ∠DFC 是直角，且 FG 垂直于 DC，因此沿 DC 下落的时间与沿 DG 下落的时间之比等于长度 FD 与长度 GD 之比。但是我们已经证明了沿 DF 下落的时间与沿 DG 下落的时间之比等于长度 DF 与长度 DG 之比；所以沿 DF 下落的时间和沿 DC 下落的时间与沿 DG 下落的时间之比相等；从而它们是相等的。

如果从直径的下端画弦 CE，画线段 EH 平行于水平线，并连接点 E 和 D，以同样的方式可以证明，沿 EC 下落的时间与沿直径 DC 下落的时间相等。

由此推出，

推论 1 沿所有从 C 或 D 引出的弦下降所需的时间彼此是相等的。

还可推出，

推论 2 如果从任意点引一条垂线和一条斜线，一个物体沿着它们下落的时间相同，则斜线段是以垂线为直径的半圆上的弦。

进而，

推论 3 当一些斜面上同样长度的垂直高度之比等于斜面本身长度之比时，沿着这些斜面下落的时间将相等。

于是，在图 3-18 中，如果 AB 的垂直高度（AB 是等于 AD 的），即 BE，与垂直高度 DF 之比等于 CA 与 DA 之比，则显然，沿 CA 和 DA 下落的时间是相等的。

萨格： 请允许我把讲演打断一下，以便弄清一个我刚产生的想法；如果不包含谬误，它至少提出一种异想天开的和有趣的情况，这种情况在自然界和必须推理的领域中是经常发生的。

如果从水平面上的任何一点在所有方向上引无限延长的直线，并且如果我们想象有一个点沿着这些线中的每一根以常速度运动，它们都在相同的瞬时从固定点出发并且以相等的速度运动，则显然所有这些运动的点都将位于一个愈来愈大的圆周上，这个圆永远是以上述固定点为圆心的；这个圆扩展的方式精确地和小石头落入平静的水中激起小波纹一样，那里石头的冲击激起了向所有方向的运动，同时冲击点保持为不断扩展的圆形波的中心。但是设想有一张铅垂的平面，从它的最高点以任何倾角引无限延长的线；还设想一些重质点沿着这些线中的每一条以自然加速运动下落，且沿每一条线都具有与其倾角相应的速度。如果这些运动的质点总是能够被看见的，在任何瞬时它们位置的轨迹将是什么样的呢？现在，对这一问题的回答令我吃惊，因为前面的定理引导我相信这些质点永远在一个圆的圆周上，当质点下落得离运动的起点愈来愈远时，圆不断增大。为更明确起见，如图3-20，令 A 是固定点，由它以任意倾角画出线 AF 和 AH。在垂线 AB 上，任取两点 C 和 D，以它们为圆心过点 A 画圆，

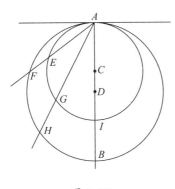

图 3-20

并且与斜线分别交于点 F，H，B，E，G，I。从前面的定理显然有，如果质点在同一瞬时从 A 出发，沿着这些线下落，当一个质点在 E 处时，另一个点将在 G，还有一个点在 I；在下一瞬时它们将同时出现在点 F，H 和 B 处；这些质点与沿着无限多条斜率不同的线运行的无限多个其他质点在相继的各个瞬时总是在同一个不断膨胀的圆上。于是发生在自然界的两类运动产生出两个无限系列的圆，它们是类似的但又是互不相同的：一类是发源于中心的无限多个同心圆；另一类是以切点即最高点为源点的无限多

个偏心圆。前者产生于等速和匀速运动；产生后者的运动既不是匀速的，速度之间也不是相等的，它们的速度是随斜率而不同的。

进而，如果从选为运动起始点的两点出发，我们不仅沿着水平和垂直方向，而且沿着所有的方向画平面，那么就像前一种情形由单独的一点开始产生不断膨胀的圆一样，在后一种情形，在一点周围产生了无限多个球，而不是单单一个在尺寸上无限膨胀的球；这也是以两种方式产生的：一种是源点在中心，另一种是源点在球的表面上。

萨耳：这个想法实在漂亮，和萨格利多聪明的头脑是相称的。

辛普：对我说来，我以一种普遍的方式理解两类自然运动怎样产生圆和球；关于由加速运动产生圆及其证明，我是不完全明白的；但是运动起始于最内部的中心或者球的顶部的事实使人想到会有一些大秘密隐藏在这些真实的和奇异的结果背后，那是关于宇宙（它被说成是球形的）起源的秘密，还有关于造物主（prima causa）所在地的秘密。

萨耳：我毫不犹豫地同意你。但是这类深刻的讨论属于一种比我们的旧理论（a più alte dottrine che le nostre）更高的学问。使我们满意的是我们和那些不知名的工人属于同一类人，他们从采石场获取大理石，其后有天才的雕刻家制作出隐藏于这些粗糙和不成形外表下的杰作。现在，如果你同意的话，让我们继续。

定理 7，命题 7

如果两个斜面的高度之比等于它们长度的平方之比，则从静止开始运动的物体将在相等的时间内通过这些平面。

取长度不同和倾角不同的两个平面 AE 和 AB，它们的高分别是 AF 和 AD（见图 3-21）；令 AF 与 AD 之比等于 AE 的平方与 AB 的平方之比。则我说，一个物体在 A 从静止开始，通

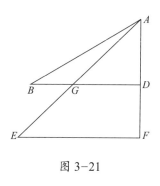

图 3-21

过平面 AE 和 AB 的时间是相等的。从垂线画水平平行线段 FE 和 DB，后者交 AE 于 G。因为 $FA : DA = EA^2 : BA^2$，并且因为 $FA : DA = EA : GA$，由此得出 $EA : GA = EA^2 : BA^2$。所以 BA 是 EA 和 GA 的比例中项。现在因为沿着 AB 的下落时间与沿着 AG 的下落时间之比等于 AB 与 AG 之比，并且沿着 AG 的下落时间与沿着 AE 的下落时间之比等于 AG 与 AG 和 AE 之间的比例中项（即 AB）之比，由此，沿着 AB 的下落时间与沿着 AE 的下落时间之比等于 AB 与自身之比。因此时间是相等的。证毕。

定理 8，命题 8

沿着所有与同一个铅垂的圆相交于最高点或最低点的斜面下落的时间，都等于沿着垂直直径下落的时间；沿与直径不相交的那些平面下落，时间也较短；沿切割直径的平面下落，时间要长些。

令 AB 是一个圆的垂直直径，圆与水平面相切（见图 3-22）。已经证明，沿着从端点 A 或 B 到圆周画出的平面下落的时间是相等的。为了证明沿着与直径不相交的平面 DF 下落的时间是较短的，我们可以画平面 DB，它比 DF 长而陡度小；于是得出沿着 DF 下落的时间比沿 DB 下落的时间短，因而比沿 AB 下落的时间短。同样，可以证明沿着切割直径的 CO 下落的时间要长些；因为它的长度比 CB 大，陡度比 CB 小。所以定理成立。

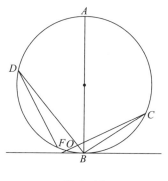

图 3-22

定理 9，命题 9

如果从水平线上的任一点以任何角度画两个倾斜平面，并且它们与一条线相交，使这条线与两个平面的夹角分别等于这两个平面与水平线之间的夹角，则通过被上述直线切割下来的平面部分所需的时间是相等的。

如图 3-23 所示，过水平线 X 上的点 C 画以任何角度倾斜的平面 CD 和 CE；在线 CD 上任一点设置 ∠CDF 使之等于 ∠XCE：令线 DF 与 CE 交于 F，使 ∠CDF 和 ∠CFD 分别等于 ∠XCE 和 ∠LCD。则，我说，通过 CD 和 CF 下落的时间是相等的。现在因为由作图可知 ∠CDF 等于 ∠XCE，显然 ∠CFD 必须等于 ∠DCL。如果将公共角 ∠DCF 从 △CDF 的三个角（加起来等于两个直角，等于以 C 为顶点在直线 LX 下边的所有角）中减去，在三角形中剩下的两个角 ∠CDF 和 ∠CFD 分别等于两个角 ∠XCE 和 ∠LCD；但是，由假设，∠CDF

和 ∠XCE 是相等的；所以剩余角 ∠CFD 等于剩余角 ∠DCL。取 CE 等于 CD；从点 D 和 E 画 DA 和 EB 垂直于水平线 XL；并且从点 C 画 CG 垂直于 DF。现在因为 ∠CDG 等于 ∠ECB，并且 ∠DGC 和 ∠CBE 是直角，由此 △CDG 和 △CBE 是等角的；于是 DC : CG=CE : EB。但是 DC 是等于 CE 的，从而 CG 等于 EB。并且因为 △DAC 中在 C 和在 A 的角分别等于 △CGF 中在 F 和在 G 的角，我们有 CD : DA=FC : CG，交换后，DC : CF=DA : CG=DA : BE。这样，相等的平面 CD 和 CE 高度之比等于长度 DC 与 CF 之比。因此，由命题 6 的推论 1 可知，沿着这些平面下降的时间是相等的。证毕。

一个另外的证明如下：如图 3-24 所示，画 FS 垂直于水平线 AS。则因为 △CSF 与 △DGC 相似，我们有 SF : FC=GC : CD；并且因为 △CFG 与 △DCA 相似，我们有 FC : CG=CD : DA。所以，有等式（ex aequali）SF : CG=CG : DA。因此 CG 是 SF 和 DA 之间的比例中项，同时 DA : SF=DA² : CG²。此外，因为

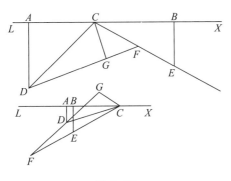

图 3-23

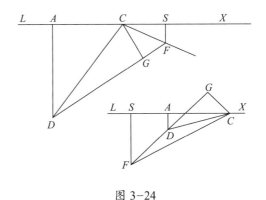

图 3-24

△ ACD 与 △ CGF 相似，我们有 DA：DC=GC：CF，转换后有 DA：CG=DC：CF；还有 DA^2：CG^2=DC^2：CF^2。但是我们已经证明了 DA^2：CG^2=DA：SF。因此 DC^2：CF^2=DA：FS。从上面的命题 7，平面 CD 和 CF 的高度 DA 和 FS 之比等于平面长度的平方之比，由此得出沿着这些平面下落的时间是相等的。

定理 10，命题 10

沿高度相同但斜率不同的斜面下落的时间之比等于这些平面的长度之比；并且不管运动是从静止开始还是之前从一个固定高度下落，以上结论都正确。

令下落的路径是沿 ABC 和 ABD 到达水平面 DC（图 3-25），以使沿 BD 和 BC 下落之前是沿 AB 下落。则我说，沿 BD 下落的时间与沿 BC 下落的时间之比等于长度 BD 与 BC 之比。画水平线 AF 并延长 DB 直到它与这条线交于 F；令 FE 是 DF 和 FB 的比例中项；画 EO 平行于 DC；则 AO 将是 CA 和 AB 的比例中项。如果我

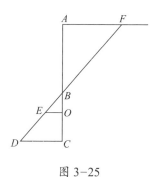

图 3-25

们现在用 AB 的长度表示沿 AB 下落的时间，而沿 FB 下落的时间用距离 FB 表示；同样地通过整段距离 AC 下落的时间用比例中项 AO 表示；通过整个距离 FD 下落的时间则以 FE 表示。所以沿着剩余部分 BC 下落的时间将由 BO 表示，而沿着剩余部分 BD 下落的时间由 BE 表示；但是 BE：BO=BD：BC，由此得出，如果我们允许物体首先沿着 AB 和 FB 下落，或者，同样地，沿着公共路段 AB 下落，则沿 BD 与 BC 下落的时间之比将等于长度 BD 与 BC 之比。

但是我们以前已经证明了在 B 从静止开始沿 BD 下落的时间与沿 BC 下落的时间之比等于长度 BD 与 BC 之比。所以沿高度相等的不同平面下落时间之比等于这些平面的长度之比，不管运动是从静止开始还是之前从一个固定高度下落。证毕。

定理 11，命题 11

如果一个平面被分割为两部分，并且沿着它的运动是从静止开始的，则沿第一部分下落的时间与沿着其余部分下落的时间之比等于这第一部分的长度与该部分和全长之间的比例中项超过第一部分的余量的比例。

令下落是在点 A 处从静止开始的，通过被任意点 C 分割的距离 AB，如图 3-26 所示；还令 AF 是长度 BA 与第一部分 AC 的比例中项。则 CF 表示比例中项 FA 超过第一部分 AC 的余量。现在，我说，沿 AC 下落的时间与后来通过

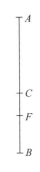

图 3-26

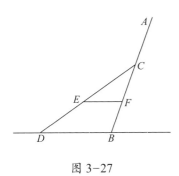

图 3-27

CB 的时间之比等于长度 AC 与 CF 之比。这是显然的，因为沿 AC 下落的时间与沿整个距离 AB 下落的时间之比等于 AC 与比例中项 AF 之比。因此根据分比定理，沿 AC 下落的时间与沿余量 CB 下落的时间之比等于 AC 与 CF 之比。如果我们约定以长度 AC 表示通过 AC 的时间，则沿 CB 的时间将由 CF 表示。证毕。

如图 3-27 所示，在运动不是沿着直线 ACB 而是沿着折线 ACD 到达水平线 BD 的情形，如果从 F 我们画水平线 FE，可以用同样的方法证明沿着 AC 下落的时间与沿着 CD 下落的时间之比等于 AC 与 CE 之比。沿 AC 下落的时间与沿 CB 下落的时间之比等于 AC 与 CF 之比；但是我们已经证明了在下落了距离 AC 之后沿 CB 下落的时间与下落相同的距离 AC 后沿 CD 下落的时间之比等于 CB 与 CD 之比，或等于 CF 与 CE 之比；因此沿 AC 下落的时间与沿 CD 下落的时间之比等于长度 AC 与长度 CE 之比。

定理 12，命题 12

如果一垂直平面与任一斜面被两个水平面所限定，并且如果取这些平面的长度与其交点和上水平面之间的部分的比例中项，则沿垂直线下落的时间与通过垂直线上部所需的时间加上通过相交平面下部所需的时间之比等于垂直线的全长与一个长度之比，该长度等于垂直线的比例中项加上斜面的全长超出它的比例中项的余量。

令 AF 和 CD 是两个限定垂直平面 AC 和斜面 DF 的水平平面；令两个平面 AC 与 DF 相交于 B，如图 3-28 所示。令 AR 是整条垂直线 AC 与其上部 AB 之间的比例中项；并令 FS 是 FD 与其上部 FB 之间的比例中项。则我说，沿整段垂直路径 AC 下落的时间与沿其上部 AB 下落的时间加上沿斜面下部（即 BD）下落时间之比，等于 AR（长度 AC 与垂直线段的比例中项），加上长度 SD 之比，这里 SD 是整个平面 DF 超出它的比例中项 FS 的余量。

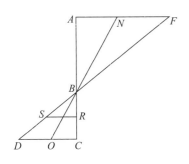

图 3-28

连接点 R 与 S 给出水平线段 RS（见图 3-28）。现在因为通过整段距离 AC 下落的时间与沿着 AB 部分下落的时间之比等于 CA 与比例中项 AR 之比，因此，如果我们约定以距离 AC 表示通过 AC 下落的时间，则通过距离 AB 下落的时间将以 AR 表示；通过剩余部分 BC 下落的时间将以 RC 表示。但是，如果取沿着 AC 下落的时间等于长度 AC，则沿着 FD 下落的时间将等于距离 FD；我们同样可以推断，若先沿着 FB 或 AB 下落，则沿着 BD 下落的时间在数值上等于 DS。因此沿着路径 AC 下落所需的时间等于 AR 加 RC；而沿着折线 ABD 下落的时间等于 AR 加 SD。证毕。

如果把垂直平面换成任何其他平面，例如 NO，同样的结论也是对的；证明的方法是相同的。

问题 1，命题 13

给定一条限制长度的垂线，试求一平面使其垂直高度等于给定的垂线，且其倾斜度使得一个物体从静止开始沿着垂线下落后，又沿着斜面下降，其沿斜面下降所需的时间与通过给定的垂线下落所需的时间相同。

令 AB 表示所给的垂线；并延长这条垂线到 C 使 BC 等于 AB，且画水平线 CE 与 AG，如图 3-29 所示。要求从 B 到水平线 CE 画一平面，使一个物体从静止开始从 A 出发下落通过 AB 后，要在相等的时间内沿着这

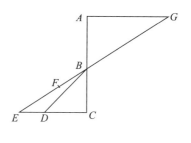

图 3-29

一平面完成它的路径。取 CD 等于 BC，并画线 BD。作 BE 等于 BD 和 DC 的和；则我说，BE 就是所求的平面。延长 EB 直到与水平线 AG 交于 G。令 GF 是 GE 和 GB 的比例中项；则 $EF:FB=EG:GF$，并且 $EF^2:FB^2=EG^2:GF^2=EG:GB$。但是 EG 是 GB 的两倍；所以 EF 的平方是 FB 平方的两倍；也就是 DB 的平方两倍于 BC 的平方。因此 $EF:FB=DB:BC$，并由等式变换有 $EB:(DB+BC)=BF:BC$。但是 $EB=DB+BC$；所以 $BF=BC=BA$。如果我们约定用 AB 的长度表示沿着 AB 下落的时间，则 GB 将表示沿着直线 GB 下落的时间，GF 是沿着整个距离 GE 下落的时间；于是 BF 将表示从 G 或 A 下落之后沿着这些直线路径之差，即 BE，下落的时间。证毕。

问题 2，命题 14

给定一个斜面和一根与其相交的垂线，求垂线上部的一个长度，使得一个物体从静止开始下落通过垂线上这一部分的时间与沿刚才确定的垂线下落后通过斜面所需的时间相同。

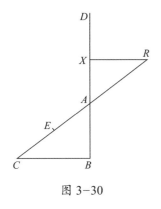

图 3-30

令 AC 是斜面，而 DB 是垂线，如图 3-30 所示。要求出在垂线 AD 上的一个长度，使得一物体从静止开始下落通过此长度所需的时间与同一物体在上述下落之后通过平面 AC 所需的时间相同。画水平线 CB；取 AE 使（BA+2AC）：AC=AC：AE。取 AR 使 BA：AC=EA：AR。从 R 画 RX 垂直于 DB；则我说，X 即为所求的点。因（BA+2AC）：AC=AC：AE，由分比定理，有（BA+AC）：AC=CE：AE。因 BA：AC=EA：AR，由合比定理，有（BA+AC）：AC=ER：RA。但（BA+AC）：AC=CE：AE，所 以 CE：EA=ER：RA= 先前的总和：随后的总和 =CR：RE。因此 RE 是 CR 与 RA 的比例中项。此外因为假定 BA：AC=EA：AR，并因为由三角形的相似我们有 BA：AC=XA：AR，由此 EA：AR=XA：AR。所以 EA 和 XA 是相等的。但是如果我们约定以 RA 表示通过长度 RA 下落的时间，则沿着 RC 下落的时间将以长度 RE 表示，它是 RA 与 RC 之间的比例中项；同样，AE 表示沿着 RA 或沿着 AX 下落后再沿着 AC 下落的时间。然而通过 XA 下落

的时间是以长度 XA 表示的，同时 RA 表示通过 RA 下落的时间。但是我们已经证明了 XA 和 AE 是相等的。证毕。

问题 3，命题 15

给定一条垂线和一个与它斜交的平面，试求出垂线上交点以下的一段长度，使得通过它所需的时间和通过斜面所需的时间相同。这两个运动之前都有一个沿着给定垂线的下落运动。

令 AB 表示垂线而 BC 表示斜面，如图 3-31 所示；要求出在垂线上交点之下的一段长度，从 A 下落后通过此长度的时间和从 A 下落后通过 BC 的时间相同。画水平线 AD，它与 CB 的延长线交于 D（见图 3-31）；令 DE 是 CD 和 DB 之间的比例中项；取 BF 等于 BE；还令 AG 是 BA 与 AF 的第三比例。则我说 BG 就是所要求的那个长度，即一个物体通过 AB 下落后，将以同样下落后通过 BC 所需的相同的时间通过此距离。

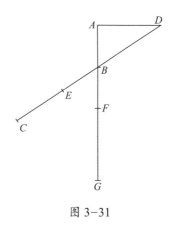

图 3-31

如果我们以 AB 表示沿着 AB 下落的时间，则沿 DB 下落的时间将以 DB 表示。并且因为 DE 是 BD 和 DC 之间的比例中项，这个 DE 将同时表示沿着整个距离 DC 下落的时间，BE 将表示沿这些路径之差（即 BC）所需的时间，倘若在每一种情形下落都是在 D 或 A 从静止开始的。用类似的方法，我们可以说 BF 表示在相同的前一次下落后通过距离 BG 的时间；但是 BF 是等于 BE 的。所以问题得到解决。

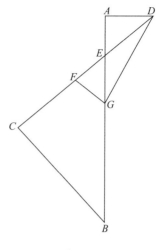

图 3-32

定理 13，命题 16

如果一个有限的斜面和一条有限的垂线是从同一点画出的，并且如果一个物体从静止开始下落通过它们所需的时间是相同的，则一个从任何更高的高度下落的物体通过斜面所需的时间少于通过垂线所需的时间。

如图 3-32 所示，令 EB 是垂线而 CE 是斜面，两者都从公共点 E 开始，并且一物体在点 E 处由静止开始沿两者下落的时间是相同的；把垂线向上延长到任一点 A，物体由点 A 开始下落。则我说，在通过 AE 下落后，再通过斜面 EC 的时间要比通过垂线 EB 的时间短。连接 CB，画水平线 AD，反向延长 CE 直到与 AD 相交于 D（见图 3-32）；令 DF 是 CD 与 DE 的比例中项，而 AG 是 BA 与 AE 的比例中项。画 FG 和 DG；

则因为在 E 从静止出发沿着 EC 和 EB 下落的时间是相等的，由此，按照命题 6 的推论 2，∠C 是直角；但是 ∠A 也是直角，且在顶点 E 的角是相等的；所以 △AED 和 △CEB 是等角的，于是与等角相应的边是成比例的；所以 BE：EC = DE：EA。因此矩形 BE. EA 等于矩形 CE. ED；并因矩形 CD. DE 比矩形 CE. ED 多出一个正方形 ED[①]，且矩形 BA. AE 比矩形 BE. EA 多出一个正方形 EA，因此，矩形 CD. DE 与矩形 BA. AE 之差，或者同样地，正方形 FD 与正方形 AG 之差，将等于正方形 DE 与正方形 AE 之差，它是等于正方形 AD 的。于是 $FD^2 = GA^2 + AD^2 = GD^2$。所以 DF 等于 DG，且 ∠DGF 等于 ∠DFG，而 ∠EGF 小于 ∠EFG，对边 EF 小于对边 EG。如果现在我们约定用长度 AE 表示沿着 AE 下落的

---

① 本书所用"正方形 × ×"符号含有双重意义。例如正方形 ED，它主要表示以 ED 为边的正方形；有时在运算中它又表示该正方形的面积，等同于 ED^2。——中译者注

时间，则沿着 DE 下落的时间将用 DE 表示。并且因为 AG 是 BA 与 AE 的比例中项，因此 AG 将表示通过整个距离 AB 下落的时间，而差 EG 将表示在 A 从静止开始通过路径之差 EB 下落的时间。以类似的方式，EF 表示在 D 或在 A 从静止开始沿 EC 下落的时间。但是我们已经证明 EF 是小于 EG 的；所以定理成立。

推论 从这个和以前的命题可知，显然，在预先的下落后，经过斜面所需的时间内自由落体通过的垂直距离大于斜面的长度，但小于无预先下落，在相等的时间内通过斜面的距离。因为刚才已经证明了物体从一个高处的点 A 下落通过图 3-32 中所示斜面 EC 的时间小于通过垂线 EB 的时间，显然，沿着 EB，在与沿着 EC 下降所需的相等的时间内通过的距离将小于整个 EB。但是，现在为了证明这一垂直距离大于斜面 EC 的长度，我们又用到命题 15 中的图 3-31（本页图 3-33），其中垂直长度 BG 是在先通过 AB 下落后在与通过 BC 相同的时间内通过的。BG 比 BC 大，证明如下：因为 BE 与 FB

是相等的，同时 BA 比 BD 小，因此 FB 与 BA 之比大于 EB 与 BD 之比；且按照合比定理，FA 与 BA 之比大于 ED 与 DB 之比；但 FA : AB=GF : FB（因为 AF 是 BA 与 AG 的比例中项），并且由于类似的理由，有 ED : BD=CE : EB。所以 GB 与 BF 之比大于 CB 与 BE 之比；于是 GB 大于 BC。

问题 4，命题 17

给定一条垂线和一个斜面，试在斜面上找出一个距离，使得某物体在沿该垂线下落后沿这段距离下落所需的时间，与此物体从静止开始沿给定的垂线下落所需的时间相同。

令 AB 是垂线而 BE 是斜面，如图 3-34 所示。问题是在 BE 上确定一个距离，使一物体沿 AB 下落后，沿该距离下落的时间与此物体从静止开始沿垂线 AB 自身下落所需的时间相同。

画水平面 AD 并延长这个平面与斜面交于 D（见图 3-34）。截取 FB 等于 BA；并选点 E，

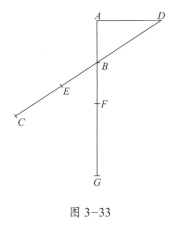

图 3-33

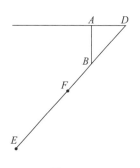

图 3-34

使 $BD:FD=DF:DE$。则我说，在通过 AB 下落后，沿着 BE 下落的时间等于在 A 从静止开始通过 AB 下落的时间。因为，如果我们假设长度 AB 表示通过 AB 下落的时间，则通过 DB 下落的时间将以时间 DB 表示；并且因为 $BD:FD=DF:DE$，由此 DF 将表示沿整个平面 DE 下降的时间，同时 BF 表示在 D 从静止开始通过 BE 部分下降的时间；但是在先沿 DB 下落之后通过 BE 下落的时间与先前沿着 AB 下落的时间是相同的。所以在沿 AB 下落之后再沿着 BE 下落的时间将是 BF，它显然等于在 A 从静止开始通过 AB 下落的时间。证毕。

问题 5，命题 18

给定距离，一个物体从静止开始垂直下落在一给定的时间间隔内通过它，还给定一较短的时间间隔，要确定另一相等的垂直距离，使得该物体在这较短的时间间隔内通过它。

通过 A 引一条垂线，在这条线上取 AB，它是一个物体在 A 处从静止开始在一个时间段内通过的距离，该时间段也可以表示为 AB；画水平线 CBE，在其上取 BC 来表示给定的比 AB 短的时间间隔，如图 3-35 所示。要求在上述垂线上确定一距离，它等于 AB 且在等于 BC 的时间内被通过。连接点 A 与 C；则因为 $BC<BA$，于是，$\angle BAC<\angle BCA$。构造与 $\angle BCA$ 相等的 $\angle CAE$，并令 E 是 AE 与水平线段的交点，画 ED 与 AE 成直角，与垂线交于 D；取 DF 等于

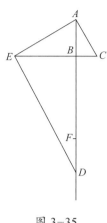

图 3-35

BA。则我说，FD 就是垂线上的那个部分，一个物体在 A 从静止开始将在给定的时间间隔 BC 内通过它。因为，如果在直角三角形 AED 内，从直角的点 E 到对边 AD 画一垂线，则 AE 将是 DA 与 AB 的比例中项，同时 BE 将是 BD 与 BA 或 FA 与 AB 的比例中项（注意 FA 是等于 DB 的）；并且既然已经约定以距离 AB 表示下落通过 AB 的时间，由此 AE 或者 EC 将表示通过整个距离 AD 下落的时间，同时 EB 将表示通过 AF 下落的时间。从而 BC 将表示通过剩下的距离 FD 下落的时间。证毕。

问题 6，命题 19

给定距离，通过它一个物体在一条垂线上从静止开始在给定的时间内下落，要求出一段时间，使得在其后同一物体在此时间内通过一个在这条垂线上任意选定的相等距离。

如图 3-36 所示，在垂线 AB 上取 AC 等于

在 *A* 从静止开始下落的距离，并任取一个相等的距离 *DB*；用长度 *AC* 表示通过 *AC* 下落的时间。要求出从 *A* 由静止开始下落后通过 *DB* 所需的时间。在 *AB* 全长上画半圆 *AEB*，从 *C* 画 *CE* 垂直于 *AB*；连接点 *A* 与 *E*，线段 *AE* 将比 *EC* 长；取 *EF* 等于 *EC*（见图 3-36）。则我说，差量 *FA* 将表示通过 *DB* 下落的时间。因为 *AE* 是 *BA* 与 *AC* 的比例中项，且 *AC* 表示通过 *AC* 下落的时间，由此 *AE* 将表示通过整个距离 *AB* 的时间。并且因为 *CE* 是 *DA* 与 *AC* 的比例中项（注意 *DA=BC*），由此 *CE*（即 *EF*）将表示通过 *AD* 下落的时间。所以差量 *AF* 将表示通过 *DB* 下落的时间。证毕。

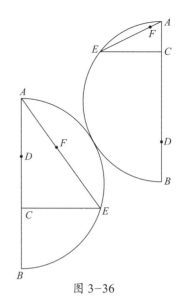

图 3-36

所以可以推断：

推论　如果用距离本身来表示从静止开始通过任何给定距离下落的时间，则在给定的距离增加了某个量之后，其下落时间将用增加后的距离与原来的距离之间的比例中项与原来距离与增量之间的比例中项之差来表示。

例如，如果我们约定 *AB* 表示在 *A* 从静止开始通过距离 *AB* 下落的时间，*AS* 是增量（如图 3-37 所示）。则在通过 *SA* 下落后通过 *AB* 所需的时间将是 *SB* 与 *BA* 之间的比例中项超过 *BA* 与 *AS* 之间的比例中项的部分。

图 3-37

问题 7，命题 20

给定任意距离和从运动起始点开始在其上截取的一部分，试求出处于这段距离另一端的另一部分，使得通过它的时间和通过前一部分的时间相同。

令给定的距离是 *CB*，且令 *CD* 是从运动开始点截取的部分，如图 3-38 所示。要求确定在端点 *B* 的另一部分，使通过它下落的时间和通过给定部分 *CD* 下落的时间相同。令 *BA* 是 *BC* 与 *CD* 的比例中项；还令 *CE* 是 *BC* 与 *CA* 的第三比例。则我说，*EB* 将是那段距离，即从 *C* 下落后通过它和通过 *CD* 自身的时间相同。如

图 3-38

果我们约定以 *CB* 表示通过 *CB* 全程的时间，则 *BA*（它当然是 *BC* 与 *CD* 的比例中项）将表示沿着 *CD* 下落的时间；并且因为 *CA* 是 *BC* 与 *CE* 的比例中项，由此 *CA* 将是通过 *CE* 的时间；但是全长 *CB* 表示通过全部距离 *CB* 的时间。于是差量 *BA* 将是由 *C* 下落后沿着距离之差 *EB* 下落的时间；但是这同一 *BA* 是通过 *CD* 下落的时间。因此 *CD* 与 *EB* 是在 *A* 从静止开始在相等时间内通过的距离。证毕。

定理 14，命题 21

如果在一个物体从静止开始沿垂线下落的路径上截取一部分，它在任意所取的时间内被通过，其上端与运动的始点相重合，并且如果在下落运动后紧接着转向沿任意一个斜面运动，则在与沿垂线下落所需的相同时间内，沿着斜面通过的距离将大于垂直下落长度的两倍，而小于它的三倍。

令 *AB* 是从水平线 *AE* 向下画的一条垂线，并且令它表示一个物体在 *A* 从静止开始下落的路径；选定这一路径上的任何部分 *AC*；通过 *C* 画任何斜面 *CG*，在通过 *AC* 下落后沿它继续运动，如图 3-39 左图所示。则我说，在与通过 *AC* 下落相等的时间间隔内，沿着斜面 *CG* 通过的距离大于距离 *AC* 的两倍，而小于它的三倍。让我们取 *CF* 等于 *AC*，并延长平面 *GC* 与水平线相交于 *E*（见图 3-39）；选定 *G*，使 *CE*：*EF* = *EF*：*EG*。如果现在我们假定沿着 *AC* 下落

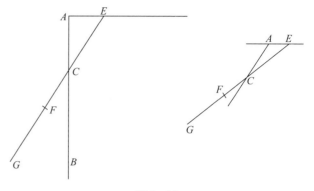

图 3-39

的时间是由长度 *AC* 表示的，则 *CE* 将表示沿 *CE* 下落的时间，同时 *CF* 或 *CA* 将表示沿 *CG* 下落的时间。现在剩下的是要证明距离 *CG* 大于距离 *AC* 本身的两倍，而小于它的三倍。因 *CE*：*EF* = *EF*：*EG*，由此 *CE*：*EF* = *CF*：*FG*；但是 *EC* < *EF*；于是 *CF* 将小于 *FG*，并且 *GC* 将大于 *FC* 或 *AC* 的两倍。又因为 *FE* < 2*EC*（由于 *EC* 大于 *CA* 或 *CF*），我们有 *GF* 小于 *FC* 的两倍，以及 *GC* 大于 *CF* 或 *CA* 的三倍。证毕。

这一命题可以用更一般的形式叙述：对垂直面和斜面的情形已经证明的结论，对于先沿一个有任意倾角的平面运动，然后再沿一个有任意较小倾角的平面运动的情形同样是成立的，如在图 3-39 中右图上所看到的。证明方法是相同的。

问题 8，命题 22

给定两个不相等的时间间隔，以及一个距离，该距离是一个物体由静止开始在给定两时

间间隔中较短的时间间隔内沿垂线下落的距离，试求出过该垂线的最高点的一个倾斜平面，使得沿它下落的时间等于给定的较长的时间间隔。

令 A 是给定的两个不等的时间间隔中较长的，而 B 是较短的；令 CD 是从静止开始在时间 B 内垂直下落的长度，如图 3-40 所示。要求出通过点 C 的一个倾斜平面，使物体在时间 A 内正好沿此斜面下落。

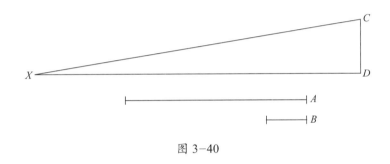

图 3-40

从点 C 到水平面画一线 CX（见图 3-40），其长度使 B : A = CD : CX。显然 CX 是这样一个平面，沿着它物体在给定的时间 A 内下降。我们已经证明，沿着一个斜面下落的时间与通过它的垂直高度下落的时间之比等于平面的长度与它的垂直高度之比。于是，沿 CX 的时间与沿 CD 的时间之比等于长度 CX 与长度 CD 之比，也就是时间间隔 A 与时间间隔 B 之比；但是 B 是从静止开始通过垂直距离 CD 所需的时间，所以 A 是沿着 CX 下落所需要的时间。

问题 9，命题 23

给定物体沿着一条垂线下落通过某一距离所用的时间，试过这一垂直下落距离的下端作一个平面，其倾斜度使这一物体在它垂直下落后通过这个平面，其所用的时间等于垂直下落的时间，其距离等于任何指定的距离，假定这一指定的距离大于垂直下落距离的两倍，小于它的三倍。

令 AS 是任意垂线，且令 AC 表示在 A 从静止开始垂直下落的长度，也表示这一下落所需的时间；令 IR 是比 AC 大两倍、小三倍的一距离，如图 3-41 所示。要求过点 C 作一个斜面，其倾角使一个物体通过 AC 下落后，在时间 AC 内通过一等于 IR 的距离。取 RN 和 NM 都等于 AC。通过点 C 画一个斜面 CE 与水平线 AE 相交于点 E，使 IM : MN = AC : CE。把这个斜面延长到 O，取 CF，FG 和 GO 分别等于 RN，NM 和 MI（见图 3-41）。则我说，在沿着 AC 下落之后，沿着斜面 CO 下落的时间等于在 A 从静止开始通过 AC 下落的时间。因为 OG : GF = FC : CE，按合比定理，有 OF : FG = OF : FC = FE : EC，并因为一个比例前项和其后项之比等于前项的总和与后项的总和之比，则有 OE : EF = EF : EC。于是 EF 是 OE

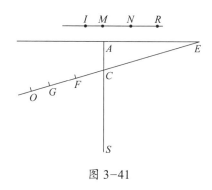

图 3-41

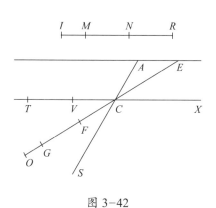

图 3-42

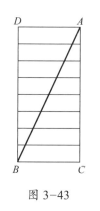

图 3-43

与 EC 之间的比例中项。在约定用长度 AC 表示沿 AC 下落的时间后，可得到 EC 表示沿 EC 的时间，EF 表示沿整个 EO 的时间，同时差量 CF 将表示沿着差量 CO 的时间；但是 $CF=CA$；因此，问题得以解决。因为时间 CA 是在 A 从静止开始通过 CA 下落的时间，CF（它等于 CA）是沿着 EC 下落后，或者沿 AC 下落后通过 CO 所需的时间。证毕。

还要注意到，如果先前的运动不是沿着一条垂线，而是沿着一个斜面，同样的结论也成立。这种情形画在下面的图上，其中前一个运动是沿着水平线下面的斜面 AS 进行的。证明和前面的证明相同。

注释 经仔细观察，显然，如图 3-42 所示，给定的线段 IR 愈接近 AC 长度的三倍，第二个运动所在的斜面 CO 就愈接近于垂直面，沿垂直面在时间 AC 内通过的距离将是距离 AC 的三倍。如果取 IR 几乎等于 AC 的三倍，则 IM 将几乎等于 MN；因为，由作图知，$IM:MN=AC:CE$，因此 CE 仅仅比 CA 稍微大一点；从而点 E 将落在点 A 的附近，且线段 CO 与 CS 形成非常小的锐角，几乎相重合。但在另一方面，如果给定的线段 IR 只比 AC 的两倍稍微长一点，线段 IM 将十分短；因此 AC 比起 CE 将非常小，而 CE 现在如此之长以至于几乎与由 C 画的水平线重合。所以我们可以推断，如果沿着附图上的斜面 AC 下降后，运动沿着一水平线（例如 CT）继续进行，则在与通过 AC 下落相等的时间内，物体通过的距离将准确地是距离 AC 的两倍。这里的理由和前面一样。显然，因为 $OE:EF=EF:EC$，沿着 CO 下落的时间是以 FC 为度量的。但是如果等于 CA 两倍长的水平线 TC 在 V 处被分割为相等的两部分，则这一直线必须在 X 方向上无限延长才能和直线 AE 相交；从而无限长的 TX 与无限长的 VX 之比等于无限距离 VX 与无限距离 CX 之比。

由另外的途径，即在命题 1 的证明中所用过的方法，也可以得到同样的结果。让我们考虑 $\triangle ABC$，如图 3-43 所示，用平行于其底边的线段表示与时间成比例增加的速度；如果这些平行线段有无限多，就像在 AC 上的点无限多，或者像在任何时间间隔内的瞬时无限多一样，它们将构成三角形的面积。现在让我们假定，以线段 BC 表示的所达到的最大速度继续保持，以此不变值无加速地通过另一个等于第一个时间间隔的间隔，这些速度将以相似的方式构成平行四边形 ADBC 的面积，它是 △ABC 面积的两倍；因此在任何给定的时间间隔内以这些速度通过的距离将是在相等时间间隔内以由三角形表示的速度所通过距离的两倍。但是沿水平面的运动是匀速的，因为它既不加速也不减速；于是我们得到结论，在一个等于 AC 的时间间隔内通过的距离 CD 是距离 AC 的两倍；因为后者是一个从静止开始按三角形中平行线段的比例增加其速度的运动所通过的距离，而前者是平行四边形中无限条平行线段代表的运动所通过的距离，其面积是三角形的两倍。

进而，我们可以注意到任何速度一旦被赋予一个运动的物体，将严格地保持下去，只要去掉加速或减速的外部原因，这是仅在水平面的情形下碰到的一个条件，因为在向下倾斜的平面的情形存在加速的原因，而在向上倾斜的平面的情形存在减速的原因，由此得出沿着一个水平面的运动是永恒的；因为，如果速度是均匀的，它就不能被减小、减缓，更不能消失。此外，尽管一个物体通过自然下落所获得的任何速度就它自身属性（suapte natural）而言会持续保持下去，我们还是应当记得，假如物体沿一个向下的斜面运动后又折回一个向上的斜面，在后一个平面中已经存在减速的原因，因为在任何这种平面上同一物体受到自然的向下加速。因此，我们这里有两种不同速度的叠加，即在前一次下落中所获得的速度（它如果单独作用，将要以均匀速率把物体带到无穷远处）和自然向下加速产生的速度（这种速度对所有物体都是共同的）。于是，如果想追踪沿着一个斜面下落转而又沿着某一斜面向上的物体的运动过程，我们假设在下落期间获得的最大速度在上升中永远保持，似乎是合理的。然而，在上升时，运动被叠加了一个自然的向下的趋向，即一个从静止开始以通常的速率加速的运动。也许这一讨论有点含糊，下面的图对弄清楚它会有帮助。

让我们假设物体下落是沿着向下倾斜的平面 AB 进行的，然后物体由此转向，沿着向上倾斜的平面 BC 继续运动，如图 3-44 所示；首先令这些平面具有相等的长度，且与水平线 GH 成相等的角度。现在如我们所熟知的，一个在 A 由静止开始沿着 AB 下落的物体将获得一个与时间成比例的速度，此速度在 B 达到最大，且只要没有新的加速或减速的原因就会被物体保持；

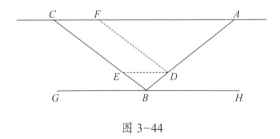

图 3-44

我提及的加速是指如果继续沿着平面 AB 的延伸面运动而承受的加速，减速是指转而沿着向上倾斜的平面 BC 运动时物体所遭遇的减速；但是，在水平面 GH 上，物体会保持从点 A 下落之后在点 B 处所获得的均匀速度；而且，这一速度使得在通过 AB 下落相同的时间间隔内，物体通过的水平距离等于 AB 的两倍。现在让我们设想这同一物体以相同的均匀速度沿着斜面 BC 运动，其所用时间和沿着 AB 下落的时间是相等的，它沿着 BC 的延伸面通过的距离是 AB 的两倍；不过让我们假设，在物体开始上升的一刹那，正是由于它的本性，它受到从 A 开始沿 AB 下落时同样的影响，即，它从静止开始以与 AB 上相同的加速下降，并在相同的时间间隔内沿第二个平面通过沿 AB 同样的距离；显然，由于在物体上一个上升的匀速运动和一个下落的加速运动这样的叠加，它会沿着平面 BC 被带到点 C，此处两个速度变得相等。

如果现在我们假设任何两个点 D 和 E 到顶点 B 的距离相等，则可以推断沿着 BD 下落和沿着 BE 上升同时发生。画 DF 平行于 BC（见图 3-44）；我们知道，在沿着 AD 下落后，物体将沿着 DF 上升；或者，假如在到达 D 后，迫使物体沿着水平线 DE 运动，它将以离开 D 时的相同动量（impetus）到达 E；所以物体从 E 将上升到 C，我们已证明在 E 的速度和在 D 的速度相同。由此，我们可以从逻辑上推断，一个物体沿着任何平面下落，之后由于获得动量又沿着一个向上倾斜的平面继续运动，将上升到

水平线之上的相等高度；所以如果下落是沿着 AB 进行的，物体将被带到平面 BC 上，直至到达水平线 ACD，如图 3-45 所示；不管平面的倾角是相同的或是不同的，这都是对的，正如平面 AB 和 BD 的情形一样。但是按照以前得到的基本原理，沿着具有相同垂直高度而倾角不

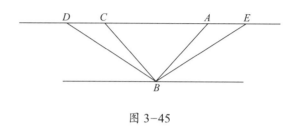

图 3-45

同的平面下落所获得的速度是相同的。如果平面 EB 和 BD 具有相同的斜率，沿着 EB 下落将能够驱使物体沿着 BD 到达 D；并且因为这一驱动力来自到达点 B 时所获得的速度，不管物体的下落沿着 AB 还是 EB，在 B 处的这一速度是相同的。显然，不管下落沿着 AB 还是沿着 EB，物体都将被带到 BD。然而沿着 BD 上升的时间大于沿着 BC 上升的时间，就像沿着 EB 下落比沿着 AB 下落需要更多的时间一样；而且我们已经证明，这些时间间隔之比是等于这些平面的长度之比的。

接下来，我们必须寻求在相等的时间内沿着斜率不同但高度相同的平面，即沿着包含在相同的平行水平线之间的平面，所通过的距离之间的比例。下面我们就来做这件事。

定理 15，命题 24

给定两个平行的水平面和一连接它们的垂线；还给定一个通过这一垂线下端的斜面；则如果一个物体沿着垂线自由下落并转而沿着斜面运动，在与垂直下落相等的时间内它沿着这一斜面通过的距离将大于垂直下落的距离，但小于其两倍。

令 BC 和 HG 是由垂线 AE 连接的两个水平面；还令 EB 表示一个斜面，物体在沿 AE 下落后，又转而沿此斜面从 E 到 B，如图 3-46 所示。则我说，在与沿着 AE 下落相等的时间内物体将沿斜面上升，通过一个大于 AE 但小于两倍 AE

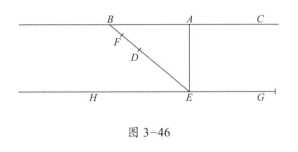

图 3-46

的距离。取 ED 等于 AE，并选 F 使 EB：BD=BD：BF。首先我们来证明，F 即是运动物体在从 E 朝 B 转向后，将在等于沿 AE 下落的时间内被沿斜面 EB 带到的点；其次我们要证明，距离 EF 大于 EA 但小于其两倍。

让我们约定用 AE 的长度表示沿 AE 下落的时间，则沿 BE 下落的时间，或同样地沿 EB 上升的时间，用距离 EB 来表示。

现在，因为 DB 是 EB 与 BF 的比例中项，并且 BE 是沿着整个距离 BE 下落的时间，由此 BD 将是通过 BF 下落的时间，同时余量 DE 将是沿着余量 FE 下落的时间。但在 B 从静止开始下落的时间，等于从 E 转向后以通过 AE 或 BE 下落所获得的速度从 E 到 F 上升的时间。因此 DE 表示物体从 A 到 E 下落并沿 EB 转向后从 E 到 F 所需的时间。但是由 ED 的构造可知，它是等于 AE 的。这就是我们证明的第一部分。

现在因为整个 EB 与整个 BD 之比等于部分 DB 与部分 BF 之比，我们有整个 EB 与整个 BD 之比等于余量 ED 与余量 DF 之比；但是 ED > BD，因此 ED > DF，并且 EF 小于 DE 或 AE 的两倍。证毕。

如果初始运动不是沿着垂线而是在一个斜面上，倘若向上倾斜的平面比向下倾斜的平面陡度小一些，即长一些，结论同样是成立的，证明也一样。

定理 16，命题 25

如果沿任意斜面下落后又沿着一个水平面运动，则沿斜面下落的时间与通过水平面上任意给定长度所需的时间之比等于斜面长度的两倍与给定的水平长度之比。

令 CB 是任意水平线，而 AB 是一个斜面；在沿 AB 下落后令运动继续通过指定的水平距离 BD，如图 3-47 所示。则我说，沿着 AB 下落的时间与通过 BD 所耗费的时间之比等于两倍的

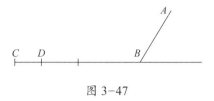

图 3-47

AB 与 *BD* 之比。取 *BC* 等于两倍 *AB*，则从前一命题得出，沿着 *AB* 下落的时间等于通过 *BC* 所需的时间；但是沿着 *BC* 的时间与沿着 *DB* 的时间之比等于长度 *CB* 与长度 *BD* 之比。所以沿着 *AB* 下落的时间与沿着 *BD* 下落的时间之比等于距离 *AB* 的两倍与距离 *BD* 之比。证毕。

问题 10，命题 26

给定一个连接两条水平平行线的垂直高度；还给定一段大于这个垂直高度但小于其两倍的距离。试求通过给定垂足的一个斜面，使得在沿垂直高度下落后转而沿着斜面运动的物体通过指定距离的时间等于垂直下落的时间。

令 *AB* 是两条平行的水平线 *AO* 和 *BC* 之间的垂直距离；还令 *FE* 比 *BA* 长但比其两倍短，如图 3-48 所示。问题是求过 *B* 延伸到上水平面

的斜面，使得一个物体从 *A* 到 *B* 下落后，如果它的运动转向斜面，将在与沿 *AB* 下落相等的时间内通过等于 *EF* 的距离。取 *ED* 等于 *AB*；则余量 *DF* 比 *AB* 小，因为整个 *EF* 的长度小于这个量的两倍；再取 *DI* 等于 *DF*，且选择点 *X*，使 *EI* : *ID*=*DF* : *FX*；由 *B* 画平面 *BO*，其长度等于 *EX*。则我说，*BO* 是这样一个平面，沿着它，在通过 *AB* 下落之后（见图 3-48），物体在与通过 *AB* 下落相等的时间内通过指定的距离 *FE*。取 *BR* 和 *RS* 分别等于 *ED* 和 *DF*；则因为 *EI* : *ID*=*DF* : *FX*，按合比定理，我们有 *ED* : *DI*=*DX* : *XF*=*ED* : *DF*=*EX* : *XD*=*BO* : *OR*=*RO* : *OS*。如果我们以 *AB* 的长度表示通过 *AB* 的时间，则 *OB* 将表示沿 *OB* 下落的时间，而 *RO* 将表示沿 *OS* 下落的时间，同时余量 *BR* 将表示在 *O* 从静止开始下落的物体通过剩余距离 *SB* 所需的时间。但是在 *O* 从静止开始沿着 *SB* 下落的时间等于通过 *AB* 下落后从 *B* 上升到 *S* 的时间。所以 *BO* 是那个通过 *B* 的平面，沿着它，一个物体在通过 *AB* 下落后，将在时间间隔 *BR* 或 *BA* 内通过等于指定距离 *EF* 的距离 *BS*。证毕。

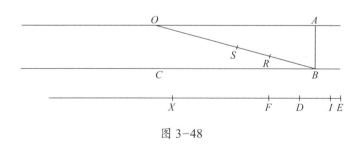

图 3-48

定理 17，命题 27

如果物体沿着两个垂直高度相同但长度不同的斜面下降，则在与沿较短平面下降的相同的时间中，在较长平面下部通过的距离将等于较短平面的长度加上它的一部分，较短平面与这部分之比等于较长平面与其超出较短平面的部分之比。

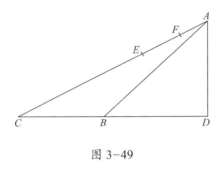

图 3-49

令 *AC* 是较长的斜面，*AB* 是较短的平面，*AD* 是它们共同的高度；在斜面 *AC* 的下部取 *CE* 等于 *AB*；选点 *F*，使 *CA*∶*AE*=*CA*∶（*CA*−*AB*）=*CE*∶*EF*，如图 3-49 所示。则 *FC* 就是当物体从 *A* 下落后，在一等于沿 *AB* 下落所需时间间隔内所通过的那个距离。因为 *CA*∶*AE*=*CE*∶*EF*，由此得出，余量 *EA*∶余量 *AF*=*CA*∶*AE*。于是 *AE* 是 *AC* 与 *AF* 之间的比例中项。因此如果用长度 *AB* 度量沿 *AB* 下落的时间，则距离 *AC* 将度量通过 *AC* 下落的时间；但是通过 *AF* 下落的时间是以长度 *AE* 度量的，且通过 *FC* 下落的时间是以 *EC* 度量的。现在 *EC*=*AB*；所以命题成立。

问题 11，命题 28

令 *AG* 是与一个圆相切的任意水平线；令 *AB* 是通过切点的直径；且令 *AE* 和 *EB* 表示任意两根弦，如图 3-50 所示。问题是要确定通过 *AB* 下落的时间和通过两根弦 *AE* 和 *EB* 下落的时间之间的比例。延长 *BE* 与切线相交于 *G*，画 *AF* 等分∠*BAE*。则我说，沿 *AB* 下落的时间与沿 *AE* 与 *EB* 下落的时间之比等于长度 *AE* 与长度 *AE* 和 *EF* 之和的比。

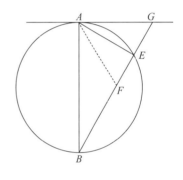

图 3-50

因为∠*FAB* 等于∠*FAE*，而∠*EAG* 等于∠*ABF*，因此整个∠*GAF* 等于∠*FAB* 与∠*ABF* 之和。但是∠*GFA* 也等于这两个角之和。所以长度 *GF* 等于长度 *GA*；并且因为矩形 *BG*.*GE* 等于正方形 *GA*，即也等于正方形 *GF*，或者 *BG*∶*GF*=*GF*∶*GE*。如果我们现在约定沿 *AE* 下落的时间以长度 *AE* 表示，则长度 *GE* 将表示沿 *GE* 下落的时间，同时 *GF* 表示通过整个距离 *GB* 下落的时间；*EF* 表示从 *G* 下落后通过 *EB* 的时间或从 *A* 下落后通过 *AE* 的时间。因此，沿 *AE* 或

AB 下落的时间与沿 AE 和 EB 下落的时间之比等于长度 AE 与 $AE+EF$ 之比。证毕。

一个更简单的方法是取 GF 等于 GA，因此 GF 是 BG 与 GE 之间的比例中项。证明的其余部分与上面相同。

定理 18，命题 29

给定一条有限的水平线，在其一端有一有限的垂线，其长度为给定水平线的一半；则一个物体通过这一给定的高度下落后转而向水平方向运动，所需时间将比它通过任何其他垂直距离加上给定的水平距离的时间要短。

令 BC 是在水平面上给定的距离；在端点 B 处画一垂线，于其上取 BA 等于 BC 的一半，如图 3-51 所示。则我说，一个物体在点 A 处从静止开始通过距离 AB 和 BC 所需的时间，是通过同样的距离 BC 和与其垂直的不管大于或小于 AB 的垂直距离所需所有可能的时间中的最小者。

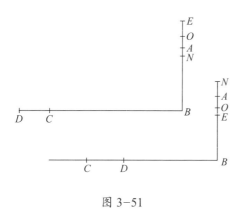

图 3-51

在第一张图上，取 EB 大于 AB，如图 3-51 的上图，在第二张图上，取 EB 小于 AB，如图 3-51 的下图。必须证明的是通过距离 EB 加 BC 所需的时间大于通过 AB 加 BC 所需的时间。让我们约定长度 AB 表示沿着 AB 下落的时间，注意到 $BC=2AB$，则通过水平部分 BC 的时间还是 AB；因此通过 AB 和 BC 总共所需的时间将是 AB 的两倍。选取点 O，使 $EB:BO=BO:BA$，则 BO 将表示通过 EB 下落的时间。再取水平距离 BD 等于 BE 的两倍；这时显然 BO 表示通过 EB 下落后沿着 BD 运动的时间。选点 N，使 $DB:BC=EB:BA=OB:BN$。现在因为从点 E 下落后水平运动是匀速的，并且 OB 是通过 BD 所需的时间，因此 NB 将是通过同样高度 EB 下落后沿着 BC 运动所需的时间。所以显然，OB 加 BN 表示通过 EB 加 BC 的时间；并且，因为 BA 的两倍是通过 AB 加 BC 的时间，剩下的是要证明 $OB+BN>2BA$。

但是，因为 $EB:BO=BO:BA$，由此 $EB:BA=OB^2:BA^2$。此外，因为 $EB:BA=OB:BN$，由此 $OB:BN=OB^2:BA^2$。但是 $OB:BN=(OB:BA)(BA:BN)$，因此 $AB:BN=OB:BA$，也就是说，BA 是 BO 与 BN 之间的比例中项。从而有 $OB+BN>2BA$。证毕。

定理 19，命题 30

令从一条水平线上的任意点向下引一垂线；要求通过该水平线上另一任意点作一斜面使其

与垂线相交，并且一个物体沿此斜面在可能的最短时间内下落到垂线上。该斜面将从垂线上截下一段，其长度等于从水平线上设定的点到垂线上端的距离。

令 AC 是任意水平线而 B 是其上的任一点，从这点往下引垂线 BD。选水平线上任意点 C，在垂线上取距离 BE 等于 BC；连接 C 与 E，如图 3-52 所示。则我说，在所有通过 C 与垂线相交的斜面中，CE 即是这样一个斜面，沿着它物体可以在最短的时间内下降到垂线。为此，画斜面 CF 与垂线交于 E 之上方，斜面 CG 与垂线交于 E 之下方；再画一条平行的垂线 IK，在 C 处切于一个以 BC 为半径的圆（见图 3-52）。令 EK 平行于 CF，且与圆相交于 L 后再延长，与切线相交。现在显然沿 LE 下落的时间等于沿 CE 下落的时间；但是沿 KE 的时间比沿 LE 的时

间长；于是沿 KE 的时间长于沿 CE 的时间。但是沿 KE 的时间是等于沿 CF 的时间的，因为它们有相同的长度和相同的斜率；用类似的方法可得出，具有相同长度和相同斜率的平面 CG 和 IE 将在相等的时间内被通过。又因为 $HE<IE$，沿着 HE 的时间将小于沿着 IE 的时间。于是沿着 CE 的时间（等于沿着 HE 的时间）也会比沿着 IE 的时间短。证毕。

定理 20，命题 31

如果一条直线以任意角度倾斜于水平线，且从水平线上任意给定的点到斜线上画一最速下降的平面，则该平面将等分从给定的点引出的两条线之间的夹角，其中一条线垂直于水平线，另一条垂直于斜线。

令 CD 是一条以任意角倾斜于水平线 AB 的直线；且从水平线上任意给定的点 A 画 AC 垂直于 AB，AE 垂直于 CD；画 FA 等分 $\angle CAE$，如图 3-53 所示。则我说，在所有通过点 A 与线 CD 相交于任意点的平面中，AF 是最速下降的（in quo tempore omnium brevissimo fiat descensus）。画 FG 平行于 AE；内错角 GFA 和 $\angle FAE$ 相等；且 $\angle EAF$ 等于 $\angle FAG$。由此 $\triangle FGA$ 的边 GF 和 GA 是相等的。因此，如果我们以 G 为圆心、GA 为半径画圆，此圆将通过点 F，且与水平线相切于 A，与倾斜线相切于 F；GFC 是直角，且 GF 与 AE 是平行的（见图 3-53）。因此，显然，所有从 A 画到斜线的线都将延长到圆周之

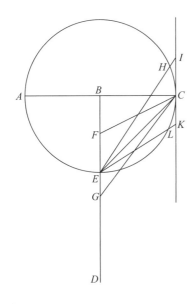

图 3-52

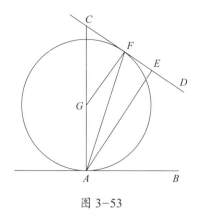

图 3-53

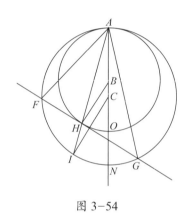

图 3-54

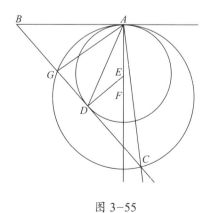

图 3-55

外，只有 *FA* 例外，于是通过它们当中任一条斜线需要比通过 *FA* 更长的时间。证毕。

引理 如果两个圆相互内切，且引任意与内圆相切而与外圆相交的直线，如果再从两个圆的切点处引三条线到这条切线上的三点，即内圆的切点以及延长线与外圆的两个交点，则这三条线在切点处将包含相等的角。

令两个圆彼此相切于点 *A*，小圆的圆心是 *B*，大圆的圆心是 *C*。画直线 *FG* 与内圆相切于 *H*，与外圆交于 *F* 和 *G*；并且引三条线 *AF*，*AH* 和 *AG*，如图 3-54 所示。则我说，这些直线的夹角 ∠*FAH* 与 ∠*GAH* 相等。延长 *AH* 到圆周上的点 *I*；从圆心处引 *BH* 和 *CI*；连接圆心 *B* 和 *C* 且把这条线段延长到切点 *A* 并与两个圆分别相交于点 *O* 和 *N*。但是现在 *BH* 和 *CI* 是平行的，因为 ∠*ICN* 和 ∠*HBO* 相等，且它们都是 ∠*IAN* 的两倍。因为从圆心到切点的 *BH* 是垂直于 *FG* 的，由此得出 *CI* 也垂直于 *FG*，弧 $\overset{\frown}{FI}$ 等于弧 $\overset{\frown}{IG}$；因此 ∠*FAI* 等于 ∠*IAG*。证毕。

定理 21，命题 32

如果在水平线上任选两点，通过其中一点朝向另一点引一条斜线，如果还从这另一点处引一条直线，使得此线在斜线上切割出的部分等于在水平线上选定的两点之间的距离，则沿这条引线下落时间小于沿从同一点到同一斜线所引的任意其他直线的下落时间。沿其他与这条线的对边成等角的直线的下落时间相同。

令 *A* 和 *B* 是在水平线上的任意两点；通过 *B* 引一条斜线 *BC*，且从 *B* 在斜线上取一个距离 *BD* 等于 *BA*；连接点 *A* 和 *D*，如图 3-55 所示。则我说，沿 *AD* 下落的时间小于沿任何其他从点 *A* 到斜线 *BC* 引出的线段下落的时间。从点 *A* 画 *AE* 垂直于 *BA*；从点 *D* 画 *DE* 垂直于 *BD*，与 *AE* 相交于点 *E*。因为在等腰三角形 *ABD* 中，我们有 ∠*BAD* 与 ∠*BDA* 相等，它们的余角 ∠*DAE* 和 ∠*EDA* 也相等。

所以如果我们以 E 为圆心、EA 为半径画圆，它将通过 D 且与直线 BA 和 BD 分别相切于 A 和 D。现在因为 A 是垂线 AE 的端点，沿着 AD 下落比起沿任何其他由端点 A 到直线 BC 且延长超出圆周的线将需要较少的时间；这就是命题第一部分的结论。

如果我们延长垂线 AE，且在其上任选点 F，把它作为圆心，以 FA 为半径画圆，这个圆 AGC 将与切线交于点 G 和 C（见图 3-55）。引直线 AG 和 AC，按照前面的引理，它们与中线 AD 偏离成相等的角。沿着这两条线下落的时间是相同的，因为它们是从最高点 A 出发并终止于 AGC 的圆周上。

问题 12，命题 33

给定一条有限的垂线和一个与它等高的具有共同上端点的斜面；要求出在向上延伸的垂线上的一点，使得一个物体由此下落并折上斜面，通过斜面的时间间隔与从静止开始通过给定垂直高度。下落所需的时间相同。

如图 3-56 所示，令 AB 是给定的有限的垂线，而 AC 是给定的与其具有相同高度的斜面。要求在垂线 BA 由点 A 向上延伸的线上找出一点，使从该点出发，一个物体通过距离 AC 下落所需的时间与由 A 从静止开始通过给定垂线 AB 下落所需的时间相同。引线段 DCE 与 AC 成直角，且取 CD 等于 AB；再连接 A 和 D；则 $\angle ADC$ 大于 $\angle CAD$，因为边 CA 比 AB 和 CD 都大。作

$\angle DAE$ 等于 $\angle ADE$，画 EF 垂直于 AE；则 EF 将与向两边延伸的斜面相交于点 F。取 AI 和 AG 都等于 CF；过 G 画水平线 GH（见图 3-56）。则我说，H 是所求的点。

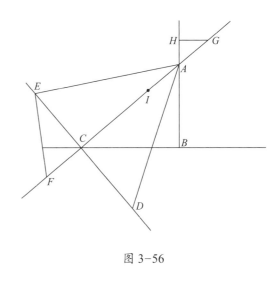

图 3-56

因为，如果我们约定长度 AB 表示沿着垂线段 AB 下落的时间，则 AC 同样表示在 A 从静止开始沿着 AC 下落的时间；并且因为在直角三角形 AEF 中，线段 EC 是从点 E 处的直角内引出垂直于其底 AF 的，由此，AE 将是 FA 与 AC 之间的比例中项，而 CE 将是 AC 与 CF 之间的比例中项，亦即 CA 与 AI 之间的比例中项。现在，因为 AC 表示从 A 沿 AC 下落的时间，由此 AE 是沿整个距离 AF 下落的时间，而 EC 是沿 AI 下落的时间。但是因为等腰三角形 $\triangle AED$ 中边 EA 等于边 ED，由此得出 ED 将表示沿 AF 下落的时间，而 EC 是沿 AI 下落的时间。于是 CD（即 AB）将表示在 A 由静止开始沿 IF 下落的时间；

相同的说法就是，*AB* 是从 *G* 或从 *H* 出发沿 *AC* 下落的时间。证毕。

问题 13，命题 34

给定一个有限的斜面和一条垂线，它们的最高点是共同的，试在垂线的延长线上找一点，使一个物体由此下落然后通过斜面所需的时间与在斜面顶点处由静止开始只通过斜面所用的时间相同。

如图 3-57 所示，令 *AB* 和 *AC*（原文为 *AC* 和 *AB*，有误——中译者注）分别是一个斜面和一条垂线，它们在 *A* 有共同最高点。要求在点 *A* 以上的垂线上找一点，使一个物体由此下落后沿着 *AB* 运动，它通过垂线上给定的部分和平面 *AB* 两者所需的时间与在 *A* 由静止开始只通过平面 *AB* 所需的时间相同。画一条水平线 *BC* 并取 *AN* 等于 *AC*；选择点 *L*，使 *AB* : *BN* = *AL* : *LC*，并且取 *AI* 等于 *AL*；选择点 *E*，使得在垂线 *AC*

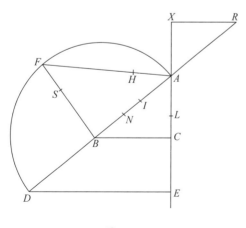

图 3-57

上截得的 *CE* 将是 *AC* 与 *BI* 的第三比例（见图 3-57）。则我说，*CE* 是所求的距离；于是如果将垂线向 *A* 以上延长，并且取 *AX* 等于 *CE*，则从 *X* 下落的物体通过两段距离 *XA* 和 *AB* 所需的时间与它从 *A* 开始只通过 *AB* 所需的时间相同。

画 *XR* 平行于 *BC* 且交 *BA* 于 *R*；再画 *ED* 平行于 *BC* 且交 *BA* 于 *D*；以 *AD* 为直径画一个半圆；从 *B* 引 *BF* 垂直于 *AD*，把它延长直到与圆周相交（见图 3-57）。显然，*FB* 是 *AB* 与 *BD* 的比例中项，而 *FA* 是 *DA* 与 *AB* 的比例中项。取 *BS* 等于 *BI*，*FH* 等于 *FB*（见图 3-57）。因为 *AB* : *BD* = *AC* : *CE*，且 *BF* 是 *AB* 与 *BD* 的比例中项，同时 *BI* 是 *AC* 与 *CE* 的比例中项，由此 *BA* : *AC* = *FB* : *BS*，并且因为 *BA* : *AC* = *BA* : *BN* = *FB* : *BS*，根据比例转换，我们就有 *BF* : *FS* = *AB* : *BN* = *AL* : *LC*。因此，由 *FB* 和 *CL* 形成的矩形等于边为 *AL* 和 *SF* 的矩形；此外，这个矩形 *AL.SF* 是矩形 *AL.FB* 或 *AI.BF* 比矩形 *AI.BS* 或 *AI.IB* 多出的部分。但是矩形 *FB.LC* 是矩形 *AC.BF* 比矩形 *AL.BF* 多出的部分；而且矩形 *AC.BF* 等于矩形 *AB.BI*，因为 *BA* : *AC* = *FB* : *BI*；所以矩形 *AB.BI* 比矩形 *AI.BF* 或 *AI.FH* 多出的部分等于矩形 *AI.FH* 比矩形 *AI.IB* 多出的部分；于是矩形 *AI.FH* 的两倍等于矩形 *AB.BI* 与 *AI.IB* 之和，或 $2AI \cdot FH = 2AI \cdot IB + BI^2$。把 AI^2 加到等式两边，则有 $2AI \cdot IB + BI^2 + AI^2 = AB^2 = 2AI \cdot FH + AI^2$。再把 BF^2 加到等式两边，则有 $AB^2 + BF^2 = AF^2 = 2AI \cdot FH + AI^2 + BF^2 = 2AI \cdot FH + AI^2 + FH^2$。但是 $AF^2 = 2AH \cdot HF + AH^2 + HF^2$，所以 $2AI \cdot FH + AI^2 +$

$FH^2=2AH \cdot HF+AH^2+HF^2$。从等式两边减去 HF^2，我们有 $2AI \cdot FH+AI^2=2AH \cdot HF+AH^2$。现在因为 FH 是两个矩形的公共部分，由此 AH 等于 AI；因为如果 AH 大于或小于 AI，则两个矩形 $AH. HF$ 加上以 HA 为边的正方形也会大于或小于两个矩形 $AI. FH$ 加上以 IA 为边的正方形，这与我们刚才所证明的结果矛盾。

如果现在我们约定以长度 AB 表示沿着 AB 下落的时间，则通过 AC 下落的时间同样也以 AC 度量；而 AC 与 CE 的比例中项 IB 将表示在 X 从静止开始下落通过 CE 或 XA 的时间。现在，因为 AF 是 DA 与 AB 的比例中项或 RB 与 AB 的比例中项，且因为 BF（等于 FH）是 AB 与 BD 的比例中项，亦即 AB 与 AR 的比例中项，由此，从前面的命题（命题 19 的推论）可知，差量 AH 表示在 R 由静止开始，或者从 X 开始下落后，沿着 AB 下落的时间，而在 A 由静止开始沿 AB 下落的时间是用长度 AB 来度量的。但是如刚才所说，通过 XA 下落的时间是用 IB 来度量的，而在通过 RA 或 XA 下落后沿 AB 下落的时间是 IA。于是通过 XA 和 AB 下落的时间是用长度 AB 来度量的，它当然也度量在 A 从静止开始只沿 AB 下落的时间。证毕。

问题 14，命题 35

给定一个斜面和一条有限的垂线，试在斜面上找一个距离，使一个物体从静止开始，将在通过垂线和斜面两个距离所需的同样时间内

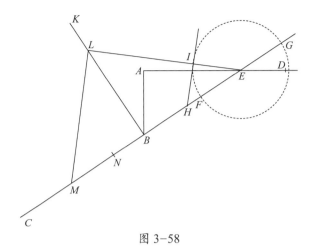

图 3-58

通过它。

如图 3-58 所示，令 AB 是垂线而 BC 是斜面。要求在 BC 上取一距离，使得一个物体从静止开始通过该距离下落所需之时间与先通过垂线 AB 再通过斜面下落所需的时间相同。画水平线 AD，交斜面 CB 的延长线于 E；取 BF 等于 BA，并以 E 为圆心、EF 为半径画圆 FIG。延长 FE 与圆周交于 G。选一个点 H，使 GB : $BF=BH$: HF。画线 HI 切圆于 I。在 B 处画线 BK 垂直于 FC，与线 EIL 交于 L；再画 LM 垂直于 EL 且与 BC 交于 M。则 BM 即是所求的距离，也就是物体在 B 从静止开始下落，通过它所需的时间与在 A 从静止开始下落通过两个距离 AB 与 BM 所需的时间相同；取 EN 等于 EL；则因 GB : $BF=BH$: HF，交换次序后有 GB : $BH=BF$: HF。由分比定理知，GH : $BH=BH$: HF。因此，矩形 $GH. HF$ 等于以 BH 为边的正方形；但是这个矩形还等于以 HI 为边的正方形；于是 BH 等于 HI。因为在四边形 $ILBH$ 中，边 HB 和 HI 相

等，并且∠B和∠I是直角，由此边BL和LI也相等；但是EI=EF；所以总长度LE或NE等于LB与EF的总和。如果我们减去公共长度EF，余量FN将等于LB；但是，由图3-58的作图可知，FB=BA，所以LB=AB+BN。如果我们约定以AB的长度表示通过AB下落的时间，则沿EB下落的时间将用EB度量；此外因为EN是ME与EB的比例中项，它将表示沿着整个距离EM下落的时间；所以在从EB或AB下落后这些距离的差BM将在以BN表示的时间中通过。但是我们已经假设距离AB是通过AB下落时间的度量，沿着AB与BM下落的时间是用AB+BN度量的。因为EB度量在E从静止开始沿EB下落的时间，在B从静止开始沿BM下落的时间将是BE与BM的比例中项，即BL。所以在A从静止开始通过路径AB+BM下落所需的时间是AB+BN；但是在B从静止开始下落只通过BM的时间是BL；并且因为已经证明BL=AB+BN；所以命题成立。

另一简短的证明如下：如图3-59，令BC是斜面而BA是AE的垂线；在B处画EC的垂线，把它向两边延长；取BH等于BE比BA超出的余量；作∠HEL等于∠BHE；延长EL与BK相交于L；在L引EL的垂线LM，并将其延长与BC相交于M。则我说，BM就是所求BC的一部分。因为∠MLE是直角，BL将是MB与BE的比例中项，而LE是ME与BE的比例中项；取EN等于LE。则NE=EL=LH，且HB=NE-BL。但是又有HB=NE-（NB+BA），所以

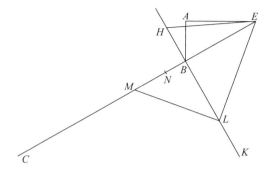

图3-59

BN+BA=BL。如果现在我们假定以长度EB表示沿着EB下落的时间，则在B从静止开始沿BM下落的时间将由BL表示；但是如果沿BM下落是在E或A从静止开始的，则其下落的时间将以BN度量；且AB将度量沿着AB下落的时间。所以通过AB与BM（即距离AB与BN之和）所需的时间等于在B从静止开始只沿BM下落的时间。证毕。

引理 如图3-60所示，令DC是直径BA的垂线；从端点B任意画一线段BED；画线段FB。则我说，FB是DB与BE的比例中项。连接点E与F。过B画切线BG，它将平行于CD。

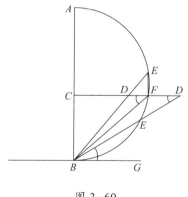

图3-60

现在，因为∠GBD等于∠EFB（对于E处于CD上边的情形，应是∠FED。——中译者注），可以得出△FDB和△FEB相似，所以BD：BF=FB：BE。

引理 如图3-61所示，令AC是一条比DF长的线段，令AB与BC之比大于DE与EF之比。则我说，AB是大于DE的。因为如果AB与BC之比大于DE与EF之比，则DE与某一比EF短的长度之比将等于AB与BC之比。把这个长度记为EG；则因为

$$AB：BC=DE：EG，$$

由合比定理和比例互置可以得到

$$CA：AB=GD：DE。$$

但是CA是大于GD的，因此BA大于DE。

引理 如图3-62所示，令ACIB是一个圆的四分之一；从B引BE平行于AC；以BE上的任一点为圆心画一个圆BOES，与AB相切于B且交四分之一圆的圆周于I。连接点C与B；画线段CI，并将其延长到S。则我说，线段CI永远小于CO。画线段AI与圆BOE相切。则，如果画线段DI，它将等于DB；但是，因为DB与四分之一圆相切，因而DI也与其相切，并与AI形成直角，因此AI在I与圆BOE相切。因为∠AIC大于∠ABC，因而其所对的弧大，由此∠SIN也大于∠ABC。因此弧$\overset{\frown}{IES}$大于弧$\overset{\frown}{BO}$，且更靠近圆心的线段CS比CB长。因为

$$SC：CB=OC：CI，$$

从而CO比CI长。

如果按图3-63所示，弧$\overset{\frown}{BIC}$小于一个四分之一的圆弧，则这一结果更值得注意。因为垂线DB与圆CIB相割；等于BD的DI也是与圆相割的；∠DIA将是钝角，因此线段AIN将与圆BIE相割。因为∠ABC小于与∠SIN相等的∠AIC，而且还小于在I点的切线与线段SI所形成的角，由此得出弧$\overset{\frown}{SEI}$远大于弧$\overset{\frown}{BO}$。证毕。

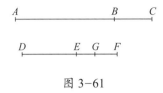

图3-61

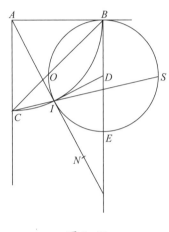

图3-62

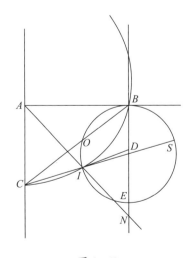

图3-63

定理 22，命题 36

如果从一个竖直圆的最低点画一条弦，它所对的弧不大于四分之一圆周，并且如果从这条弦的两端到弧上的任一点画另外两条弦，则沿着后两条弦下落的时间将短于沿第一条弦下落的时间，而且，比沿后两条弦中较低的一条下落的时间短同样的量。

如图 3-64 所示，令 CBD 是一不超过四分之一圆的弧，它取自一个竖直的圆，其最低点是 C；令 CD 是这段弧所对的弦（planum elevatum），并从 C 和 D 到弧上的任一点 B 引另外两条弦。则我说，沿两条弦（plana）DB 和 BC 下落的时间小于沿一条弦 DC 下落的时间，或者小于在 B 点由静止开始沿一条弦 BC 下落的时间。过点 D 画水平线 MDA 交 CB 的延长线于 A；画 DN 和 MC 垂直于 MD，且 BN 与 BD 成直角；围绕直角三角形 DBN 画半圆 DFBN，与 DC 相交于 F。选点 O，使 DO 为 CD 与 DF 的比例中项；用同样的方式，选点 V，使 AV 是 CA 与 AB

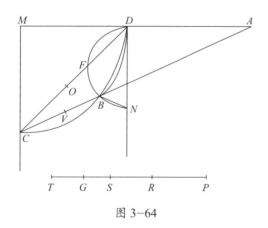

图 3-64

的比例中项。令长度 PS 表示沿着整个距离 DC 或 BC 下落的时间，它们两者需要相同的时间。取 PR，使 CD : DO= 时间 PS : 时间 PR。则 PR 将表示一个物体从 D 出发通过距离 DF 的时间，同时 RS 将度量通过余下的距离 FC 的时间。但是因为 PS 也是在 B 从静止出发沿 BC 下降的时间，并且如果我们选点 T，使 BC : CD=PS : PT，则 PT 将度量从 A 到 C 下落的时间，因为我们已经证明过（引理）DC 是 AC 与 CB 之间的比例中项。最后选点 G，使 CA : AV=PT : PG，则 PG 将是从 A 到 B 下落的时间，而 GT 将是从 A 到 B 下落后沿 BC 下落的剩余时间。但是，因为圆 DFN 的直径 DN 是垂直线，弦 DF 和 DB 将在相等的时间中通过；因此如果我们能够证明一个物体沿着 DB 下落后再通过 BC 所用的时间小于它沿 DF 下落后通过 FC 的时间，就证明了定理。注意到该物体沿 DB 与 AB 下落获得的动量相同，就可得知，物体从 D 沿 DB 下落通过 BC 与它从 A 沿 AB 下落所用的时间相同。所以剩下的仅在于证明在 AB 之后沿 BC 下落比在 DB 之后沿 BC 下落要快。但是我们已经证明了 GT 表示在 AB 之后沿 BC 下落的时间，RS 表示在 DF 之后沿 FC 下落的时间。因此必须证明 RS 大于 GT。现证明如下：因为 SP : PR=CD : DO，由反比定理和比例转换得出 RS : SP=OC : CD；我们还有 SP : PT=DC : CA。并且因为 TP : PG=CA : AV，由反比定理有，PT : TG=AC : CV，于是有等式 RS : GT=OC : CV。但是如同我们马上就要证明的，OC 大于 CV；所以时间 RS 大于时间 GT，这就是要证明的。现在，因为（见引理）CF 大于 CB，并且 FD 小于 BA，由此得出 CD : DF > CA : AB。但是由于 CD : DF=CO : OF，有 CD : DO=DO : DF；并且 CA : AB=CV² : VB²。于是 CO : OF > CV : VB，且根据前面的引理，有 CO > CV。此外显然，沿 DC 下落的时间与沿 DBC 下落的时间之比等于 DOC 与 DO，CV 的和之比。

注释　由上面所述能够推断，从一点到另一点的最速下降路径（1ationem omnium velocissimam）不是最短的路径，即不是一条直线而是一段圆弧。① 如图 3-65 所示，在具有垂直边 BC 的四分之一圆 BAEC 中，把圆弧 $\overarc{AC}$ 分割为任意数目的相等的部分 $\overarc{AD}$，$\overarc{DE}$，$\overarc{EF}$，$\overarc{FG}$，$\overarc{GC}$，并从点 C 引直线到点 A，D，E，F，G；再画直线 AD，DE，EF，FG，GC。显然沿路径 ADC 下落比只沿 AC 或在 D 由静止开始沿 DC 下落更快。但是一个物体在 A 由静止开始通过 AC 可以

比沿路径 ADC 更快；而如果它在 A 由静止开始通过路径 DEC 下落，其时间将比单通过 DC 下落要短。所以，沿着三条弦 ADEC 下落将比沿着两条弦 ADC 花较少的时间。类似地，在沿着 ADE 下落后，通过 EFC 所需的时间小于只通过 EC 所需的时间。于是沿着四条弦 ADEFC 下落比沿着三条弦 ADEC 下落更快。最后，一个物体在沿 ADEF 下落后，通过两条弦 FGC 比只通过 FC 下落更快。因此，沿五条弦 ADEFGC 下落将比沿四条弦 ADEFC 下落更快。从而，内接多边形愈接近一个圆，从 A 到 C 下落所需的时间愈短。

对四分之一圆所证明的结论对于较小的弧也成立，推理相同。

问题 15，命题 37

给定一条有限的垂线和一个等高的斜面，试在斜面上找一个与垂线相等的距离，通过该距离的时间与沿垂线下落的时间相同。

令 AB 是垂线，而 AC 是斜面，如图 3-66 所示。我们要在斜面上确定一个与垂线 AB 相等的距离，且从点 A 由静止开始沿其下落所需的时间与沿着垂线下落的时间相同。取 AD 等于 AB，且等分余量 DC 于点 I。选点 E，使 AC : CI=CI : AE，并取 DG 等于 AE。显然 EG 等于

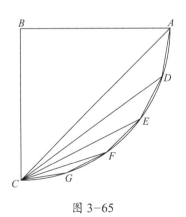

图 3-65

---

① 众所周知，在常力作用下最速降落问题的第一个正确解答是由约翰·伯努利给出的。——英译者注

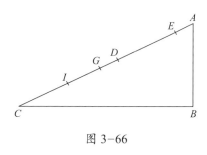

图 3-66

AD，也等于 *AB*。进而，我说，*EG* 就是所求的距离，即一个物体在 *A* 由静止开始下落将在与沿着垂线 *AB* 下落所需的相同的时间中通过它。因为 *AC*：*CI*=*CI*：*AE*=*ID*：*DG*，由比例转换，我们有 *CA*：*AI*=*DI*：*IG*。并且因为整个 *CA* 与整个 *AI* 之比等于部分 *CI* 与部分 *IG* 之比，由此余量 *IA* 与余量 *AG* 之比等于整个 *CA* 与整个 *AI* 之比。这样，*AI* 可看作 *CA* 与 *AG* 的比例中项，而 *CI* 是 *CA* 与 *AE* 的比例中项。因此如果沿 *AB* 下落的时间以长度 *AB* 表示，沿 *AC* 的时间将以 *AC* 表示，同时 *CI* 或 *ID* 将度量沿 *AE* 下落的时间。因为 *AI* 是 *CA* 与 *AG* 的比例中项，且因为 *CA* 是沿整个距离 *AC* 下落的时间的度量，由此 *AI* 是沿 *AG* 下落的时间，而差量 *IC* 是沿差量 *GC* 下落的时间；但是 *DI* 是沿 *AE* 下落的时间。因此长度 *DI* 和 *IC* 分别度量沿 *AE* 和 *CG* 下落的时间。于是余量 *DA* 表示沿 *EG* 下落的时间，它当然是等于沿 *AB* 下落的时间的。证毕。

推论 显然，我们所求的距离的每个端点都限定在斜面的那些部分内，通过这些部分的时间是相等的。

问题 16，命题 38

给定两个与垂线相交的水平面，试在垂线的上部找一点，使物体自此分别下落到两个水平面，然后它们的运动转向水平方向，在与垂直下落相同的时间间隔内在水平面上通过的距离之比等于一个任意给定的较小量与较大量之比。

如图 3-67 所示，令 *CD* 与 *BE* 是与垂线 *ACB* 相交的水平面，令较小量与较大量之比等于 *N* 与 *FG* 之比。要求在垂线 *AB* 的上部找一点，一个物体自此点下落到平面 *CD* 上其运动就转为沿这个平面运动，在一段等于它下落的时间间隔内通过一段距离，另一个物体自同一点下落到平面 *BE*，其运动转向沿着这个平面且持续一段等于其下落的时间间隔，所通过的距离与前一距离之比等于 *FG* 与 *N* 之比。取 *GH* 等于 *N*，并且选定点 *L*，使 *FH*：*HG*=*BC*：*CL*。则 *L* 即所求的点。若取 *CM* 等于 *CL* 的两倍，并画线 *LM*

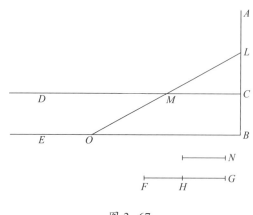

图 3-67

交平面 *BE* 于 *O*，则 *BO* 将等于 *BL* 的两倍。又 *FH* : *HG*=*BC* : *CL*，由合比定理和比例转换，我们有 *HG* : *GF*=*N* : *GF*=*CL* : *LB*=*CM* : *BO*。显然，因为 *CM* 是距离 *CL* 的两倍，则 *CM* 是一个物体自 *L* 下落经过 *LC* 在平面 *CD* 上通过的距离；由相同的理由，因为 *BO* 是距离 *BL* 的两倍，显然，*BO* 是一个物体下落通过 *LB* 后在与其通过 *LB* 相等的时间间隔内通过的距离。证毕。

萨格：的确，无须说恭维话，我想我们可以承认我们的院士的主张，在这篇论文提出的原理（即加速运动的原理）中，他建立了一门涉及非常古老课题的新科学。注意到他从一个个别的原理出发多么轻松和清晰地推演出这么多定理的证明，我很奇怪为什么这样一个问题竟逃脱了阿基米德、阿波罗尼（Apollonius）、欧几里得和如此多的数学家和杰出的哲学家们的注意，特别是因为有如此多的冗长的卷籍已经奉献给运动的论题。

萨耳：欧几里得的论文中有关于运动的片段，但其中没有迹象表明他已着手研究加速运动的性质及其随斜率变化的方式。所以我们可以说，科学之门已第一次向一种已得到大量奇妙结果的新方法敞开，未来的若干年里，该方法将博得其他人的关注。

萨格：我真的相信，例如就像欧几里得在他的《几何原理》的第三部分中证明的圆的少数几个性质导出了许多其他更深奥的性质一样，在这一短文中所建立的原理将被善于思索的头脑用来导出许多别的更为值得注意的结果；并且我相信，因为这一论题的重要性，它受重视的程度将超过自然界的任何其他论题。

在这漫长的和辛苦的一天中，我欣赏这些简单的定理甚于它的证明，其中有不少证明，要完全理解它们，每个都需要花多于一小时的时间；如果你能把这本书留在我这里，就再好不过了，我的意思是在我们阅读了剩下的涉及抛体运动的部分以后，这是我要利用空闲时间来研究的一部分；如果同意的话，我们明天再讨论。

萨耳：我会如期与你们见面。

第三天结束

伽利略晚年在家中指导自己最后一个得意门生维维亚尼（V. Vivianni, 1622—1703）时的情景。维维亚尼在1643年和伽利略的另一个学生托里拆利（E. Torricelli, 1608—1647）提出气压概念，发明了水银气压计。维维亚尼还撰写了伽利略的传记，正是他在伽利略传记中提到了著名的比萨斜塔实验。

第四天

· The Forth Day ·

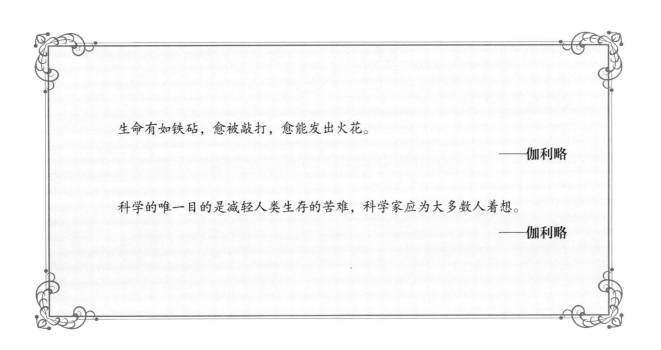

生命有如铁砧，愈被敲打，愈能发出火花。

——伽利略

科学的唯一目的是减轻人类生存的苦难，科学家应为大多数人着想。

——伽利略

克里斯汀诺·班迪（Cristiano Banti，1824—1904）1857 年所绘的《受审中的伽利略》。

萨耳：辛普里修又一次准时到这里了；让我们不要耽搁，开始讨论运动的问题。我们的

抛体的运动

在前面我们已经讨论了匀速运动的性质和沿着所有倾斜平面的自然加速运动的性质。现在我提议讨论的物体运动是两种其他运动，即匀速运动和自然加速运动的复合运动的性质；这些性质是值得知道的，我提议用严格的方法证明。这是一类在抛体运动中可见到的运动，它的由来我设想如下：

设想任意一个质点沿水平面无摩擦地被投掷；如果这个平面是无限的，则从以前已充分解释过的内容我们知道，这个质点将沿平面作均匀的和永恒的运动。但是如果这个平面是有限的或被提高了的，则运动质点（我们想象它有重量）就将穿过平面的边界，在它原先所做的均匀的、永恒的运动之外，由于自身的重量而获得一个向下运动的倾向；以至于所产生的我称之为抛射（projectio）的运动是一种水平匀速运动和另一种垂直自然加速运动的复合。我现在要着手证明它的一些性质，第一个性质如下：

定理 1，命题 1

由一个水平匀速运动与一个垂直自然加速运动复合而成的抛射运动描绘出的路径是一条

作者的原文是：

半抛物线。

萨格：萨耳维亚蒂，为了我的缘故，我想对辛普里修也有好处，这里需要停一会儿；事情是这样的，我研究阿波罗尼还没有多久，我只知道他讨论抛物线与其他圆锥截面的事实，如果不了解它们，我很难想象人们能够理解基于它们的其他命题的证明。因为即使是在这第一个漂亮的定理中，作者也发现必须证明一个抛体的路径是一条抛物线，并且因为，在我的想象中，我们必须讨论的仅仅是这类曲线，对它们有一个透彻理解是绝对必要的，即使不是对阿波罗尼所证明的这些图形的全部性质有了解，至少也应了解那些现在讨论所需要的性质。

萨耳：你过分谦虚了，你假装不知道不久前你还认为是众所周知的事实——我的意思是当我们讨论材料强度的时候，要用到阿波罗尼的某个定理，你并没有遇到麻烦。

萨格：我可能是碰巧知道它，或者可能为那次讨论而假定了它，只要需要的话；但是现在当我们必须在所有这些关于这类曲线的证明的基础上前进时，我们不应该像他们所说的那样囫囵吞枣，因为那是浪费时间和精力。

辛普：现在，即使是如我所相信的那样，

萨格利多很好地掌握了他所需要的东西，而我甚至连基本的术语也不了解；尽管我们的哲学家们已经论述了抛射运动，我却不记得他们曾经描述过抛体的路径，除了一般地说它永远是曲线，除非抛射是铅直向上的。但是如果从我们以前的讨论中学到的少量的有关欧几里得几何的知识不足以使我理解以后的证明，我只好不加考虑地接受这些定理而不去完全理解它们。

萨耳： 相反，我期望你们从作者自己那里去理解它们，当他允许我看他的这一工作时，他非常好地向我证明了抛物线的两个主要性质，因为不巧阿波罗尼的书不在我手边。对于我们现在的讨论仅需要的这些性质，他是以不要求预备知识的方式来证明的。这些定理的确被阿波罗尼给出过，但是在许多定理之后给出的，要沿着他的思路会花很长的时间。我想这样来缩短我们的工作，即纯粹地和简单地从抛物线的产生方式来导出第一个性质，并立即从第一个性质证明第二个性质。

现在从第一个性质开始，设想一个正圆锥直立在圆底面 ibkc 上，顶点为 l，如图 4-1 所示。这个圆锥与一个平行于 lk 边的平面交于一条曲线，称为抛物线。抛物线的底 bc 与圆 ibkc 的直径 ik 相交成直角，其轴 ad 平行于边 lk；现在在曲线 bfa 上取任意点 f，引直线 fe 平行于 bd；则我说，bd 的平方与 fe 的平方之比等于轴 ad 与其一部分 ae 之比。过点 e 作一个平面平行于圆 ibkc，在锥上产生了一个圆截面，其直径是线段 geh。因为在圆 ibk 中 bd 与 ik 成直角，bd 的平

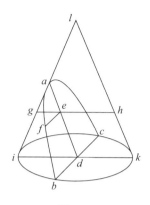

图 4-1

方等于由 id 与 dk 形成的矩形；在过点 g，f，h 的圆上也如此，即亦有 fe 的平方等于 ge 与 eh 形成的矩形；所以 bd 的平方与 fe 的平方之比等于矩形 id.dk 与矩形 ge.eh 之比。因为线段 ed 平行于 hk，平行于 dk 的线段 eh 与它相等；于是矩形 id.dk 与矩形 ge.eh 之比等于 id 与 ge 之比，即 da 与 ae 之比；也就是矩形 id.dk 与矩形 ge.eh 之比，即 bd 的平方与 fe 的平方之比等于轴 da 与其部分 ae 之比。证毕。

对于这次讨论还需要的另一个命题我们证明如下。如图 4-2 所示，让我们画一条抛物线，将它的轴 ca 向上延长到点 d；从任意点 b 画 bc 平行于抛物线的底；现在如果点 d 选得使 da=ca，则我说，通过点 b 和 d 的直线将在 b 处与抛物线相切。设想这条线可能与抛物线相交于上边，或者它的延长部分与抛物线相交于下边，之后通过相割部分上的任意点 g 画直线 fge。因为 fe 的平方大于 ge 的平方，fe 的平方与 bc 的平方之比将大于 ge 的平方与 bc 的平方之比；并且由前面的命题，因为 fe 的平方与 bc 的平方

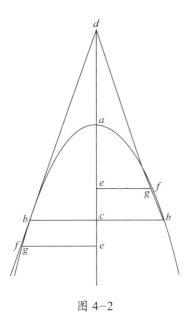

图 4-2

之比等于 *ea* 与 *ca* 之比，由此得出，线段 *ea* 与线段 *ca* 之比大于 *ge* 的平方与 *bc* 的平方之比或者大于 *ed* 的平方与 *cd* 的平方之比（△*deg* 与 △*dcb* 的边是成比例的）。但是线段 *ea* 与 *ca* 或 *da* 之比等于矩形 *ea. ad* 的 4 倍与正方形 *ad* 的 4 倍之比，而 4 倍 *ad* 的平方等于 *cd* 的平方，因为它是 *ad* 的平方的 4 倍；所以矩形 *ea. ad* 的 4 倍与 *cd* 的平方之比大于 *ed* 的平方与 *cd* 的平方之比；但是这使得矩形 *ea. ad* 的 4 倍大于 *ed* 的平方；这是不对的，事实正好相反，因为线段 *ed* 的两部分 *ea* 与 *ad* 是不相等的。于是线段 *db* 与抛物线相切而不是相割。证毕。

辛普：你的证明进行得太快了，似乎你一直认为我对欧几里得的全部定理好像对他的第一个公理那样熟悉和会运用，而这远不是事实。现在你对我们提到的事实，即矩形 *ea. ad* 的 4 倍

小于 *de* 的平方，这是因为线段 *de* 的两部分 *ea* 和 *ad* 是不相等的，这虽使我的头脑清楚了一点，但却给我留下了悬念。

萨耳：的确，所有真正的数学家都认为部分读者至少完全熟悉欧几里得的《几何原本》；而在这里对于你来说，只需要欧几里得的第二册书里的一个命题，在这个命题中他证明了：当一条线段被分割为相等的和不相等的两部分时，不等的两部分形成的矩形小于相等的两部分形成的矩形（即小于线段一半的平方），相差的量是相等和不相等的线段之差的平方。由此显然，整条线段的平方（等于它的一半的平方的 4 倍）大于不等的部分所形成的矩形的 4 倍。为了了解本文后面的内容，我们必须把刚才证明的关于圆锥截面的两个基本定理记在脑子里；这的确是作者仅用到的两个定理。现在我们可以重新开始并且看看他是怎样证明他的第一个命题的，其中他证明以一个水平匀速和一个自然加速（naturale descendente）复合的运动下落的物体描绘出一条半抛物线。

让我们设想有一条提高的水平线或一平面 *ab*，一个物体沿着它从 *a* 到 *b* 作匀速运动。设该平面在 *b* 处突然终止，则物体在这一点将由于其自重又获得一个沿着垂线 *bn* 向下的自然运动，如图 4-3 所示。沿着平面 *ab* 画直线 *be* 表示时间流或时间的度量；把这条线段分割为一些小段 *bc*, *cd*, *de*，表示相等的时间间隔；由点 *b*, *c*, *d*, *e* 分别引平行于 *bn* 的向下的垂线。在第一条线上取任意距离 *ci*，在第二条线上取它的 4 倍

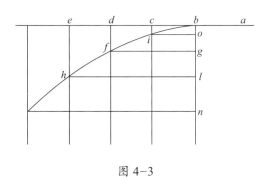

图 4-3

长 df；在第三条上取它的 9 倍长 eh；以 cb，db，eb 平方的比例，或者我们可以说，以这些线段之间的平方比继续下去。由此我们看到，当物体从 b 到 c 以匀速运动时，它还垂直下落通过距离 ci，在时间间隔 bc 的末尾，它自身处于点 i。同样在时间间隔 bd，即 bc 的 2 倍的末尾，垂直下落距离将是距离 ci 的 4 倍；因为在以前的讨论中已证明，一个自由落体通过的距离随时间的平方而变化；同样，在时间 be 中通过的距离 eh 将是 ci 的 9 倍；于是显然，距离 eh，df，ci 相互之比将分别等于线段 be，bd，bc 的平方之比。现在从点 i，f，h 画线段 io，fg，hl 平行于 be；线段 hl，fg，io 分别等于 eb，db 和 cb；而线段 bo，bg，bl 也分别等于 ci，df 和 eh。hl 的平方与 fg 的平方之比等于线段 lb 与 bg 之比；并且 bg 的平方与 io 的平方之比等于 gb 与 bo 之比；因此点 i，f，h 位于同一条抛物线上。用类似的方法可以证明，如果取任意尺寸的相等的时间间隔，且我们设想这个质点是处于一种类

似的复合运动中，则在这些时间间隔的末尾这一质点的位置将在同一条抛物线上。证毕。

萨耳：这一结论是从上面给出的两个命题中的第一个命题的反命题得到的。在通过点 b 和 h 画了一条抛物线后，不落在抛物线上的任意其他两点 f 与 i 必然落在其内或其外；因此线段 fg 比起终点在抛物线上的线段不是更长就是更短。于是 hl 的平方与 fg 的平方之比将不等于线段 lb 与 bg 之比，而是稍大或稍小；可是，事实上 hl 的平方与 fg 的平方之比就是等于这个比例。所以点 f 确实是在抛物线上，所有其他的点也一样。

萨格：不能否认这个论证是巧妙的和结论性的，它基于以下假设，即水平运动保持匀速，垂直运动连续地与时间的平方成比例地向下加速，而且这样的运动和速度及其组合互不改变、互不干扰或互不妨碍，[①] 以至于在运动进行过程中抛体路径不会变成别的曲线。但是按我的意见，这是不可能的。因为我们设想的落体的自然运动是沿着抛物线的轴的，它垂直于水平面，而以地球的中心为其终点；因为抛物线愈来愈偏离它的轴，从来没有抛体能够到达地球中心，或者如果能够到达，它似乎是必然的，则抛体的路径必然变成其他与抛物线很不同的曲线。

辛普：对于这一困难，我还可以补充点内容。其一是我们假定水平面既不向上也不向下倾斜，用一根直线表示它，就像这根线上的每

---

① 与牛顿第二定律很接近的一种表述。——英译者注

一点与（地球）中心都是等距离的。事情不是这样的，因为如果从直线的中点出发并向两端前进，就会离地球中心愈来愈远，因此就在不断地爬高。此后运动不可能保持匀速地经过任意距离，而必然是持续减速的。此外，我不知道怎么能避免介质的阻力，它必然破坏水平运动的均匀性并且改变落体加速的规律。这种种困难使得从靠不住的假设推导出的结果成为非常不可能的。

萨耳：你强调的所有这些困难和异议都已被充分发现是不可能去掉的，对我来说，我准备全部承认它们，我想我们的作者也是这样的。我承认以抽象的方法证明的结论在具体应用时是不同的，而且在以下范围内将是谬误的，即既不是匀速的水平运动，也不是按所设的比例自然加速的运动，又不是路径为一条抛物线的抛体运动，等等。但是，另一方面，我请你们不要对我们的作者抱怨说其他一些著名的人物已经接受了它们，即使它们不是严格正确的。唯独阿基米德的权威性可以使得所有人满意。在他的《力学》和他的抛物线第一求积中，他就认为天平的梁或秤杆是直线，其上的每一点与所有重物的共同中心是等距离的，并且悬挂重物的线彼此之间是平行的。

某些人认为这一假定是可以接受的，因为在实际中我们的器具与所涉及的距离比起与地心的巨大距离是如此之小，以至于我们可以把一个大圆上的1′弧度看作直线，把从两端下落的垂线看作是平行的。如果在真正的实践中必

须考虑这样小的量，那就首先要批评建筑师，他们敢于用垂线竖立具有平行边的高塔。我可以补充说，在所有他们的讨论中，阿基米德和其他人都认为他们自己与地心的距离是无限的，在这种情形下他们的假设是不错的，因此他们的结论是绝对正确的。当把我们已经证明的结论用于虽然是有限的但却是非常大的距离时，对我们来说必须判断，在已证明的原理的基础上，对于我们与地心的距离不是真的无限大而只是与我们小尺寸的设备相比是非常大的这一事实，我们作了什么修正。这些距离中的最大者将是我们抛射的范围——即使在这里我们仅需要考虑大炮——它再大也超不过4英里，而我们与地心的距离有数千英里之远；并且因为这些路径在地面上终结，它们的抛物线图形仅会发生非常小的改变，要承认，当路径的终点在地心时就会有很大的变化。

至于说到由于介质的阻力产生的扰动，这是更可观的，并且考虑到它的多种多样的形式，它不服从确定的规律和准确的描述。这样，如果仅考虑我们研究的空气对运动的阻力，我们将看到它干扰所有的运动，并且对应于抛体的无限多形状、重量和速度，它以无限多的方式干扰它们。以速度为例，速度愈大，空气的阻力也愈大；当运动物体的密度（men grave）变小时，阻力将变大。结果是尽管落体的位移（andare accelerandosi）应当与它的运动时间的平方成比例，但如果它是从非常高的地方开始下落，不管物体有多重，空气的阻力将阻止其速

度的任何增加并导致匀速运动；依照运动物体的密度（men grave）小的程度，决定这种匀速在一个较短的下落后将快多少。即使是水平运动，如果没有阻挡，它的速度将是均匀的和不变的，也会由于空气的阻力而改变并最终停止；这时物体的小密度（piu leggiero）也会加快这种过程。重量、速度还有形状（figura）——这类性质是无限多的，不可能给出任何精确的描述；所以，为了科学地掌握这一问题，必须从这些困难中解脱出来，并且，在没有阻力的情形下揭示和证明一些定理后，在有这样一些限制时使用和应用它们，就像经验所教给我们的那样。这种方法的好处是不小的；因为抛体的材料和形状可以选得使密度尽量大，形状尽量圆，以使其遇到的介质的阻力最小。速度和距离一般说不十分大，这样我们就能够易于精确地校准它们。

我们用的那些从抛石器或弓弩抛出的抛体，是用密度大的（grave）材料和圆的形状，或者用轻一些的材料和像箭那样的柱体形状，与准确的抛物线路径的偏离是完全觉察不出来的。的确，请给我大一点的自由，我能够用两个实验向你们证明我们的设备是如此之小，以至于几乎观察不到这些外部的和伴随的阻力（其中介质的阻力是最显著的）。

现在我着手考虑通过空气的运动，因为这是我们现在特别关心的问题；空气的阻力表现为两种方式：第一是密度较小的物体比密度很大的物体受到更大的阻力，第二是快速运动的物体比慢速运动的物体受到更大的阻力。

关于第一种方式，考虑大小相同的两个球，一个球的重量是另一个的 10 或 12 倍；比方说，一个是铅球，而另一个是橡木球，两个球都从 150 或 200 库比特的高度下落。

实验表明它们以稍许不同的速度到达地面，这向我们表明，在两种情形下由于空气而产生的减速是小的；如果两个球在相同的瞬时从相同的高度开始下落，并且如果铅球减速稍小而木球减速稍大，则前者应当比后者超前一段可观的距离到达地面，因为它要重 10 倍。但是这并未发生，一个球超前另一个球的距离总共不到整个下落距离的 1/100。在石球的情形，它的重量是铅球的 1/3 或者 1/2，它们到达地面的时间差几乎觉察不到。现在因为球从 200 库比特的高处下落获得的速度（impeto）是如此之大，使得如果在与下落相同的时间间隔中保持匀速，这个球会通过 400 库比特的距离，并且由于这个速度与我们用弓弩或非火器的机械能够给予抛体的速度相比是如此可观，我们就可以把那些在不考虑介质阻力的情况下证明的命题看作是绝对正确的，而不会有可觉察的误差。

现在转到第二种情形，在这里我们必须证明空气的阻力对于快速运动的物体并不比慢速运动的物体大很多，下面的实验给出充分的证明。把两个相同的铅球拴在两根等长，比方说 4 或 5 码长的绳子上，然后悬挂在天花板上；现在把它们从垂直位置拉开，一个拉开 80° 或更大的度数，另一个拉开 4° 或 5°；当令其自由时，一个经过垂线下落并画出大的但缓慢递减的圆弧 160°，150°，140°，等等；另一个通过较小的圆弧摆动也画出缓慢递减的圆弧 10°，8°，6°，等等。

首先必须注意到当一个摆通过它的 180°，160° 等弧时，另一个摆通过 10°，8° 等弧，由此得出第一个球的速度比第二个球的速度大 16～18 倍。因此，如果空气对高速比对低速给出更大的阻力，在 180° 或 160° 等大弧上摆动的频率应当小于在 10°，8°，4° 等小弧上摆动的频率，甚至小于在 2° 或 1° 的弧上摆动的频率；但是这一推测并没有被实验证实；因为如果有两个人开始对摆动计数，一个对振幅大的计数，另一个对振幅小的计数，在数了 10 次甚至数百次之后他们会发现两者之差不到一次摆动，甚至不到几分之一次。

这一观察证实了下面的两个命题，即，振幅很大与振幅很小的摆动占用同样的时间，以及空气阻力对高速运动的影响不比对低速运动的影响大，这与迄今普遍接受的意见相反。

萨格：相反，因为我们无法否认空气阻碍了这两类运动，两者都会变慢而最终消失，我们必须承认在每一种情形下减速都是以相同的比例发生的。但为什么？的确，除非给予快的物体比慢的物体更大的动量和速度（impeto e velocità），给一个物体的阻力怎么能比给另一个物体的阻力大呢？如果是这样，一个物体的运动速度立刻就是它遇到的阻力的原因和度量（cagione e misura）。因此，所有快的或慢的运动都以相同的比例被阻碍和减速；在我看来，这是一个有不小重要性的结果。

萨耳：于是我们对于这第二种情形能够说，忽略不计那些偶然的误差，在我们差不多已证明的结果中，在我们使用的机器的情形误差是小的，这里所用的速度大多是非常大的，而距离与地球或其一个大圆的直径相比是可以忽略的。

辛普：我想听听你对火器抛体的考虑，即那些用火药的，与使用弓弩、抛石机和弹弓不同的一类抛射，在这种情况下并非同等地承受来自空气的变化与阻力。

萨耳：我要引进发射抛体的极度的或者说超自然的猛力的观点，因为在我看来，可以毫不夸张地说，从一支步枪或者一件兵器发出的球的速度是超自然的。如果让这样一个球从某一很高处下落，它的速度将由于空气的阻力不再无限制地增加；以至于低密度的物体通过短距离下落时会发生的事——我的意思是变为匀速运动，铁球或铅球在它下落几千库比特后也同样会发生；其终端或最后的速度（terminata velocità）是这样一个重物通过空气下落时可以自然地获得的最大速度。这一速度我估计比燃烧的火药所给予球的速度要小得多。

一个适当的实验将用于证明这一事实。从 100 库比特或更高的高度用装了铅弹的枪（archibuso）垂直向下对着石头铺的马路开火；用同一杆枪从 1 或 2 库比特的距离射击一个类似的石头，并且观察两颗子弹中哪一个被撞得更扁。现在如果发现来自更高处的子弹是两个子弹中不太扁的，这将说明空气干扰和减少了最初由火药给予子弹的速度，并且空气不允许一颗子弹获得如此大的速度，不管它从怎样的高度下落；如果由火器给予子弹的速度不超过自由下落（naturalmente）所获得的速度，则它的向下冲击应当更强而不是更弱。

我没有做过这一实验，但我的意见是一个枪弹或炮弹从一个任意高的地方下落，将不会给出像它被火器从仅仅几库比特的距离发射到墙上那样强的冲击，即，在这样短的射程上，空气的爆裂或撕裂将不足以抵消由火药给予子弹的额外的超自然猛力。

这些猛烈射击的巨大的动量（impeto）可以导致轨道的某些变形，使得抛物线的起始部分变扁平且曲率比末端较小；然而，就我们的作者所涉及的问题而言，这是在实际操作中很少有结果的一件事，其中主要的一项工作是预备一张高度射程表，把球达到的距离作为仰角的函数；并且因为这种射击是由枪炮（mortari）用少量火药发射的并且不给予超自然的动量（impeto sopranaturale），它们准确地遵循规定的路径。

现在我们着手讨论作者要求我们研究的物体的运动（impeto del mobile），即由两种其他运动复合而成的运动；首先是两种运动都是匀速的，一种是水平的，另一种是垂直的情况。

定理 2，命题 2

当一个物体的运动是由水平的和垂直的两个匀速运动合成的，则合成运动的动量的平方等于两个分动量的平方之和。①

让我们设想任一个物体被两个匀速运动所推动。令 ab 表示垂直位移，而 bc 表示在相同时间间隔内的水平位移，如图 4-4 所示。如果距离 ab 与 bc 是在相同的时间间隔内以匀速运动通过的距离，则对应的动量之比将等于距离 ab 与 bc 之比；但是被这两个运动推动的物体描绘出的是对角线 ac；它的动量是与 ac 成比例的。另外，ac 的平方等于 ab 与 bc 的平方和。所以合成动量的平方等于两个动量 ab 与 bc 的平方和。证毕。

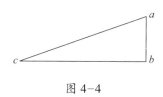

图 4-4

辛普：对这一点仅有一个小困难需要弄清楚；在我看来好像刚才得到的结论与以前的命题有矛盾，在以前的命题中说一个物体从 a 到 b 的速度（impeto）是等于从 a 到 c 的速度的；而现在你的结论却说在 c 的速度（impeto）大于在

---

① 原书中这一定理的叙述是："Si aliquod mobile duplici motu aequabili moveatur，nempe orizontali et perpendieulari，impetus seu momentum lationis ex utroque motu compositae erit potentia aequalis ambobus momentis priorum motuum."

关于"potentia"这个词的翻译以及形容词"resultant"用法的合理性，请参阅接下来的讨论。——英译者注

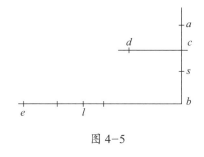

b 的速度。

萨耳：辛普里修，尽管它们之间的差别很大，但两个命题都正确。这里我们说的是一个物体被一个单独的运动推动，它是两个匀速运动的合成，而在那里说的是两个物体都被自然加速运动推动，一个沿垂直面 *ab*，另一个沿斜面 *ac*。此外，那里并不假设时间间隔是相等的，沿斜面 *ac* 的时间比沿着垂直面 *ab* 的时间长；但是我们现在所说的沿 *ab*，*bc*，*ac* 的运动都是匀速的和同时发生的。

辛普：请原谅，我清楚了，请继续吧。

萨耳：下面我们的作者要着手解释，当物体由一水平的匀速运动和另一垂直的自然加速运动合成的复合运动推动时，将会发生什么情况；这两个分运动合成的结果是一个抛体运动，其路径是一条抛物线。问题是要确定抛体在每一点的速度（impeto）。为此我们的作者提出测量一个从静止开始以自然加速运动下落的重物沿其路径的速度（impeto）的方式，或者不如说是方法。

定理 3，命题 3[①]

如图 4-5 所示，设运动在 *a* 处从静止开始沿直线 *ab* 进行，在该直线上任选一点 *c*。令 *ac* 表示物体下落通过距离 *ac* 所需的时间或时间的度量；令 *ac* 也表示通过距离 *ac* 下落到 *c* 所获

图 4-5

得的速度（impetus seu momentum）。在直线 *ab* 上任选一点 *b*。现在的问题是，确定物体通过距离 *ab* 下落到 *b* 所获得的速度，并且用以长度 *ac* 度量的点 *c* 的速度将其表示。取 *as* 是 *ac* 与 *ab* 的比例中项。我们要证明 *b* 处的速度与 *c* 处的速度之比等于长度 *as* 与长度 *ac* 之比。画水平线 *cd* 等于 *ac* 长度的两倍，又画 *be* 等于 *ba* 长度的两倍。则从前面的定理有，一个物体通过距离 *ac* 之后，转而沿着水平线 *cd* 以到达 *c* 所获得的速度做匀速运动的物体将通过距离 *cd*，所需的时间与以加速运动从 *a* 到 *c* 所需的时间相同。同样，在与通过 *ba* 相同的时间内将通过 *be*。但是通过 *ab* 下落的时间是 *as*；所以水平距离 *be* 也在时间 *as* 内通过。取一点 *l* 使时间 *as* 与时间 *ac* 之比等于 *be* 与 *bl* 之比；因为沿着 *be* 的运动是匀速的，如果以 *b* 处获得的速度（momentum celeritatis）通过距离 *bl*，将占用时间 *ac*；但是在这同一时间间隔 *ac* 内，距离 *cd* 是以 *c* 处获得的速度通过的。现在两个速度之比等于在相等的时间间隔内通过的距离之比。所以 *c* 处的速度与 *b* 处的速度之比等于 *cd* 与 *bl* 之比。但是因为

---

① 英文版缺定理表述。——中译者注

dc 与 *be* 之比等于它们的一半之比，即 *ca* 与 *ba* 之比；并且因为 *be* 与 *bl* 之比等于 *ba* 与 *sa* 之比，由此 *dc* 与 *bl* 之比等于 *ca* 与 *sa* 之比。换句话说，*c* 处的速度与 *b* 处的速度之比等于 *ca* 与 *sa* 之比，即等于沿 *ab* 下落（到达 *c* 点与到达 *b* 点——中译者注）的时间之比。

因此度量物体沿其下落方向的速度的方法是清楚的；速度被假设是与时间成正比地增加。

但是在我们往下进行之前，因为这一讨论涉及一个水平匀速运动与一个垂直向下加速运动的复合运动——一个抛体的路径，即一条抛物线——我们需要确定某个用来评估两种运动的速度或动量（velocitatem，impetum seu momentum）的共同标准；并且因为在无数个均匀速度中，只有一个并且是不能随机选择的速度，与由自然加速所获得的速度合成，我可以设想，没有比假定另一个运动是同类运动更简单的方法来选择和度量这个速度了。[1] 为清楚起见，画垂线 *ac* 与水平线 *bc* 相交，如图 4-6 所示。*ac* 是高而 *bc* 是半抛物线 *ab* 的幅度，*ab* 是两个运动的合成，一个是在 *a* 处从静止开始下落，以自然加速运动通过距离 *ac*，另一个是沿水平线 *ad* 的匀速运动。下落通过距离 *ac* 在 *c* 处获得的速度是由高度 *ac* 确定的；从相同高度下落的物体的速度总是相同的；但是沿着水平方向却可以给物体无数个均匀速度。无论如何，为了使我可以选择出一个具有这一幅度的速度，并以

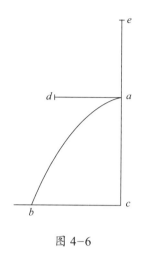

图 4-6

完全确定的方式将它与其余的速度相区别，我向上延伸高度 *ca* 到需要的远处的 *e* 点，且称距离 *ae* 为"高程（sublimity）"。设想一个物体在 *e* 处从静止下落；显然我们可以使它在 *a* 处的末速度与同一物体沿水平线 *ad* 运动的速度相同，这一速度将使得在沿着 *ea* 下降的时间内描绘出一个两倍于 *ea* 的水平距离。因而上面这段说明好像是必要的。

要提醒读者的是，上面我称水平线 *cb* 为半抛物线 *ab* 的"幅度"；称这条抛物线的轴 *ac* 为它的"高度"；而把线段 *ea* 称为"高程"，沿它下落将确定水平速度。在解释这些事情后，下面进行证明。

萨格：请允许我打断一下，以便我可以指出作者的思想与柏拉图关于天体旋转的各种均匀速度起因的观点的完美符合。后者偶尔发现一种思想，即一个物体不可能从静止转而具有

---

① 伽利略在这里建议用从物体在给定高度自由下落的末速度作为测量速度的标准。——英译者注

任何给定的速度并且保持匀速，除非经过介于给定速度与静止之间的所有中间速度。柏拉图想，在创造了天体之后，上帝指定了固有的和均匀的速度，天体永远以这些速度旋转；并且使它们从静止开始，在一种自然的和直线的加速之下通过确定的距离，以此来控制地球上物体的运动。他补充说，一旦这些物体获得它们固有的和永久的速度，它们的直线运动就转变为圆周运动，这是仅有的能够保持匀速的运动，是一种使物体旋转既不后退也不趋近于预定目标的运动。柏拉图的这一概念是真正有价值的；并且还会得到更高的评价，因为它的根本原则一直被隐藏着，直到被我们的作者发现，我们的作者去掉了它们的面具和诗一样的外衣，并在恰当的历史背景下阐明了这种思想。考虑到天文学提供给我们的涉及行星轨道尺寸、这些物体与其旋转中心的距离、它们的速度等如此完全的信息，我不会再想我们的作者（他还不知道柏拉图的这一思想）有好奇心去发现是否有一个确定的"高程"可以指定给每一个行星，使得如果它在这一特定的高度从静止开始以自然加速运动沿着直线下落，之后以如此获得的速度改作匀速运动，其轨道尺寸和旋转周期会是那些实际观察到的轨道和周期。

萨耳： 我想我记得他告诉过我，他有一次做计算并且发现结果与观察有令人满意的对应关系。不过他不愿意谈论它，以免使他的许多新发现给他带来的耻辱火上加油。但是如果任何人想得到这个信息，他自己能够从下面讨论

所阐明的理论中得到它。

现在我们开始进行当前的问题，即要证明：

问题 1，命题 4

确定一个抛体在所给定的抛物线路径上的每一个特定点的动量。

如图 4-7 所示，令 *bec* 是半抛物线，其幅度为 *cd*，高度为 *db*，并将高度向上延长交抛物线的切线 *ca* 于 *a*。通过顶点画水平线 *bi* 平行于

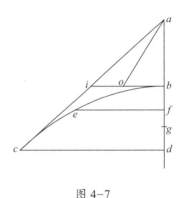

图 4-7

cd。如果幅度 *cd* 等于整个高度 *da*，则 *bi* 将等于 *ba*，也等于 *bd*；并且如果我们取 *ab* 作为通过距离 *ab* 下落所需时间的度量，也是它在 *a* 处从静止开始下落后在 *b* 处获得的动量的度量，那么如果我们转向水平方向，则由下落通过 *ab*（impetum ab）（在 *ab* 时间内通过的距离）获得的动量将由 *dc* 表示，它是 *bi* 的两倍。但是一个物体在 *b* 处从静止开始沿着 *bd* 线下落，所需的时间

与沿抛物线的高度 bd 下落所需的时间相同。所以一个在 a 处从静止开始下落，以速度 ab 转向水平方向的物体将通过等于 dc 的距离。现在如果将一个沿着 bd 的下落叠加在这一运动上，则通过高度 bd 时描绘出抛物线 bc，物体在终点 c 处的动量是一个其值表示为 ab 的水平匀速动量和另一个从 b 处下落到终点 d 或 c 处获得的动量的合成；这两个动量是相等的。于是，如果我们取 ab 为这些动量之一的度量，比方说匀速水平动量的度量，则等于 bd 的 bi 将表示在 d 或 c 处获得的动量；并且 ia 将表示这两个动量的合成，即，沿着抛物线运动的抛体在 c 处进行冲击的总动量。

记住这些，让我们在抛物线上任取一点，比方说 e，然后确定抛体通过该点时所具有的动量。引水平线 ef 且取 bg 是 bd 与 bf 之间的比例中项。现在因 ab 或 bd 被假设为时间的度量及由 b 从静止下落通过距离 bd 获得的动量（momentum velocitatis）的度量，由此 bg 将度量时间，也度量从 b 下落在点 f 的动量（impetus）。于是，如果我们取 bo 等于 bg，连接 a 与 o 的对角线将表示在点 e 处的动量；因为假设长度 ab 表示在 b 处的动量，在转向水平方向后它保持不变；并且因为 bo 度量从 b 出发由静止开始通过高度 bf 下落时在 f 或 e 处的动量。但是 ao 的平方等于 ab 与 bo 的平方和。所以定理得证。

萨格： 你合成这些不同的动量而得到它们的合动量所用的方法使我感到如此新奇，以至于在我的头脑中一点困惑也没有。我不想提及两个匀速运动的合成问题，即使两个速度是不相等的，一个沿水平方向，另一个沿垂直方向；因为在这种情形下我深信这一合成是一个运动，其平方等于两个分量的平方和。当一个水平匀速运动与一个垂直的自然加速运动合成时困惑产生了。因此，我盼望这一讨论延续得长一点。

辛普： 我比你更有这样的需要，因为在我的脑子里还不清楚是否我应该涉及那些基本的命题而把其余问题留下来。甚至对于两个匀速运动的情形，一个是水平的，另一个是垂直的，我希望更好地理解由分量得到合成量的方法。萨耳维亚蒂，你现在了解我们需要什么和我们想要什么了。

萨耳： 你的要求都是合理的，我会看到我对这些问题长时间的考虑是否能够使你们对它们清楚一些。但是要是在解释过程中我重复的许多事情是作者已经说过的，你们必须原谅我。在建立一种速度及时间的度量之前，对不管是匀速的还是自然加速的运动及其速度或动量（movimenti e lor velocità o impeti）都还不能明确地说什么。对于时间，我们已经广泛地采用小时、第一分钟和第二分钟。至于对速度，正如对时间间隔一样，需要一种公共的标准，被每一个人了解并且接受，并且对所有的人都是相同的。正如已经说过的，作者考虑把一个自由落体的速度用于这一目的，因为这一速度在世界上所有的地方都是按照相同的规律增加的；例如一个 1 磅重的铅球从静止开始垂直下落通过比方说一标杆的高度所获得的速度在所有地方都是相同的；因此用它来表示在自然下落的情形下所获得的动量（impeto）是极好的。

匀速运动的情形还留待我们去发现一种度量动量的方法，用这一方法讨论此主题的所有人将形成关于大小和速度（grandezza e velocità）的相同的概念。这将防止一个人想象它比实际大一点，而另一个人想象它比实际小一点；这样在一个匀速运动与另一个加速运动叠加时，不同的人就不会得出不同的合成值。为了确定和表示这种动量和特别的速度（impeto e velocità particolare），我们的作者发现没有比用一个自然加速运动获得的动量更好的方法了。

一个以上述方式获得任何动量的物体，当其运动变为匀速运动时，该物体的速度将精确地保持这样一个速度，在与下落相同的时间间隔内，此速度使物体通过的距离等于下落距离的两倍。但因它是我们所讨论的基本问题之一，最好借助某些特例把它完全搞清楚。

让我们将通过比方说一标杆（picca）的高度下落所获得的速度与动量作为标准，在需要的时候我们可以用它来度量其他的速度与动量；例如假设这样一次下落所用的时间为 4 秒（minuti secondi d'ora）；现在为了测量通过任一其他高度下落所获得的速度，不管它是更大还是更小，决不要断定这些速度相互之间的比例与下落高度的比例相同；例如，如果说，在给定高度的 4 倍处下落所获得的速度等于在给定高度处下落获得速度的 4 倍，这是不正确的；因为一个自

然加速运动的速度与时间的比例不变。而如上所述，距离之比等于时间之比的平方。

那么，如果如通常为了简短起见所做的，我们取相同的有限的直线段作为速度、时间以及该时间内通过的距离的度量，就可得出，下落持续的时间与同一物体通过任何其他距离获得的速度不是用这第二段距离来表示的，而是用两段距离的比例中项表示。关于这一点，我可以用一个例子来说明。如图 4-8 所示，在垂直线 ac 上，取一部分 ab 表示一个物体以加速运动下落通过的距离；下落的时间可以用任何有限的直线段表示，但为简单计，我们用同一长度 ab 表示它；这一长度也可以用于度量运动过程中获得的动量与速度；简而言之，令 ab 是这次讨论中出现的多种物理量的一个度量。

图 4-8

在约定用任一 ab 作为这三种不同的量，即距离、时间和动量的度量后，我们的下一个任务是寻求下落通过一给定的垂直距离 ac 所需的时间，还有在终点 c 处所获得的动量，它们都是用 ab 所表示的时间和动量来度量的。这两个

需求的量可以由取 ad 来得到（见图 4-8），它是 ab 与 ac 之间的比例中项；换句话说，从 a 到 c 下落所需的时间用 ad 以相同的尺度来表示，按此尺度我们已经约定从 a 到 b 下落的时间用 ab 来表示。同样，我们说，在 c 处获得的动量（impeto o grado di velocità）与在 b 处获得的动量的关系和线段 ad 与 ab 的关系相同，因为速度是直接随时间而变化的，这是命题 3 中作为公理的一个结论，在这里被作者进一步阐述了。

在弄清楚和很好确定了这一点后，我们转而去考虑两种合成运动的动量（impeto），一种是一个水平匀速运动与一个垂直匀速运动的合成，另一种是一个水平匀速运动与一个垂直自然加速运动的合成。如果两个分运动都是匀速的，而且两者之间成直角，我们已经知道合成量的平方可由分量的平方相加得到，这可以从下面的图 4-9 清楚地看出。

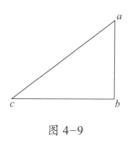

图 4-9

让我们设想一个物体以均匀的大小为 3 的动量（impeto）沿着垂线 ab 运动，在达到 b 时朝向 c 以动量（velocità ed impeto）4 运动，以至于在同样的时间间隔内它将沿着垂直线通过 3

库比特，然后沿着水平线通过 4 库比特，如图 4-9 所示。但是一个质点以合成速度（velocità）运动，在同一时间内将通过对角线 ac，它的长度不是 7 库比特——ab 为 3 与 bc 为 4 之和——而是 5，它按能量等于 3 与 4 之和，即 3 与 4 的平方和，两个量相加等于 25，它是 ac 的平方，等于 ab 与 bc 的平方和。所以 ac 被用一个边表示，或者我们可以说用根表示，一个面积为 25 的正方形的边，就是 5。

在动量是由两个匀速运动（一个沿垂直方向，另一个沿水平方向）的动量合成的情况，作为得到动量的一个固定的和确定的准则，我们有以下公式：把每一个动量都平方后加在一起，然后求和的平方根，这就是两个动量所产生的动量。这样，在上面的例子中，物体由于作垂直运动，以动量（forza）3 冲击水平面，又由于它的单独的水平运动，在 c 处以动量 4 进行冲击；但是如果物体以这两个动量合成而成的一个动量在 c 处冲击，冲击力的大小将相当于以动量（velocità e forza）5 运动的物体的冲击；冲击的大小在对角线 ac 上的所有点是相同的，因为它的分量总是一样的，既不增加也不减少。

让我们现在转而讨论一个匀速水平运动与一个由静止开始自由下落的垂直运动的合成。很清楚的是，表示这两个运动的合成运动的对角线不是一条直线，如已经证明的，而是一条半抛物线，此时动量（impeto）总是在增加，因为垂直分量的速度（velocità）总是在增加。因此，为确定在抛物对角线上任意给定点处的动量（impeto），必须首先固定匀速水平动量（im-peto），然后把物体看作自由落体，求出在给定点处的垂直动量；为了确定后者仅需考虑下落的持续时间，这是在两个匀速运动合成的情况中所没有的想法，那里速度与动量总是不变的；但在这里一个分运动的初值是零，其速度（velocità）的增加直接与时间成比例，由此得出，时间必然确定在给定点的速度（velocità）。剩下的只是由这两个分运动的动量（如同在匀速运动的情形）得到合成的动量，其平方是等于两个分量的平方和的。不过这里最好还是借助于例子来加以说明。

如图 4-10 所示，在垂线 ac 上任取一部分 ab，我们以它作为一个物体沿垂线自由下落通过距离的度量，同样也以它作为时间和速度（grado di velocità）的度量，或者我们可以说，作为动量（impeti）的度量。我们立刻就明白的是，如果一个物体从 a 由静止下落后在 b 处的

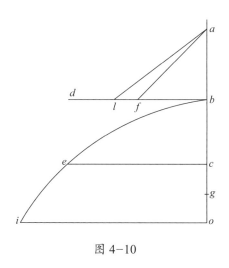

图 4-10

动量被转向水平方向 bd 并以匀速运动，它的速度将使得在时间间隔 ab 内通过一以线段 bd 表示的距离，该距离是 ab 的两倍。现在选择一点 c，使 bc 等于 ab，并过 c 引直线 ce 等于且平行于 bd；过点 b 与 e 画抛物线 bei。因为在时间间隔 ab 内两倍于长度 ab 的水平距离 bd 或 ce 是以动量 ab 通过的，并且在一个相等的时间间隔内垂直距离 bc 是以物体在 c 处获得的用相同的水平线段 bd 表示的动量通过的，由此得出，在时间 ab 内物体将沿着抛物线 be 由 b 到 e，并且将以一个动量到达 e，这个动量是由两个动量合成的，每一个都等于 ab。又因为其中之一是水平的，而另一个是垂直的，合成动量的平方等于两个分量的平方和，即等于其中任一个的两倍。

于是，如果取距离 bf 等于 ba，且画出对角线 af，由此在 e 处的动量（impeto e percossa）将超过物体从 a 下落后在 b 处的动量，或者同样，将以 af 与 ab 的比例超过沿 bd 的水平动量（percossa dell'impeto）。

现在假设我们选择距离 bo 作为下落的高度，它不是等于而是大于 ab，并且设 bg 表示 ba 与 bo 之间的比例中项；仍以 ba 作为从 a 到 b 由静止下落所经过距离的度量，也作为时间和在 b 处获得的动量的度量，由此 bg 将是时间的度量，并且也是物体从 b 到 o 下落获得的动量的度量。同样，正因为在时间 ab 内动量 ab 使物体沿着水平通过的距离等于 ab 的两倍，所以现在在时间间隔 bg 内，物体将在水平方向上以 bg 与 ba

之比通过一个较大的距离。取 lb 等于 bg 并画对角线 al，由此我们得到一个量，它是两个速度（impeti）的合成，一个是水平的，另一个是垂直的；这些量确定了抛物线。水平的均匀速度是从 a 下落时在 b 处获得的；另一个是在 o 处获得的，或者我们可以说，是一个物体通过距离 bo 下落在以线段 bg 度量的时间内在 i 处获得的，线段 bg 也表示物体的动量。用类似的方法我们可以在两个高度之间取一个比例中项，以此确定在抛物线末端的动量（impeto），此处的高度小于高程 ab；这个比例中项代替 bf 沿水平方向画出，另一条对角线代替 af 也是如此，那条对角线将表示在抛物线末端的动量。

对于迄今为止提到的抛体的动量、冲击或打击，我们必须添加一个非常重要的考虑；为了确定打击的力和能量（forza ed energia della percossa），只考虑抛体的速度是不够的，我们还必须考虑到目标的性质与条件，它在不小的程度上确定了冲击的效果。首先，众所周知，目标按它部分或完全停止运动的比例地承受了来自抛体速度（velocità）的猛烈的力；因为如果冲击落在一个屈服于冲力（velocità del percuziente）而没有阻力的目标上，这一冲击将是没有效果的，就像一个人用枪杆袭击他的敌人并且在一个瞬时赶上敌人，而敌人以相等的速度逃跑，后者将没有受到任何打击而只有无伤害的接触而已。但是如果冲击落在一个目标上，目标仅仅一部分产生屈服，则冲击将不会达到它的全部效果，破坏将与抛体速度超过目标后

退速度的量成比例；这样，例如，如果子弹以速度 10 达到目标，而后者以速度 4 后退，动量与冲击（impeto e percossa）将以 6 来表示。最后，就抛体来说，当目标完全不后退而是完全抵抗和阻止抛体的运动时打击将是最大的。当涉及抛体时我曾经说过，如果目标逼近抛体，碰撞的冲击会成比例地增大，因为两个速度之和大于单独抛体的速度。

进而观察到在目标中屈服的大小不仅依赖于材料的质量，例如材料（不管它是铁、铅、毛等）的硬度，而且还与它的位置有关。如果其位置使子弹以直角射向它，则打击（impeto del colpo）所传递的动量将是最大的；而如果运动是斜向的，或者说是歪的，打击将较弱；而且与斜度成比例愈斜愈弱；因为这样放置的目标不管材料有多硬，射击的全部动量（impeto e moto）将不会被用尽和终止；抛体将从对面物体的表面滑脱并在某种程度上继续沿此表面运动。

以上所有谈及抛体在抛物线端点处的动量大小的叙述，必须理解为对抛体的冲击是在与这一抛物线成直角的线上或者是在给定点沿抛物线的切线上进行的；因为，虽然运动有两个分量，一个是水平分量，另一个是垂直分量，它们既不是沿水平方向的动量最大，也不是在垂直于水平方向的面上的动量最大，因为这些动量都是斜向的。

萨格：你提到的这些打击和冲击使我回忆起一个问题，或者不如说是一个疑问，在这个

问题的力学解释方面作者还没有给出一个解答或者说点什么，使我减少惊奇或者部分地解除我的疑虑。

我的困难和惊奇在于不知道出于什么原因和基于什么原则能量和巨大的力（energia e forza immensa）表现为一种打击；例如我们看到一只重量不超过 8 或 10 磅的榔头克服了抗力而作的简单打击，如果不是打击的话，抗力不会屈服于只产生压力的物体的重量，甚至数百磅重的物体的压力。我想寻找一种方法去度量这种打击力（forza）。我很难想象它是无限大的，而是倾向于这种观点，即它有它的限度并且能够被别的力平衡和度量，例如被重量、杠杆、螺旋或其他机械结构平衡和度量，它们被用来以我很好地理解的方式增加力。

萨耳：对这一效果感到惊奇或对引起这一值得注意的性质的原因感到含糊的并不单独是你一个人。我自己徒劳地花费了些时间研究这个问题；但却增加了困惑，直到最后与我们的院士相遇，从他那里我得到了巨大的安慰。首先他告诉我，他也曾在黑暗中摸索了很长时间；但他说，后来在上千小时的思索和沉思之后，他得到了某些概念，这些概念与早先的想法相去甚远并且因其新颖而值得注意。现在既然我知道你会乐于听到这些新思想，我不等你要求就承诺，一旦我们关于抛体的讨论完成，我将解释所有这些奇怪念头，或者如果你愿意的话，叫做奇想，只要我能记得我们的院士的话。同时，我们继续作者的命题。

问题 2，命题 5

给定一条抛物线，在其向上延伸的轴上求一点，使得一个质点从该点下落后必然也描绘出所给定的同一条抛物线。

如图 4-11 所示，令 *ab* 是给定的抛物线，*hb* 是它的幅度，并且 *he* 是它延长的轴。问题是寻求点 *e*，使得一个下落物体在 *a* 获得动量之后转向水平方向，若要描绘出抛物线 *ab*，必须从

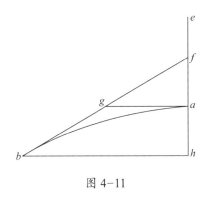

图 4-11

此点下落。画水平线 *ag* 平行于 *bh*，并且取 *af* 等于 *ah*，画直线 *bf* 切抛物线于 *b*，并与水平线 *ag* 交于 *g*；选点 *e* 使 *ag* 是 *af* 与 *ae* 的比例中项。现在我说 *e* 就是所求的点。也就是说，如果物体在这一点 *e* 从静止开始下落，并且在点 *a* 获得动量转到水平方向，并与由 *a* 从静止下落在 *h* 处获得的动量合成，则物体将描绘出抛物线 *ab*。如果我们把 *ea* 看作从 *e* 到 *a* 下落的时间的度量，并且还是在 *a* 处获得的动量的度量，则 *ag*（它是 *ea* 与 *af* 之间的比例中项）将表示从 *f* 到

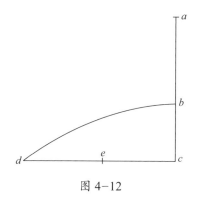

图 4-12

a，或者同样，从 *a* 到 *h* 下落的时间与动量；并且因为从 *e* 下落的物体在时间 *ea* 内由于在 *a* 处获得的动量将以匀速通过一个等于 *ea* 两倍的水平距离，由此，如果这个物体在时间间隔 *ag* 中被同样的动量推动，将通过一段等于 *ag* 两倍的距离，*ag* 是 *bh* 的一半。这是正确的，因为在匀速运动的情况下，通过的距离直接随时间变化。同样，如果运动是垂直的且从静止开始，物体将在时间 *ag* 内描绘出距离 *ah*。所以幅度 *bh* 与高度 *ah* 被物体在相同的时间内通过。于是一个从点 *e* 所在的高处下落的物体将描绘出抛物线 *ab*。证毕。

推论　由此得出半抛物线底或者幅度的一半（是整个幅度的 1/4）是它的高度与高程（一个物体从它开始下落将描绘出这条抛物线）之间的比例中项。

问题 3，命题 6

给定一条抛物线的高程与高度，求它的幅度。

如图 4-12 所示，令线段 *ac* 垂直于水平线 *cd*，在 *ac* 上给定高度 *cb* 和高程 *ab*。问题是沿着水平线 *cd* 寻求高程为 *ba*、高度为 *bc* 的半抛物线的幅度。取 *cd* 等于 *cb* 与 *ba* 的比例中项的两倍，则 *cd* 就是所求的幅度，从前面的命题这是显然的。

定理 4，命题 7

如果抛体以相同的幅度描绘出若干条半抛物线，则描绘出幅度是其高度两倍的抛物线所需的动量小于描绘出任何其他抛物线所需的动量。

如图 4-13 左图所示，令 *bd* 是一条半抛物线，其幅度 *cd* 两倍于高度 *cb*；在它向上延长的轴上取 *ba* 等于高 *bc*。画线段 *ad* 在点 *d* 与抛物线相切并与水平线相交于点 *e*，作 *be* 等于 *bc* 也等于 *ba*。显然这条抛物线将被一个抛体描绘出，它的匀速水平动量等于在 *a* 处从静止开始下落至点 *b* 所获得的动量，且其自然加速垂直动量等于物体在 *b* 处从静止开始下落到点 *c* 所获得的动量。由此得出，这两个动量合成后在终点 *d* 的动量以对角线 *ae* 表示，其平方等于两个分量的平方和。现在令 *gd* 是具有相同幅度 *cd* 的任一其他抛物线，但其高度 *cg* 大于或小于高度 *bc*。令 *hd* 是切线，与通过 *g* 的水平线相交于 *k*。选一个点 *l*，使 *hg*：*gk*=*gk*：*gl*。则从前面的命题 5

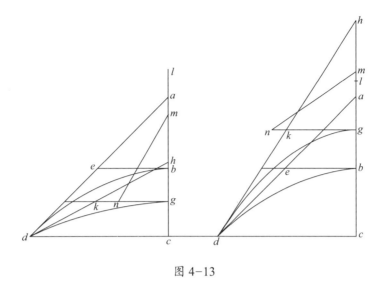

图 4-13

得出 gl 是这样一个高度，从此高度下落的物体必然描绘出抛物线 gd。

令 gm 是 ab 与 gl 的比例中项；则（由命题 4）gm 将表示时间和由 l 下落至 g 处获得的动量；因为 ab 已经被假设为时间和动量的度量。再令 gn 是 bc 与 cg 的比例中项；则它将表示时间与物体从 g 下落至点 c 获得的动量。现在如果我们连接 m 与 n，这一 mn 线段将表示通过抛物线 dg 的抛体在点 d 的动量，我说，这个动量大于度量为 ae 的动量亦即通过抛物线 bd 的抛体的动量。因为 gn 已被取为 bc 与 gc 的比例中项，且 bc 等于 be，也等于 kg（它们都等于 dc 的一半），由此得出 $cg:gn=gn:gk$，并且 cg（或 hg）与 gk 之比等于 ng^2 与 gk^2 之比；但是，由作图可知，$hg:gk=gk:gl$。所以 $ng^2:gk^2=gk:gl$。但是 $gk:gl=gk^2:gm^2$，因为 gm 是 kg 与 gl 的比例中项。于是 ng，kg，mg 三个量的平方形成一个

连比式：$gn^2:gk^2=gk^2:gm^2$，并且其两端两个量之和（它等于 mn 的平方）大于 gk 平方的两倍；但是 ae 的平方是 gk 平方的两倍。所以 mn 的平方大于 ae 的平方，于是 mn 的长度大于 ae 的长度。证毕。

推论 相反地，显然使一个抛体从端点 d 沿抛物线 bd 运动，其所需要的动量，要比沿任何其他高度大于或小于抛物线 bd 的抛物线运动要小，因为抛物线 bd 在 d 的切线与水平成 45°角（见图 4-13 右图）。由此得出，如果抛体从端点 d 射出，在所有具有相同速度而高度不同的发射中，其最大射程，即半抛物线或全抛物线的幅度将在仰角为 45°时得到；其他具有较大或较小仰角的发射射程都较小。

萨格： 像这样的仅产生于数学中的严格证明的力量，使我充满惊奇和喜悦。从炮手那里我已经知道，在使用加农炮和迫击炮时，最大

射程，即子弹达到的最远处，是在仰角为 45° 时得到的，或者如他们所说，是在四分仪①上的第 6 点处得到的；但是要了解为什么会这样，单靠别人陈述甚至重复实验是远不够的。

萨耳：你说得非常对。通过发现原因而获得的关于一个事实的知识能使我们了解和弄清其他的事实而无须求助于实验，正好和现在的情形一样，这里仅凭论证，作者确切地证明了最大射程发生在仰角为 45° 时。他因而说明了那些在经验中也许从未观察到的事实，即仰角大于或小于 45° 相等度数的发射有相等的射程；以至于如果一个弹丸在仰角为第 7 点处发射，另一个在第 5 点处发射，它们以相同的距离到达水平线：同样，如果是在第 8 或第 4 点处发射，在第 9 和第 3 点处等发射，距离也是相同的。现在让我们听听这个结论的证明。

定理 5，命题 8

如果发射速度相同而仰角大于和小于 45° 的量相等，则抛体所描绘出的两条抛物线的幅度相等。

如图 4-14 所示，在 △mcb 中，令在 c 点形成一个直角的水平边 bc 和垂直边 cm 相等，则 ∠mbc 将是一个半直角；令线段 cm 被延长到 d，使得在点 b 的两个角，即 ∠mbe 与 ∠mbd 相等，它们一个在对角线 mb 之上，另一个在对角线

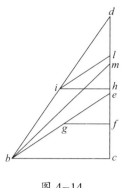

图 4-14

mb 之下。现在来证明两个从 b 以相同速度发射的抛体，一个以 ∠ebc 发射，另一个以 ∠dbc 发射，所描绘出的两条抛物线的幅度将相等。现在因为外角 ∠bmc 等于内角 ∠mdb 与 ∠dbm 之和，我们也可以使它们等于 ∠mbc；但是如果我们以 ∠mbe 代替 ∠dbm，则 ∠mbc 等于 ∠mbe 与 ∠bdc 之和；并且如果我们从这个方程的每一边减去 ∠mbe，我们有余角 ∠bdc 等于余角 ∠ebc。所以 △dcb 与 △bce 是相似的。把线段 dc 与 ec 在点 h 与 f 分为两部分；分别画线段 hi 和 fg 平行于水平线 cb，且选点 l，使 dh : hi=ih : hl。则 △ihl 相似于 △ihd，也相似于 △gef；因为 ih 等于 gf，它们都是 bc 的一半，由此 hl 等于 fe 也等于 fc；如果把共同部分 fh 加到这些量上，就会看到 ch 是等于 fl 的。

现在让我们设想通过点 h 与 b 描绘一条抛物线，它的高度为 hc，高程为 hl。它的幅度将是 cb，它是长度 hi 的两倍，因为 hi 是 dh（或 ch）与 hl 的比例中项。线段 db 在点 b 处切于抛

---

① 古代一种测量天体位置的角度仪，将 90° 角分为 12 份，故第 6 点指示的恰好是 45° 角。——中译者注

物线，因为 *ch* 等于 *hd*。如果我们再设想通过点 *f* 与 *b* 的一条抛物线具有高程 *fl* 和高度 *fc*，它们的比例中项是 *fg*，或 *cb* 的一半，则与以前一样，*cb* 是幅度，而线段 *eb* 在 *b* 处与抛物线相切；因为 *ef* 与 *fc* 是相等的。但是两个角 ∠*dbc* 与 ∠*ebc* 是仰角，与 45° 的差是相等的。所以命题成立。

定理 6，命题 9

当两条抛物线的高度与高程成反比例时，它们的幅度相等。

如图 4-15 所示，令抛物线 *fh* 的高度 *gf* 与抛物线 *bd* 的高度 *cb* 之比等于高程 *ba* 与高程 *fe* 之比，则我说幅度 *hg* 等于幅度 *dc*。因为这些量中的第一个量 *gf* 与第二个量 *cb* 之比等于第三个量 *ba* 与第四个量 *fe* 之比，由此矩形 *gf. fe* 的面

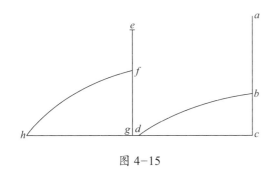

图 4-15

积等于矩形 *cb. ba* 的面积；于是与这些矩形面积相等的正方形也互相相等。但是（由命题 6）*gh* 一半的平方等于矩形 *gf. fe* 的面积；且 *cd* 一半的平方等于矩形 *cb. ba* 的面积。于是这些正方形及

其边长以及边长的两倍皆相等。但是后两个量分别是幅度 *gh* 与 *cd*。所以命题成立。

命题 10 的引理　如果一直线段被任一点分割，取此直线段与其两部分中每个部分的比例中项，则这两个比例中项的平方和等于线段全长的平方。

如图 4-16 所示，令线段在点 *c* 被分割。则

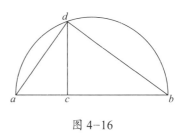

图 4-16

我说 *ab* 与 *ac* 的比例中项的平方及 *ab* 与 *cb* 的比例中项的平方和等于线段 *ab* 的平方。这是显然的，只要我们在线段 *ab* 上画出一个半圆，在点 *c* 画一垂线 *cd*，并引 *da* 与 *db*。因为 *da* 是 *ab* 与 *ac* 的比例中项，而 *db* 是 *ab* 与 *bc* 的比例中项：并且因为 ∠*adb* 内接于半圆，是一个直角，线段 *da* 与 *db* 的平方和等于线段 *ab* 的平方。所以命题成立。

定理 7，命题 10

一个质点在任一半抛物线的端点处获得的动量（impetus seu momentum）等于它下落通过一段等于半抛物线的高程与高度之和的垂直距

离所获得的动量。[1]

如图 4-17 所示，令 ab 是一条半抛物线，具有高程 da 和高度 ac，它们之和是垂线 dc。现在我说，质点在 b 处的动量等于它从 d 到 c 自由下落所获得的动量。让我们取 dc 的长度作为时间与动量的度量，并取 cf 等于 cd 与 da 的比例

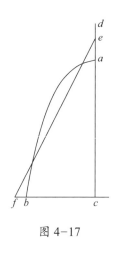

图 4-17

中项；取 ce 为 cd 与 ca 的比例中项。现在 cf 是时间的度量和从 d 处由静止下落通过距离 da 获得动量的度量；而 ce 是时间的度量和从 a 处由静止下落通过距离 ca 获得的动量的度量；对角线 ef 将表示这两者的合成动量，于是它就是在抛物线端点 b 的动量。

因为线段 dc 被某一点 a 分割，且 cf 和 ce 分别是线段 cd 与其部分 da 和 ac 的比例中项，由此，按照上述引理，这些比例中项的平方和

等于整个线段的平方；但是 ef 的平方也等于上述平方和，所以线段 ef 等于 dc。

因此，一个质点从 d 下落至 c 处所获得的动量与一个质点通过抛物线 ab 至 b 处获得的动量相等。证毕。

由以上定理推出，

推论 高度与高程之和为常数的所有抛物线，其端点处的动量为常数。

问题 4，命题 11

给定半抛物线端点处的幅度与速度，试求它的高度。

如图 4-18 所示，令垂直线段 ab 表示给定的速度，水平线段 bc 表示幅度；要求求出端点处速度是 ab、幅度是 bc 的半抛物线的高程。由

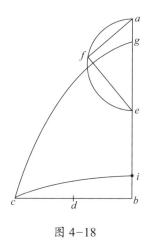

图 4-18

① 在现代力学中，这个众所周知的定理的叙述形式是：一个抛体在任何一点的速度等于从准线下落产生的速度。——英译者注

前面命题 5 的推论，显然半幅度 bc 是抛物线的高度与高程的比例中项，根据前面的命题，抛物线末端的速度等于一个物体从点 a 由静止下落通过距离 ab 所获得的速度。于是线段 bc 必然被一个点分割，使其两部分所形成的矩形的面积等于 bc 一半的平方，即 bd 的平方。于是必然有 bd 不超过 ba 的一半；因为在一个线段两部分所形成的所有矩形中，当线段被分为相等的两部分时面积最大。令 e 是线段 ab 的中点；现在如果 bd 等于 be，问题就解决了，因为 be 是抛物线的高度，而 ea 是抛物线的高程。（顺便提一句，我们可以观察到一个已经证明过的结果，即，在所有具有任意给定端点速度的抛物线中，仰角为 45° 的抛物线具有最大的幅度。）

但是假设 bd 小于 ba 的一半，将 ba 分为两部分，使得它们组成的矩形面积等于 bd 的平方。以 ea 为直径画半圆 efa，在其上画弦 af 等于 bd；连接 fe，且取距离 eg 等于 fe。则矩形 bg. ga 面积加 eg 的平方将等于 ea 的平方，因此也等于 af 与 fe 的平方和。如果现在我们减去相等的 fe 与 ge 的平方，所余的矩形 bg. ga 面积等于 af 的平方，即 bd 的平方，bd 是 bg 与 ga 之间的比例中项；由此，显然幅度为 bc、端点速度（impetus）表示为 ba 的半抛物线具有高度 bg 和高程 ga。

然而如果我们取 bi 等于 ga，则 bi 将是半抛物线 ic 的高度，ia 是它的高程。由前面的证明我们能够解决下面的问题。

问题 5，命题 12

试计算以相同初始速度（impetus）发射的抛体所描绘的所有半抛物线的幅度并用列表形式表示。

由前述可得，对于任何抛物线的集合，当其高度与高程之和是一个不变的垂直高度时，这些抛物线是由具有相同初始速度的抛体所描绘出的；得到的所有垂直高度因而就包含在两条平行水平线之间。令 cb 表示一条水平线，而 ab 表示一条同样长度的垂线，画对角线 ac；∠acb 将是 45°；令 d 是垂线 ab 的中点，如图 4-19 所示。则 dc 是由高程 ad 与高度 db 所确定的半抛物线，而它在点 c 处的末速度等于一个质点从 a 由静止下落到 b 处所获得的速度。现在如果画 ag 平行于 bc，由已解释过的方法可得到，对于任何其他具有相同末速度的半抛物线，其高度

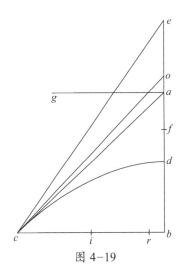

图 4-19

与高程之和将等于平行线 ag 与 bc 之间的距离。此外，因为已经证明过，当仰角与 45° 之差相等时，这两条半抛物线的幅度也相同，由此，用于较大仰角的计算也可以用于较小的仰角。让我们假设 10000 是一条仰角为 45° 的抛物线的最大幅度；则这将是线段 ba 的长度与半抛物线 dc 的幅度。选 10000 这个数，是因为在计算中我们使用了一种正切表，其中 45° 的正切正好是这个值。现在，言归正传，画直线段 ce 使锐角 $\angle ecb$ 大于 $\angle acb$；现在的问题是要画半抛物线，使直线 ec 是它的切线，而且高程与高度之和等于距离 ba。根据正切表取正切 [①] be 的长度，以 $\angle bce$ 为一个自变量；令 f 是 be 的中点；接下来求 bf 与 bi（bc 的一半）的第三比例，它必然大于 fa [②]，称之为 fo。我们现在已经找到了它，因为包围在 $\triangle ecb$ 中的抛物线具有切线 ce 和幅度 cb，高度是 bf，高程是 fo。但是 bo 的长度超过平行线 ag 与 cb 之间的距离，而我们的问题是要使它等于这一距离，因为所求的抛物线与抛物线 dc 都是由在 c 处以相同速度发射的抛体描绘出来的。现在因为无限多条或大或小的抛物线彼此是相似的，可以在 $\angle bce$ 内绘出，我们必须寻求另一条抛物线，使它和 cd 一样，其高度与高程之和是高 ba，并等于 bc。

为此，取 cr 使 $ob:ba=bc:cr$；则 cr 将是半抛物线的幅度，该半抛物线的仰角是 $\angle bce$，而

高度与高程之和是所要求的平行线 ga 与 cb 之间的距离。因而过程如下：画给定 $\angle bce$ 的切线；取该切线的一半，将它加到 fo 上，fo 是此切线的一半与 bc 的一半的第三比例；于是所需要的幅度 cr 可以由比例 $ob:ba=bc:cr$ 得到。例如，令 $\angle ecb$ 是 50°，它的正切是 11918，其一半，即 bf，是 5959；bc 的一半是 5000；这两个一半的第三比例是 4195，把它加到 bf 上得到 bo 的值 10154。进而，因为 ob 与 ab 之比，即 10154 与 10000 之比，等于 bc 或 10000（都是 45° 角的正切）与 cr 之比，cr 是所求的幅度，其值是 9848，最大幅度是 bc 或 10000。整个抛物线的幅度是这些值的两倍，即 19696 与 20000。这也是仰角为 40° 的抛物线的幅度，因为它与仰角为 50° 时一样，它们与 45° 的偏差量是相同的。

萨格：为了完全理解这一证明，我需要说明为什么 bf 与 bi 的第三比例，正如作者指出的，必然大于 fa。

萨耳：我想，这个结果可以用如下的方法得到：两线段的比例中项的平方等于这两线段所形成的矩形面积。于是 bi（或者是与它相等的 bd）的平方必然等于由 fb 与所要求的第三比例项形成的矩形面积。这个第三比例项必然大于 fa，因为，如欧几里得著《几何原本》的第 II 卷命题 5 所证明的，由 bf 与 fa 所形成的矩形面积小于 bd 的平方，其差等于 df 的平方。此外，可

---

① 请读者注意，此处 "tangent" 一词有两种用法。"切线 ec" 是指在点 c 与抛物线相切的直线，而此处的 "正切 be" 是指直角 $\triangle bce$ 中 $\angle ecb$ 的对边，其长度与该角的正切成正比。——英译者注

② 关于这一点的证明请见以下第三段（即本页萨耳的讨论）。——英译者注

以观察到切线 eb 的中点 f 一般是落在点 a 的上方的，而只有一次正好落在点 a 上；在落在点 a 的情形，显然切线一半与高程的第三比例全都位于点 a 的上方。但是作者曾经考虑一种情形，即第三比例并不显然总是大于 fa，所以当取上面的点 f 时，它将延伸到平行线 ag 之外。

现在让我们继续往下讲。我们花一点时间，利用下表再来计算一次具有相同初速的抛体所描绘出的半抛物线的高度是很值得的。此表如下：

仰角	具有相同初速的半抛物线的幅度	仰角	仰角	具有相同初速的半抛物线的高度	仰角	具有相同初速的半抛物线的高度
45°	10000		1°	3	46°	5173
46°	9994	44°	2°	13	47°	5346
47°	9976	43°	3°	28	48°	5523
48°	9945	42°	4°	50	49°	5698
49°	9902	41°	5°	76	50°	5868
50°	9848	40°	6°	108	51°	6038
51°	9782	39°	7°	150	52°	6207
52°	9704	38°	8°	194	53°	6379
53°	9612	37°	9°	245	54°	6546
54°	9511	36°	10°	302	55°	6710
55°	9396	35°	11°	365	56°	6873
56°	9272	34°	12°	432	57°	7033
57°	9136	33°	13°	506	58°	7190
58°	8989	32°	14°	585	59°	7348
59°	8829	31°	15°	670	60°	7502
60°	8659	30°	16°	760	61°	7649
61°	8481	29°	17°	855	62°	7796
62°	8290	28°	18°	955	63°	7939
63°	8090	27°	19°	1060	64°	8078
64°	7880	26°	20°	1170	65°	8214
65°	7660	25°	21°	1285	66°	8346
66°	7431	24°	22°	1402	67°	8474
67°	7191	23°	23°	1527	68°	8597
68°	6944	22°	24°	1685	69°	8715
69°	6692	21°	25°	1786	70°	8830
70°	6428	20°	26°	1922	71°	8940
71°	6157	19°	27°	2061	72°	9045
72°	5878	18°	28°	2204	73°	9144

续表

仰角	具有相同初速的半抛物线的幅度	仰角	仰角	具有相同初速的半抛物线的高度	仰角	具有相同初速的半抛物线的高度
73°	5592	17°	29°	2351	74°	9240
74°	5300	16°	30°	2499	75°	9330
75°	5000	15°	31°	2653	76°	9415
76°	4694	14°	32°	2810	77°	9493
77°	4383	13°	33°	2967	78°	9567
78°	4067	12°	34°	3128	79°	9636
79°	3746	11°	35°	3289	80°	9698
80°	3420	10°	36°	3456	81°	9755
81°	3090	9°	37°	3621	82°	9806
82°	2756	8°	38°	3793	83°	9851
83°	2419	7°	39°	3962	84°	9890
84°	2079	6°	40°	4132	85°	9924
85°	1736	5°	41°	4302	86°	9951
86°	1391	4°	42°	4477	87°	9972
87°	1044	3°	43°	4654	88°	9987
88°	698	2°	44°	4827	89°	9998
89°	349	1°	45°	5000	90°	10000

问题 6，命题 13

根据上表给出的半抛物线的幅度，试求出具有相同初速的抛体所描绘出的所有抛物线的高度。

如图 4-20 所示，令 *bc* 表示所给的幅度；令高度与高程之和 *ob* 是初始速度的度量，且是保持不变的。下面我们必须寻求并确定高度，为此我们这样来分割 *ob*，使得由它的两部分组成的矩形面积等于幅度 *bc* 一半的平方。令 *f* 表示该分割的分点，*d* 与 *i* 分别是 *ob* 与 *bc* 的中点。*ib* 的平方等于矩形 *bf. fo*；但是 *do* 的平方等于矩形 *bf. fo* 与 *fd* 的平方之和。于是，如果我们

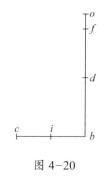

图 4-20

从 *do* 的平方中减去等于矩形 *bf. fo* 的 *bi* 的平方，剩下的是 *fd* 的平方。把长度 *fd* 与线段 *bd* 相加，就得到了问题中的高度 *bf*。整个过程叙述如下：从已知的 *bo* 一半的平方中减去也是已知的 *bi* 的平方；取余量的平方根加上已知长度 *db*；则可

得到要求的高度 *bf*。

例题 试求出仰角为 55° 的半抛物线的高度。由前面的表中可查出其幅度为 9396，它的一半是 4698，而其平方是 22071204。*bo* 一半的平方永远是 25000000，从中减去上述幅度一半的平方，余数为 2928796，此余数的平方根近似地是 1710。把它加到 *bo* 的一半即 5000 上，即得高度 *bf* 为 6710。

花点时间补充下述第二个表也是值得的，该表给出幅度不变时抛物线的高度与高程。

萨格：我很高兴看到此表；因为由这个表我将了解到用迫击炮发射抛体时，其射程相同时所需要的速度与力（degl'impeti e delle forze）的差别。我相信这种差别将随仰角的变化而很大，例如一个人用仰角为 3°，4°，87° 或 88° 进行发射，若想使该炮弹与仰角为 45° 角发射时（我们已经证明了这时初始速度最小）具有同样的射程，我想，所需要的额外的力将是很大的。

萨耳：先生，你是很对的；你会发现，为了在所有的仰角上完成这一操作，在向无限速度前进时必须迈出大步子。我们现在来考虑下述第二个表。

幅度为常数（10000）的抛物线与其每个仰角对应的高度和高程的计算结果表

仰角	高度	高程	仰角	高度	高程
1°	87	286533	21°	1919	13024
2°	175	142450	22°	2020	12376
3°	262	95802	23°	2123	11778
4°	349	71531	24°	2226	11230
5°	437	57142	25°	2332	10722
6°	525	47573	26°	2439	10253
7°	614	40716	27°	2547	9814
8°	702	35587	28°	2658	9404
9°	792	31565	29°	2772	9020
10°	881	28367	30°	2887	8659
11°	972	25720	31°	3008	8336
12°	1063	23518	32°	3124	8001
13°	1154	21701	33°	3247	7699
14°	1246	20056	34°	3373	7413
15°	1339	18663	35°	3501	7141
16°	1434	17405	36°	3631	6882
17°	1529	16355	37°	3768	6635
18°	1624	15389	38°	3906	6395
19°	1722	14522	39°	4049	6174
20°	1820	13736	40°	4196	5959

仰角	高度	高程	仰角	高度	高程
41°	4346	5752	66°	11230	2226
42°	4502	5553	67°	11779	2122
43°	4662	5362	68°	12375	2020
44°	4828	5177	69°	13025	1919
45°	5000	5000	70°	13237	1819
46°	5177	4828	71°	14521	1721
47°	5363	4662	72°	15388	1624
48°	5553	4502	73°	16354	1528
49°	5752	4345	74°	17437	1433
50°	5959	4196	75°	18660	1339
51°	6174	4048	76°	20054	1246
52°	6399	3906	77°	21657	1154
53°	6635	3765	78°	23523	1062
54°	6882	3632	79°	25723	972
55°	7141	3500	80°	28356	881
56°	7413	3372	81°	31569	792
57°	7699	3247	82°	35577	702
58°	8002	3123	83°	40222	613
59°	8332	3004	84°	47572	525
60°	8600	2887	85°	57150	437
61°	9020	2771	86°	71503	349
62°	9403	2658	87°	95405	262
63°	9813	2547	88°	143181	174
64°	10251	2438	89°	286499	87
65°	10722	2331	90°	无限大	

命题 14

试求出对于每一仰角具有常幅度的抛物线的高度和高程。

问题很容易求解。如果我们假设一个常幅度 10000，则任何仰角正切的一半就是高度。举一个例来说明，一仰角为 30° 和幅度为 10000 的抛物线，将有高度 2887，它近似地是正切的一半。而在求得高度后，高程可以用如下方法导出：因为已经证明抛物线幅度的一半是高度与高程之间的比例中项，并且高度已经被求出，而半幅度是常数，即 5000，由此如果用高度来除半幅度的平方，我们将可得到所求的高程。在我们的例子中求得的高度是 2887；5000 的平方是 25000000，它被 2887 除后就得到了高程的近似值，即 8659。

萨耳：首先，我们看到上面所说的是多么正确，即，对于不同的仰角，与平均值的偏差不管是在平均值之上还是在平均值之下，其数值愈大，使抛体通过同样的射程所要求的初始速度（impeto e violenza）愈大。因为速度是两个运动的合成，即一个是水平匀速运动，另一个是垂直自然加速运动；并且因为高度与高程之和代表这一速度，从上表可知，此和在仰角为 45° 时最小，这时高度与高程相等，都等于5000，而它们的和是 10000。但是如果我们选一个大的仰角，比方说 50°，我们从第 181 页的表中可查出，相应的高度为 5959，而高程为 4196，其和为 10155；同样，我们会发现这正好也是仰角为 40° 时的值，两个仰角对平均值的偏差是相等的。

其次，应当注意到，在两个与平均值等距离的仰角要求相等的速度时，有一种奇特的变化，即，仰角较大时的高度和高程与仰角较小时的高度与高程是互换的。如前面的例中，仰角为 50° 给出高度 5959 与高程 4196；而仰角为 40° 对应的高度为 4196，高程为 5959。并且这是普遍成立的；但是要记住为了避免乏味的计算，其中未取分数，它们与这些大数相比是小量。

萨格：我还注意了初速度（impeto）的两个分量，射得愈高水平分量愈小而垂直分量愈大；另一方面，在仰角较小时射击只达到一个小的高度而水平初速度必须很大。在仰角为 90° 时，我十分了解，世界上所有的力（forza）都不足以使它从垂线偏移一指宽，而且必然落回到初始位置；但是在仰角为 0° 的情形，发射是水平的，我不能断定某些小于无限大的力是否不能把抛体带到某个距离；这样，甚至没有一门加农炮能在完全水平的方向发射，或者如我们说的，零点发射，即全然没有仰角。这里我还有一些疑点。我不完全否认这一事实，因为另一种现象看来并非不引人注意的，但我已经有了一个结论性的证据。这一现象是拉直绳子使其平直是不可能的；事实是绳子总是下垂弯曲，并且任何力都不能把它完全拉直。

萨耳：萨格利多，在绳子的这种情形，你之所以没有惊奇是因为你演示过它；不过如果我们更仔细地考虑，便会发现炮与绳子的情形之间的某些对应。水平发射炮弹时其路径的曲率是两种力的结果，一种力（炮弹的力）水平推动它，而另一种力（它自身的自重）垂直向下拉它。所以在拉绳子过程中你有水平的拉力而绳子的自重向下作用。所以这两种情形是非常相似的。如果你把足以对抗与克服任何（不管多大的）拉力的力或能量（possanza ed energia）都归结为重量，为什么你要否认子弹的这个力呢？

此外，我必须告诉你们一些使你们既惊奇又高兴的事情，即，一根拉得或紧或松的绳子所呈现的一条曲线非常接近于抛物线。如果你在垂直平面内画一条抛物线，然后把它倒转过来，使其顶点处于底部且抛物线的基线保持水平，就可以清楚地看出这种相似性；因为，若

The Forth Day   183

在基线的下面悬挂一条链条，你会观察到，当或多或少将链条放松时，链条即变弯曲而且与抛物线很符合；当抛物线曲率较小时，或者说拉得更紧时，这种符合就更好；以至于如果用仰角小于45°时描绘出的抛物线，链条与它的抛物线几乎是完全符合的。

萨格： 那么用一条精美的链条将可以在平面上很快地画出许多抛物线。

萨耳： 当然了，并且下面我要向你们说明还有不少好处。

辛普： 但在往下进行之前，我急于认识到至少是那个你说有严格证明的命题；我指的是那个说法，即任何力都不可能把一根绳子拉得完全直和保持水平。

萨耳： 我看看我能不能记起这个证明；不过为了理解它，辛普里修，你必须承认对于力学来说是当然的事情，不仅来自实验，而且也来自理论上的考虑，也就是，即使一个运动物体的力（forza）很小时，它的速度（velocità del movente）也能够克服一个缓慢运动的物体所产生的非常大的抗力，只要运动物体的速度与抵抗物体的速度之比大于抵抗物体的阻力（resistenza）与运动物体的力（forza）之比。

辛普： 这我知道得非常清楚，它在亚里士多德的著作《力学中的问题》中已经证明了；我还清楚地知道，对于杠杆与秤杆，如果秤锤与秤杆旋转轴的距离大于这个轴与大重量支持点的距离100倍，一个不重于4磅的秤锤可以提起400磅重的物体。这是正确的，因为秤锤

在它下降时通过的距离大于大重量在同一时间内通过距离的100倍；换句话说，小秤锤运动的速度比大重量大100倍。

萨耳： 你说得很对；你毫不犹豫地承认，若运动物体得到的速度大于失去的力与重量（vigore e gravità），则无论它的力（forza）有多小，都可以克服任意大的阻力。现在让我们回到绳子的情形。如图4-21的上图所示，ab 表示通过两个固定点 a 与 b 的一条直线；如你所看到的，在该线的两端悬挂两个大重量 c 与 d，它们用很大的力拉伸线 ab，使它真正平直，在这里它只是一条没有重量的线段。现在我想谈的是，如果在这条直线的中点，我们可以称之为 e，悬挂任何小的重量，比方说 h，直线 ab 将向点 f 移动，并且由于它的伸长，将迫使两个重物 c 与 d 上升。这一点我要证明如下：以点 a 与 b 为中心画两个四分之一圆 eig 与 elm，因为两个半径 ai 与 bl 分别等于 ae 与 eb，线段 af 与 fb 超过 ae 与 eb，其余量分别是 fi 与 fl；于是它们确定重物 c 与 d 的升高，当然假设重量 h 是处于位置 f 处。只要表示 h 下降的线段 ef 与表示重物 c 与 d 上升的线段 fi 之比大于两个大物体的重量与物体 h 的重量之比时，重量 h 将处于位置 f。甚至当 c 与 d 的重量非常大而 h 的重量非常小时，这都是可能发生的；尽管 c 与 d 的重量从来没有如此大地超过 h 的重量，而切线 ef 超过线段 fi 的量可以是成比例地增大。这一点可以证明如下：如图4-21的下图所示，画一个直径为 gai 的圆；引线段 bo 使其长度与另一个长度 c（c > d）

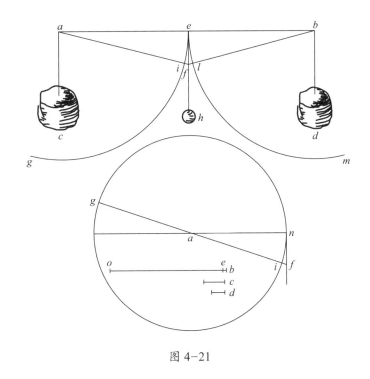

图 4-21

之比等于重量 *c* 和 *d* 与重量 *h* 之比。因为 *c* > *d*，*bo* 与 *d* 之比大于 *bo* 与 *c* 之比。取 *be* 为 *ob* 与 *d* 的第三比例；延长直径 *gi* 到点 *f*，使 *gi* : *if*=*oe* : *eb*，且从点 *f* 引切线 *fn*；则因为我们已有 *oe* : *eb*=*gi* : *if*，由复合比例，我们得到 *ob* : *eb*=*gf* : *if*。但是 *d* 是 *ob* 与 *be* 的比例中项；而 *nf* 是 *gf* 与 *fi* 的比例中项。所以 *nf* 与 *fi* 之比等于 *ob* 与 *d* 之比，它是大于重量 *c* 和 *d* 与重量 *h* 之比的。于是因为砝码重量 *h* 的下降，或速度与重量 *c* 和 *d* 的上升，或速度之比大于物体 *c* 和 *d* 的重量与 *h* 的重量之比，显然 *h* 将下降而线段 *ab* 不再是平直的了。

对一条没有重量的绳子在点 *e* 处加任何小的重量 *h* 时发生的事情，当绳子是由可估量的质量做成而没有任何附加的重量时也会发生；因为在后一种情形下绳子的材料起着悬挂的重物的作用。

辛普：我完全满意了。所以现在萨耳维亚蒂能够如他所承诺过的解释关于这种链条的优点，然后介绍我们的院士关于冲击力（forlza della percossa）的思考。

萨耳：前面的讨论对于今天已经足够了；时间已经很晚，剩下的时间不允许我们把提出来的问题弄清楚；因此我们可以推迟我们的聚会直到下一次更适当的机会。

萨格：我也同意你的意见，因为在与我们院士挚友多方面的对话后，我已经断定这个冲击力的问题是非常不清楚的，并且我想，迄今在讨论过这个问题的人中还没有人能够清除它处于人类想象力之外的黑暗角落；在各种各样的观点中，我听到一种奇特的异想天开的观点，它还留在我的记忆中，即，如果冲击力不是无限的，它就是不确定的。因此，让我们等待萨耳维亚蒂方便的时候。同时告诉我在抛体之后还要讨论什么。

萨耳：将要讨论的是涉及固体重心的一些定理，它们是我们的院士在他年轻时发现并着手研究的，因为他认为费德里戈·科曼迪诺（Federigo Comandino）的论述有些不完善。他认为这些以前你已经有的命题将会弥补科曼迪诺（Comandino）著作中的不足。这一研究是在杰出的马尔奎斯·加吉德·厄巴多·达尔·蒙特（Marquis Guid'Ubaldo Dal Monte）侯爵——他们那个时代的非常卓越的数学家——建议下进行的，他的各种著作就是明证。我们的院士把他论文的复本送给了这位先生，希望把这项研究推广到科曼迪诺没有讨论过的其他固体。但是稍后碰巧大几何学家卢卡·瓦勒里奥的著作落到他的手中，在其中他发现这个论题已讨论得如此完备，以至于他不用自己再研究了，尽管他使用的方法与瓦勒里奥是十分不同的。

萨格：你要是能把这一卷书留给我直到我们的下次相会，以便我能够按照它们的顺序来阅读和研究这些命题，就再好不过了。

萨耳：很高兴满足你的要求，我只希望那些命题对你来说是很有兴趣的。

第四天结束

附　　录
·Appendix·

该附录包含了作者早期写的某些涉及固体重心的定理和它们的证明。[1]

全书终

---

[1] 该附录在 1638 年莱顿版中共有 18 页，其内容因为读者兴趣不大，因此我仿效《伽利略全集》（国家版）将它略去了。——英译者注

佛罗伦萨圣十字教堂内的伽利略墓

科学元典丛书

即将出版

科学元典丛书（彩图珍藏版）

扫描二维码，收看科学元典丛书微课。